全国高等院校应用型创新规划教材·计算机系列

PHP+MySQL 企业项目开发案例教程

曹福凯 孙 晋 沈 宏 编著

U0341427

清华大学出版社
北　京

内 容 简 介

本书以 PHP+MySQL 开发应用程序为主线，介绍企业项目开发案例及相关的应用知识，涉及的内容较为广泛，从编程到产品配置，从工具使用到深入剖析，技术含量丰富。

本书共分为 11 个项目，包括 PHP 运行环境的配置，MySQL 数据库的基础知识，数据库与数据表的基本操作，PHP 语法知识，数组、字符串及正则表达式，函数代码复用，Session 和 Cookie，调试与异常处理，面向对象的程序设计，使用 PHP 访问 MySQL 数据库，制作新闻信息系统。

本书示例丰富、结构严谨、深入浅出，适合作为普通高等院校及高职高专院校计算机相关专业的实用教材，也可作为 PHP Web 应用程序开发的初学者或软件开发人员的参考用书。

图书在版编目(CIP)数据

PHP+MySQL 企业项目开发案例教程/曹福凯，孙晋，沈宏编著.--北京：清华大学出版社，2016
（2019.7重印）

(全国高等院校应用型创新规划教材·计算机系列)

ISBN 978-7-302-44291-2

Ⅰ.①P…　Ⅱ.①曹…　②孙…　③沈…　Ⅲ.①PHP 语言—程序设计—高等学校—教材　②关系数据库系统—高等学校—教材　Ⅳ.①TP312 ②TP311.138

中国版本图书馆 CIP 数据核字(2016)第 164301 号

责任编辑：汤涌涛
封面设计：杨玉兰
责任校对：闻祥军
责任印制：刘海龙

出版发行：清华大学出版社

　　　网　　　址：http://www.tup.com.cn, http://www.wqbook.com
　　　地　　　址：北京清华大学学研大厦 A 座　　　　邮　　编：100084
　　　社 总 机：010-62770175　　　　　　　　　　邮　　购：010-62786544
　　　投稿与读者服务：010-62776969, c-service@tup.tsinghua.edu.cn
　　　质量反馈：010-62772015, zhiliang@tup.tsinghua.edu.cn
　　　课件下载：http://www.tup.com.cn, 010-62791865

印 装 者：三河市铭诚印务有限公司

经　　销：全国新华书店

开　　本：185mm×260mm　　　印　张：20.5　　　字　数：502 千字

版　　次：2016 年 8 月第 1 版　　　　印　次：2019 年 7 月第 5 次印刷

定　　价：56.00元

产品编号：063873-02

前　言

PHP 是新一代 Web 应用程序开发平台，它以语法简单、功能强大和易学易用的特点，受到了众多互联网企业的大力推崇，从 1994 年诞生至今，已被 2000 多万个网站采用，全球知名的互联网公司，如 Yahoo!、Google、新浪、百度、腾讯、YouTube 等，均是 PHP 技术的经典应用。在融合了现代编程语言的最佳特性后，PHP、Apache 和 MySQL 的组合已经成为 Web 服务器的一种标准配置。

本书采用了项目式的结构版块设计，图文并茂，对每一个知识点都进行了详细、深入的讲解。从网站开发环境的配置及 PHP 的基本语法规范入手，由浅入深，循序渐进地介绍了 PHP+MySQL 开发技术在实际网站开发过程中的运用，并针对动态网站开发的关键功能模块，逐步引导读者掌握 PHP 应用开发技术的核心知识。

本书共分为 11 个项目，在内容编排上独具匠心，结合典型案例，对 PHP 的基础知识点进行讲解，各个项目的知识点既相互独立，又前后贯穿有序。每个项目的示例均符合所讲解的知识点，实现了理论与实践相结合，对读者在学习过程中整理思路、构思创意会有所帮助。

本书各个项目的主要内容如下。

项目 1：介绍配置 PHP 运行环境的必要知识，通过示例，读者可以自己动手配置 PHP 运行环境，架设自己的 PHP 服务器。

项目 2：介绍 MySQL 数据库的基本知识，包括如何安装 MySQL 程序文件、如何启动 MySQL 服务、如何登录 MySQL 数据库等操作。

项目 3：介绍 MySQL 数据库、数据表的基本操作，包括创建、查看、修改等。

项目 4：介绍 PHP 的基本语法知识，包括常量、变量、操作符等。

项目 5：介绍字符串处理的通用方法，包括字符串的格式化、字符串的连接与分割、字符串的比较、字符串的匹配和替换等。

项目 6：介绍 PHP 函数的编写规则、require()和 include()函数的使用，以及自定义函数的编写。

项目 7：介绍 PHP 中 Session 和 Cookie 的基础知识，包括 HTTP 协议、Session 与 Cookie 的区别，以及如何通过 PHP 控制 Session 会话。

项目 8：介绍 PHP 的调试及异常处理，使读者可以在程序出错时进行调试，保证程序的顺利执行。

项目 9：介绍面向对象(Object-oriented)的程序设计，包括类、实例、封装、类继承以及多态性。

项目 10：介绍在 PHP 中如何操作 MySQL 数据库，包括关系数据库查询语言、数据库的连接与断开，查询数据库，检索查询结果，数据库的插入、删除、更新以及查找等。

项目 11：介绍一个新闻信息系统的开发过程，包括新闻系统的总体设计、数据库设计，以及各模块的设计要点。

　　本书由曹福凯、孙晋、沈宏老师编著，其中，项目 2、4、5、7、8、9 由曹福凯老师编写，项目 1、3、6 由孙晋老师编写，项目 10、11 由沈宏老师编写。参与本书编写工作的还有吴涛、阚连合、张航、李伟、封超、刘博、王秀华、薛贵军、周振江、张海兵、刘阁、刘翀、陈海彬、陈稳等，在此一并表示感谢。

　　由于作者水平有限，书中难免会有疏漏和不足之处，希望广大读者批评指正。

编　者

目录

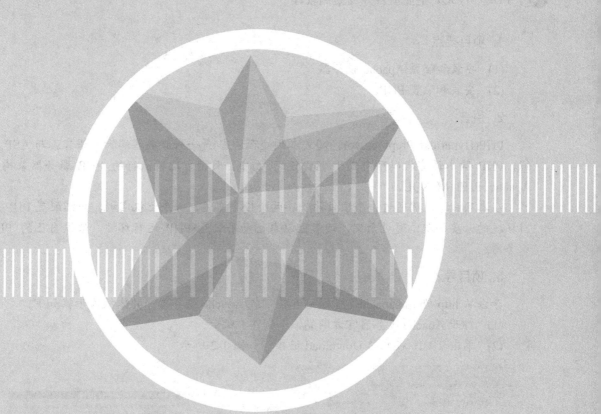

项目 1

PHP 运行环境的配置

1. 项目要点

(1) 安装和配置 Apache 服务器。

(2) 安装和配置 PHP。

2. 引言

PHP(Hypertext Preprocessor，超文本预处理语言)是一种服务器端脚本语言。与 ASP 类似，PHP 脚本语言代码可内嵌于 HTML 页面中。目前，比较流行的 PHP 服务器架构是 Apache+PHP+MySQL。

在本项目中，将通过一个项目导入、两个任务实施、一个上机实训，介绍配置 PHP 运行环境的必要知识；通过示例，读者可以自己动手配置 PHP 运行环境，架设自己的 PHP 服务器。

3. 项目导入

李磊从 http://httpd.apache.org 网站直接下载 Apache 服务器，具体操作步骤如下。

(1) 打开 Apache 服务器官方网站，如图 1-1 所示。

(2) 单击 2.4.10 版本的 Download 链接，如图 1-2 所示。

图 1-1　Apache 网页

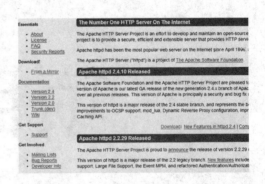

图 1-2　单击 Download 链接

(3) 单击 Files for Microsoft Windows 链接，如图 1-3 所示。

(4) 单击 ApacheHaus 链接，如图 1-4 所示。

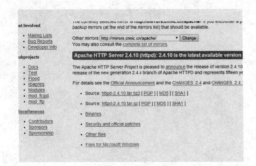

图 1-3　单击 Files for Microsoft Windows 链接

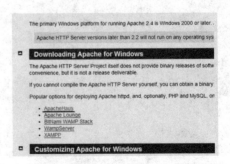

图 1-4　单击 ApacheHaus 链接

(5) 出现 Apache Haus Downloads 页面后，会发现这个网站上有 Windows 下的多种 Apache 版本，如图 1-5 所示，用户可以选择要下载的版本。

图 1-5 多种 Apache 版本

(6) x86 是 32 位的，x64 是 64 位的，用户可根据自己的操作系统选择下载。进入相应的页面后，单击图标即可下载，如图 1-6 所示。

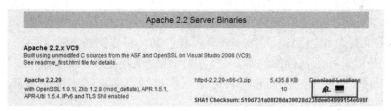

图 1-6 单击下载图标

(7) 下载成功后解压，出现如图 1-7 所示的文件夹，之后就可以进行安装。

图 1-7 解压文件

4. 项目分析

PHP 是一种服务器端的嵌入式 HTML 脚本语言。最初时称作 Personal Home Page Tools，当 PHP 使用范围日趋广泛后，它被认为是 PHP: Hypertext Preprocessor 的缩写。PHP 也是一种开源产品，可以免费使用。

5. 能力目标

(1) 掌握安装和配置 Apache 服务器的方法。
(2) 掌握安装和配置 PHP 的方法。

6. 知识目标

(1) 认识 Apache 服务器。
(2) 了解 PHP 的发展过程。

任务一：安装和配置 Apache 服务器

知识储备

基于 PHP 语言架构的 Web 服务器一般有两种配置方式，一种是 IIS+PHP+MySQL，另一种是 Apache+PHP+MySQL。考虑到微软的授权问题，第二种服务器架构方式顺理成章地成为中小型企业最佳的选择。

Apache 是使用量排名第一的 Web 服务器。它可以运行在几乎所有计算机平台上。Apache 源于 NCSAhttpd 服务器，经过多次修改，已成为世界上最流行的 Web 服务器软件之一。Apache 取自 a patchy server 的读音，意思是充满补丁的服务器，因为它是自由软件，所以不断有人来为它开发新的功能和特性，修改原来的缺陷。Apache 的特点是简单、速度快、性能稳定，并可作为代理服务器使用。

Apache 原本只用于小型或试验 Internet 网络，后来，逐步扩充到各种 Unix 系统中，尤其是对 Linux 的支持，相当完美。Apache 有多种产品，可以支持 SSL 技术，支持多个虚拟主机。Apache 是以进程为基础的结构，进程要比线程消耗更多的系统资源，不太适合于多处理器环境，因此，在一个 Apache Web 站点扩容时，通常是增加服务器或扩充群集节点，而不是增加处理器。

到目前为止，Apache 仍然是世界上用得最多的 Web 服务器，其市场占有率达到 60% 左右。世界上有很多著名的网站，例如 Amazon.com、Yahoo!、W3 Consortium、Financial Times 等，都是 Apache 的产物。Apache 的成功之处主要在于，它是源代码开放的，有一支开放的开发队伍，支持跨平台的应用(可以运行在几乎所有的 Unix、Windows、Linux 系统平台上)，以及它的可移植性等方面。

Apache 服务器拥有以下特性：
- 支持 HTTP/1.1 通信协议。
- 拥有简单而强有力的基于文件的配置过程。
- 支持通用网关接口。
- 支持基于 IP 和基于域名的虚拟主机。
- 支持多种方式的 HTTP 认证。
- 集成 Perl 处理模块。
- 集成代理服务器模块。
- 支持实时监视服务器状态和定制服务器日志。
- 支持服务器端包含指令(SSI)。
- 支持安全 Socket 层(SSL)。
- 提供用户会话过程的跟踪。
- 支持 FastCGI。
- 通过第三方模块，可以支持 Java Servlets。

Apache 服务器是一种开源产品，是一种免费软件。可以访问 http://httpd.apache.org 站点下载 Apache 的最新版本。用户如果想进一步了解 Apache 网站服务器，还可以参阅

http://httpd.apache.org/docs 或者直接在网上查找相关的中文资料。

任务实践

1. 关闭原有的服务器

在安装 Apache 服务器之前，如果用户所使用的操作系统已经安装了其他网站服务器，例如 IIS(IIS 是 Internet Information Server 的简称，是 Windows 操作系统捆绑的网络服务器)、Tomcat(Tomcat 是一个免费开源的 Servlet 容器，它是 Apache 基金会 Jakarta 项目中的一个核心项目，由 Apache、Sun 和其他一些公司及个人共同开发而成)、WebLogic (WebLogic 是美国 BEA 公司出品的一个 Application Server，确切地说，是一个基于 J2EE 架构的中间件，它是用 Java 开发的)等，必须先停止这些服务器的服务，才能正确安装 Apache 服务器，否则，一旦出现端口被占用的情况，就会使 Apache 服务器的安装失败。

这里以在 Windows 7 操作系统中停用 IIS 服务器为例，介绍停用服务器的具体方法。步骤如下。

(1) 在桌面上用鼠标右击"计算机"，在弹出的快捷菜单中选择"管理"命令，弹出如图 1-8 所示的"计算机管理"窗口。

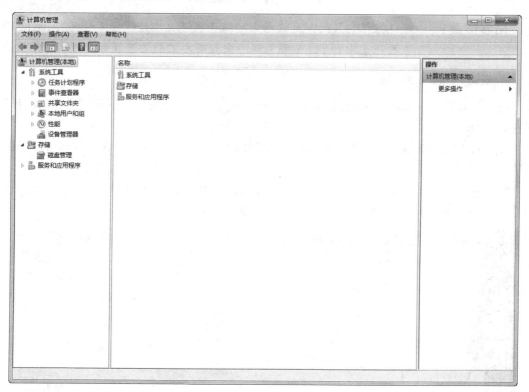

图 1-8　"计算机管理"窗口

(2) 依次展开"服务和应用程序"的内容，从中选择要关闭的选项，然后单击工具栏中的 ■ (停止项目)按钮，即可停用 IIS 服务器，如图 1-9 所示。

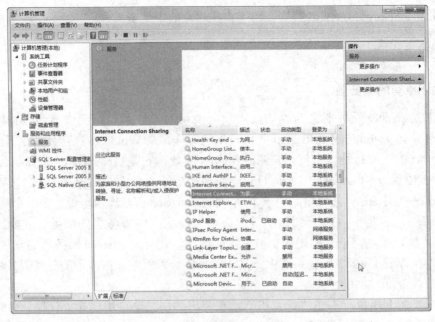

图 1-9　停止原有的网站服务器

🐛 **拓展提高：**　这样操作的目的，是让原来的服务器不再工作，就不会与 Apache 服务器产生冲突了。如果系统原来没有安装服务器软件，此步可略过。

2. 安装 Apache 服务器

用户可以从 http://httpd.apache.org 网站直接下载 Apache 服务器，下载完成后，执行如下安装操作。

(1)　双击 Apache 进行安装。进入欢迎安装界面，如图 1-10 所示，单击 Next 按钮开始安装。

(2)　系统进入如图 1-11 所示的界面，选择 I accept the terms in the licence agreement(我同意许可协议中的条款)单选按钮，并单击 Next 按钮。

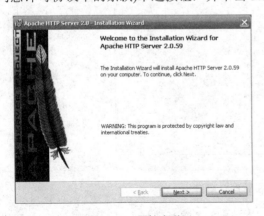

图 1-10　开始安装

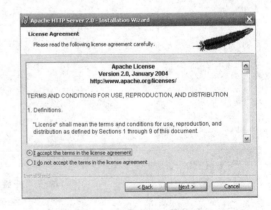

图 1-11　接受许可条款

(3)　进入如图 1-12 所示的界面，该界面的内容是关于 Apache HTTP Server 的介绍。

单击 Next 按钮。

(4)　进入如图 1-13 所示的界面，设定本机的网络名称及主机名称，若只在本机测试，则在两个文本框中都输入"localhost"；设定管理者的电子邮件；设定可操作用户，建议选择 for All Users, on Port 80, as a Service -- Recommended(为所有的用户，在 80 端口，作为一个服务——推荐选用)单选按钮，设定完毕之后，单击 Next 按钮。

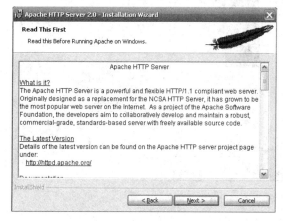

图 1-12　继续安装

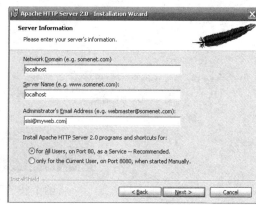

图 1-13　服务信息设置

(5)　进入如图 1-14 所示的界面，该界面提示用户选择哪种安装，这里选择 Typical(典型安装)单选按钮，然后单击 Next 按钮。

(6)　进入如图 1-15 所示的界面，在该界面中，可选择安装路径，要更改路径，可单击 Change 按钮进行设定，选择完毕后，单击 Next 按钮。

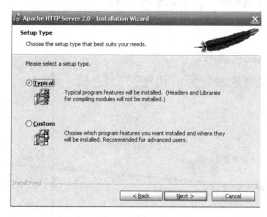

图 1-14　选择安装类型

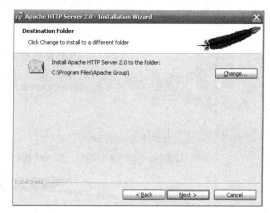

图 1-15　选择安装路径

(7)　进入如图 1-16 所示的开始安装界面，单击 Install 按钮。

(8)　等待安装，直到出现如图 1-17 所示的完成界面，单击 Finish 按钮，到此为止，所有的安装操作就完成了。

(9)　安装完成后，Apache 网站服务器也随之启动，如图 1-18 所示，在状态栏的右端会出现 图标，即表示当前 Apache 网站服务器已经启动。

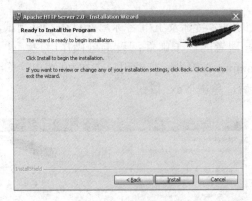

图 1-16 开始安装

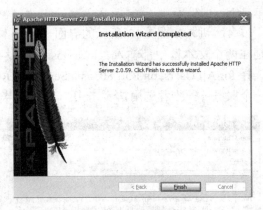

图 1-17 完成安装

图 1-18 已启动 Apache

(10) 打开浏览器，在地址栏中输入"http://localhost/"。如果出现如图 1-19 所示的页面，表示 Apache 服务器已经安装成功并正常运行了。

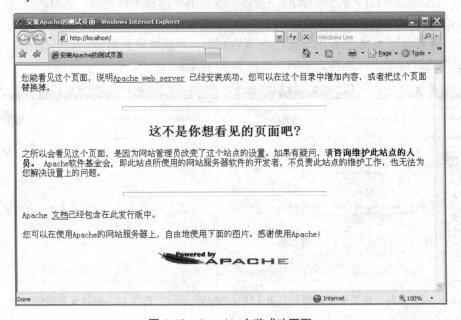

图 1-19 Apache 安装成功页面

3. 设置 Apache 服务器

为了使 Apache 服务器能够指向用户网站所在的文件位置，需要对 Apache 服务器进行必要的配置。假设前面路径选择的是默认路径 C:\Program Files\Apache Group\，则网站服务器的根目录就是 C:\Program Files\Apache Group\Apache2\htdocs。也就是说，如果要新增网页到网站中显示，都必须放置在这个根目录下面。如果用户希望修改网站的根目录，则必须重新配置 Apache 的 httpd.conf 文件中 DocumentRoot 字段所指向的路径，具体的操作步骤如下。

(1) 选择"开始"→"所有程序"→"Apache HTTP Server 2.0.53"→"Configure Apache Server"→"Edit the Apache httpd.conf Configuration File"命令，如图 1-20 所示。

图 1-20 Apache 配置文件的路径

(2) 打开 httpd.conf 文件，然后，通过选择"编辑"→"查找"菜单命令，来查找"DocumentRoot"，如图 1-21 所示。

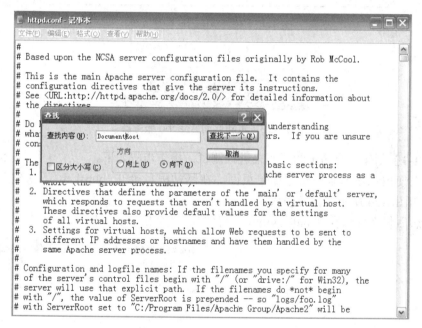

图 1-21 在 Apache 配置文件中查找"DocumentRoot"

(3) 找到后，在"DocumentRoot 'C:/Program Files/Apache Group/Apache2/htdocs'"前面加上"#"，然后，在下一行插入如下内容(比如，想以 E 盘的 phpWeb 文件夹中存放网站文件)：

```
DocumentRoot "E:/phpWeb"
```

如图 1-22 所示。

(4) 设置完毕后，保存并关闭这个文件。在更改 httpd.conf 后，必须将 Apache 服务器重新启动，如图 1-23 所示，选择 Restart→Apache2 菜单命令来重启动，这样就完成了 Apache 的设置。

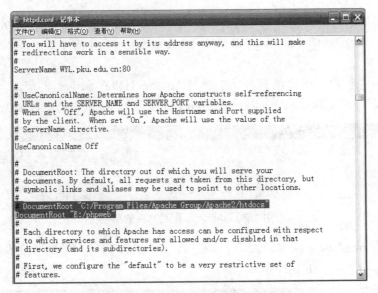

图 1-22　修改 Apache 配置文件

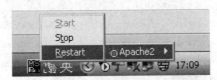

图 1-23　重新启动 Apache 服务器

【例 1-1】制作一个简单的页面来进行测试，操作步骤如下。

① 先使用记事本制作一个简单页面。在网站根目录 E:\phpWeb 下新建一个文本文件。按照如图 1-24 所示的内容输入。

② 然后将文件保存为 index.html，保存的位置为 E:\phpWeb，如图 1-25 所示。

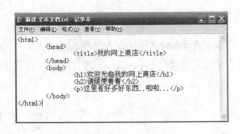

图 1-24　测试内容

图 1-25　保存文件

③ 打开浏览器，输入本机网址及新增的网页名称，即在浏览器地址栏中输入 "http://localhost/index.html"。按 Enter 键，如图 1-26 所示，在浏览器中，显示出了刚刚完成的网页。

图 1-26　测试结果

任务二：安装和配置 PHP

知识储备

安装完 Apache 服务器，就可以运行 HTML 语言的网页文件了，但是，如果想运行由 PHP 语言编写的网页，还需要 PHP 语言解释器的支持。

PHP 最初是 1994 年由丹麦程序员 Rasmus Lerdorf 创建的，刚开始只是一个简单的、用 Perl 语言编写的程序，用来统计他自己网站的访问量。后来，又用 C 语言重新编写，可以访问数据库。在 1995 年，以 Personal Home Page Tools(PHP Tools)开始对外发表第一个版本，Lerdorf 写了一些介绍此程序的文档，并且发布了 PHP 1.0。在此版本中，提供了访客留言本、访客计数器等简单的功能。以后，越来越多的网站开始使用 PHP，并且强烈要求增加一些特性，比如循环语句和数组变量等。在新的成员加入开发行列之后，在 1995 年中，PHP 2.0 发布，定名为 PHP/FI(Form Interpreter)。PHP/FI 加入了对 MySQL 的支持，从此，建立了 PHP 在动态网页开发上的地位。

到了 1996 年底，有 15000 个网站使用了 PHP/FI；到 1997 年，使用 PHP/FI 的网站数字超过 5 万个。在 1997 年中，开始了第三版的开发计划，两名以色列程序员 Zeev Suraski 及 Andi Gutmans 加入了开发小组，而第三版就定名为 PHP 3.0。

2000 年，PHP 4.0 又问世了，其中，增加了许多新的特性。

2004 年 7 月，PHP 5.0 成功发布，无论对于 PHP 语言本身，还是 PHP 的用户来讲，PHP 5 都算得上是一个里程碑式的版本，因为它实现了完全的面向对象，并且在 XML 操作与数据库方面也有很大的成功。

2014 年 10 月 16 日，PHP 开发团队宣布 PHP 5.6.2 可用。与安全相关的错误在这个版本中得到了处理，包括修复 cve-2014-3668、cve-2014-3669 和 cve-2014-3670。建议所有的 PHP 5.6 用户升级到这个版本。

PHP 是一种服务器端的脚本语言，与 ASP 相同，可内嵌于 HTML 页面中。PHP 程序必须在支持 PHP 的网站服务器上才能运行，所以，在执行 PHP 程序之前，必须拥有一个服务器空间，配置它的运行环境。

PHP 的特性包括以下 6 点：

● PHP 独特的语法混合了 C、Java、Perl 以及 PHP 自创的新语法。
● PHP 可以比 CGI 或者 Perl 更快速地执行动态网页。

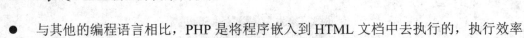
- 与其他的编程语言相比，PHP 是将程序嵌入到 HTML 文档中去执行的，执行效率比完全生成 HTML 标记的 CGI 要高许多。
- PHP 具有非常强大的功能，所有 CGI 的功能 PHP 都能实现。
- PHP 支持几乎所有流行的数据库及操作系统。
- 最重要的是，PHP 可以用 C、C++进行程序的扩展。

知识链接：PHP 语言是非常强大的。拥有的功能有——良好的移植性，良好的开放性、可扩展性和安全性，基于服务器端，运行效率高，对数据库的广泛支持，语言简单易用。

任务实践

1. 安装 PHP

安装 PHP 的步骤如下。

(1) 双击 php-installer.exe，进入欢迎安装界面，如图 1-27 所示。

(2) 单击 Next 按钮，进入如图 1-28 所示的安装协议界面。

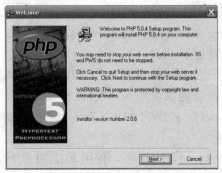
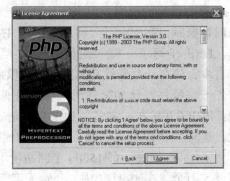

图 1-27　欢迎安装界面　　　　　　　　图 1-28　安装协议界面

(3) 单击 I Agree 按钮，进入如图 1-29 所示的界面，选择 Standard 单选按钮。

(4) 单击 Next 按钮，进入如图 1-30 所示的界面。在这里，可以设定软件的安装路径，建议采用默认值。

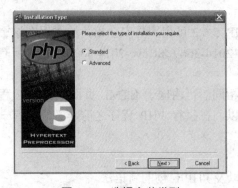
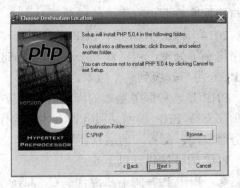

图 1-29　选择安装类型　　　　　　　　图 1-30　选择安装路径

（5）　选择完毕后，单击 Next 按钮，进入如图 1-31 所示的界面，在该界面中设定 SMTP 的邮件服务器，以便于 PHP 程序使用。

（6）　单击 Next 按钮，进入如图 1-32 所示的界面，在这里，选取 Apache 为本机所使用的网站服务器。

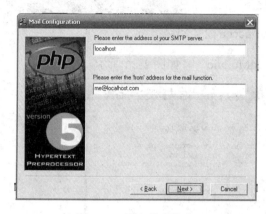

图 1-31　服务信息设定

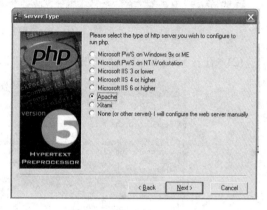

图 1-32　选择服务器类型

（7）　单击 Next 按钮，进入如图 1-33 所示的界面，单击 Next 按钮开始安装。

（8）　安装完毕后，弹出如图 1-34 所示的对话框，单击 OK 按钮，完成安装。

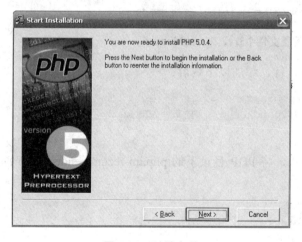

图 1-33　继续安装

图 1-34　完成安装

2. 修改配置文件

在前面的安装过程中，系统已经设法自动修改了 Apache 服务器的设定文件。我们也可以手动修改 Apache 配置文件 httpd.conf，使得 Apache 服务器支持 PHP，步骤如下。

（1）　如图 1-35 所示，选择"开始"→"所有程序"→"Apache HTTP Server 2.0.59"→"Configure Apache Server"→"Edit the Apache httpd.conf Configuration File"命令，打开 Apache 配置文件 http.conf。

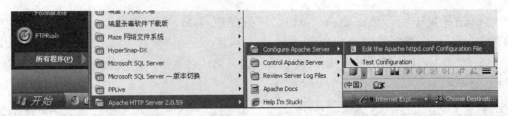

图 1-35　从菜单打开 Apache 配置文件

(2)　在打开的 http.conf 文件中，查找"LoadModule"，如图 1-36 所示。

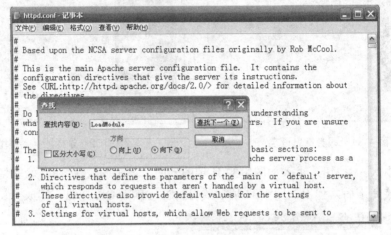

图 1-36　在 Apache 配置文件中查找"LoadModule"

(3)　在含有 LoadModule 的语句的下一行，添加以下内容：

```
LoadModule php5_module "C:/PHP/php5apache2.dll"
AddType application/x-httpd-php .php
```

添加后，如图 1-37 所示。

(4)　进入 PHP 目录(默认位于 C:\PHP)，将 PHP 目录下的 php.ini-recommended 重命名为 php.ini，如图 1-38 所示。

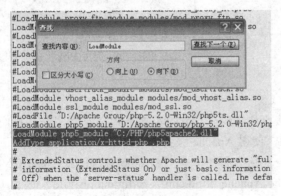

图 1-37　修改配置文件

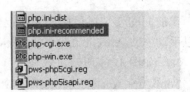

图 1-38　重命名文件路径

(5) 用记事本打开重命名后的 php.ini 文件，然后将"PHPIniDir "C:/PHP""添加到如图 1-39 所示的位置。

(6) 完成以上几步后，重新启动 Apache 服务器，当启动图标变成绿色时，就说明 Apache 服务器启动成功了，如图 1-40 所示。

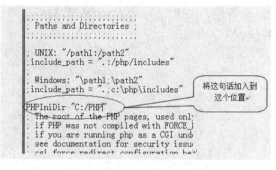

图 1-39　修改 php.ini 文件　　　　　　　　图 1-40　启动成功

【例 1-2】经过前面的安装配置，PHP 已经配置成功，本节测试 PHP 是否能在 Apache 服务器下正常工作，操作步骤如下。

① 在 Apache 工作路径"E:/phpWeb/"下面新建一个记事本文件，输入如下代码，保存为 index.php：

```php
<?php
    echo "Welcome To My World!"
?>
```

② 打开 IE 浏览器，在地址栏中输入"http://localhost/index.php"，输出如图 1-41 所示，表明 PHP 在 Apache 下的配置已经成功。

图 1-41　显示结果

🌐 知识链接：　安装完 PHP 解释程序后，Web 服务器已经可以运行由 PHP 语言编写的网页了，但是，在网络应用中，需要进行数据库的操作，因此，最后需要安装 MySQL 数据库(项目 2 中将有详细的介绍)，只有安装了 MySQL 数据库，网页程序才能够操作数据表。

上机实训：安装 Appserv-Win32 服务器

1. 实训背景

Appserv 是一个集成软件，包含了 Apache 服务器、PHP 语言和 MySQL 数据库等 3 个工具，并且提供了 MySQL 数据库的管理软件 phpMyAdmin。

2. 实训内容和要求

启用 Appserv 安装程序，进行软件安装。

3. 实训步骤

安装 Appserv 的具体操作步骤如下。

(1) 双击 appserv.exe，显示如图 1-42 所示的欢迎界面。

(2) 单击 Next 按钮，进入如图 1-43 所示的界面，选择服务器路径。

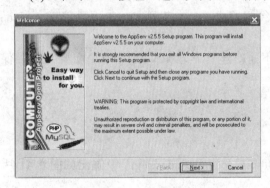
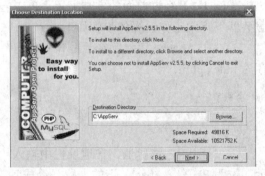

图 1-42　欢迎界面　　　　　　　　　　图 1-43　选择安装路径

(3) 单击 Next 按钮，进入如图 1-44 所示的界面，选择 Typical(典型安装)单选按钮。

(4) 单击 Next 按钮，进入如图 1-45 所示的界面，在 Server Name 栏中填写 localhost。

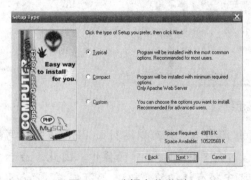
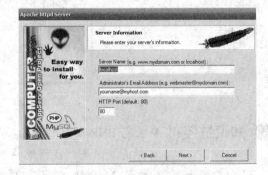

图 1-44　选择安装类型　　　　　　　　图 1-45　设置服务信息

(5) 单击 Next 按钮，进入如图 1-46 所示的界面，先将密码去掉(可以设置自己的密码，但是一定要记住，因为后面连接数据库时会用到)。Charset 选项的默认选择为 latin1。

(6) 单击 Next 按钮，进入如图 1-47 所示的界面，软件开始安装。

图 1-46　设置用户名和密码

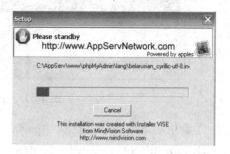

图 1-47　开始安装

(7)　软件安装完成后，进入如图 1-48 所示的界面。

(8)　安装完成后，显示如图 1-49 所示小图标，表示 Apache 服务器启动成功。

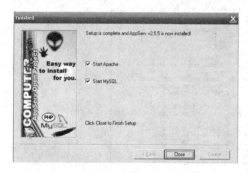

图 1-48　完成安装

图 1-49　Apache 服务器启动成功

(9)　打开浏览器，在地址栏中输入网址"http://localhost"，如果显示如图 1-50 所示的页面，就说明 AppServ 软件已经安装成功了。

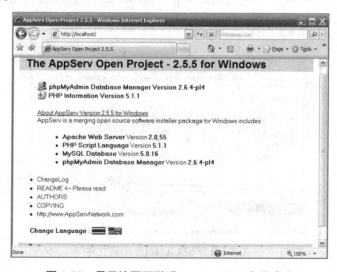

图 1-50　显示该页面说明 Apache 已经安装成功

(10)　选择"开始"→"所有程序"→"AppServ"→"Apache Configure Server"→"Edit the Apache httpd.conf Configuration File"命令，打开配置文件，如图 1-51 所示。

图 1-51　打开 Apache 配置文件

(11) 调用记事本程序，打开 Apache 配置文件中的 http.conf 文件，在显示的文本中，查找"DocumentRoot"，如图 1-52 所示。

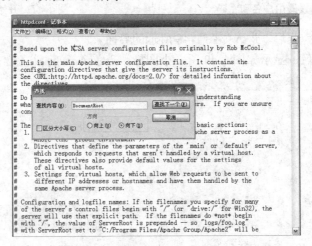

图 1-52　在 Apache 配置文件中查找"DocumentRoot"

(12) 将"DocumentRoot "C:/AppServ/www""用"#"注释掉(在 Apache 的配置文件 http.conf 中，用#表示注释)，然后改成想用的目录，比如 E:/phpWeb，如图 1-53 所示。

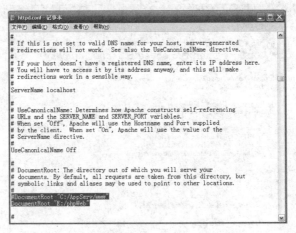

图 1-53　修改 Apache 配置文件

(13) 完成上一步后，重新启动 Apache 服务器。

拓展提高：　更改配置文件以后，一定要重新启动 Apache 服务器，否则无法应用更改。

(14) 打开 IE 浏览器，在地址栏中输入"http://localhost"，如果显示如图 1-54 所示的页面，就说明前面所做的修改(修改了网站的根目录)已经生效。

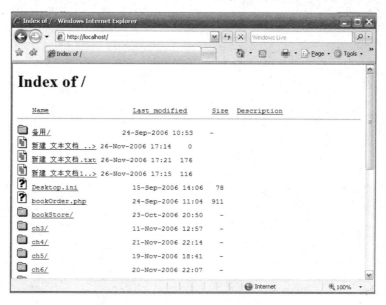

图 1-54 更改网站根目录后显示的结果

(15) 将 C:\AppServ\www 下的 phpMyAdmin 文件夹复制到 E:\phpWeb 下，phpMyAdmin 软件即可启用。

习 题

1. 填空题

(1) PHP 是一种服务器端脚本语言，与 ASP 相同，可内嵌于_____页面中。

(2) Apache 网站服务器也是一种开源产品，是一种_____软件。

(3) 基于 PHP 语言架构的 Web 服务器一般有两种配置方式，一种是_____，另一种是_____。

(4) 如果用户希望修改网站的根目录，则必须重新配置 Apache 的_____文件中 DocumentRoot 字段所指向的路径。

(5) Apache 有多种产品，可以支持_____技术，支持多个虚拟主机。

2. 选择题

(1) Apache 服务器的特性(　　)。

    A. 支持通用网关接口　　　　　　　　　B. 集成 Perl 处理模块

    C. 支持安全 Socket 层(SSL)　　　　　　D. 支持 FastCGI

(2) PHP 独特的语法混合了(　　)。

    A. C　　　　　　　　　　　　　　　　　B. Java

    C. Perl　　　　　　　　　　　　　　　　D. PHP 自创的新语法

3. 问答题

(1) 简述如何安装和配置 Apache 服务器。

(2) 简述如何安装和配置 PHP。

项目 2

MySQL 数据库的基础知识

1. 项目要点

(1) 安装 MySQL 数据库。

(2) 启动 MySQL 服务。

2. 引言

MySQL 是一个跨平台的开放源代码数据库管理系统，广泛地应用在 Internet 上的中小型网站开发中。

在本项目中，我们将通过一个项目导入、两个任务实施、一个上机实训，向读者介绍 MySQL 数据库的基本知识，并介绍安装 MySQL 程序文件、启动 MySQL 服务、登录 MySQL 数据库等操作。

3. 项目导入

李洋打开百度网页，下载 MySQL 5.6 版本的安装文件，具体操作步骤如下。

(1) 打开百度网页，在搜索栏中输入"MySQL 5.6"，打开搜索网页，单击"普通下载"，如图 2-1 所示。

(2) 弹出"新建下载任务"对话框，设置下载路径，单击"下载"按钮，如图 2-2 所示，即可下载安装文件。

图 2-1　单击"普通下载"　　　　　图 2-2　　"新建下载任务"对话框

(3) 将下载后的.zip 文件解压，稍后等待安装。

4. 项目分析

MySQL 是一个关系数据库应用软件，源代码开放，适用于中小型网站开发，搭配 PHP 和 Apache 可组成良好的开发环境。

5. 能力目标

(1) 掌握安装 MySQL 数据库的方法。

(2) 掌握 MySQL 5.6 系统配置。

(3) 掌握启动 MySQL 服务的方法。

(4) 掌握登录 MySQL 数据库的方法。

6. 知识目标

(1) 了解数据库、数据库表、数据类型等相关知识。

(2) 学习 MySQL 命令行实用程序。

任务一：安装 MySQL 数据库

知识储备

1. 数据库基础

数据库是由一批数据构成有序的集合，这些数据被存放在结构化的数据表中。数据表之间相互关联，反映客观事物间的本质联系。数据库系统提供对数据的安全控制和完整性控制。下面介绍数据库的定义、数据表的定义、数据类型。

(1) 数据库。

数据库(Database，DB)是数据的集合，它具有统一的结构形式，并存放于统一的存储介质中，是多种应用数据的集成，可被各个应用程序共享。

数据库中的数据是按一定的模式存放的，通过构造复杂的数据结构，以建立数据间内在的联系和复杂的关系，从而构成数据的全局结构模式。

数据库中的数据具有"集成"、"共享"的特点，也就是说，数据库集中了各种应用的数据，进行统一的构造与存储，从而使它们可被不同的应用程序所使用。

(2) 数据表。

在关系数据库中，数据表是一系列二维数组的集合，用来存储数据和操作数据的逻辑结构，它由纵向的列和横向的行组成。

行被称为"记录"，是组织数据的单位；列被称为"字段"，每一列表示记录的一个属性，都有相应的描述信息，如数据类型、数据宽度等。

例如，在一个有关作者信息的名为 authors 的表中，每个列包含所有作者的某个特定类型的信息，如"姓名"，而每行则包含了某个特定作者的所有信息：编号、姓名、性别、专业，如图 2-3 所示。

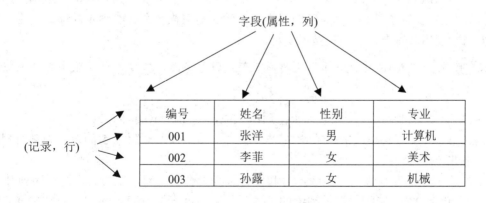

图 2-3　authors 表的结构与记录

拓展提高： 主键(Primary Key)又称主码，用于唯一地标识表中的每一条记录，可以定义表的一列或多列为主键，主键列上不能有两行相同值，也不能为空值。

(3) 数据类型。

在创建数据库表时，必须为每一表列指定数据库类型。SQL 提供了许多内建的系统数据库类型，这些类型大致可以分成以下几类。

● 数值类型：如 Int、Numeric 等。
● 字符类型：如 Char、Varchar 等。
● 文本和图像：如 Text 和 Image 等。
● 时间日期类型：如 Datetime、Smalldatetime 等。
● 其他特殊数据类型：如 Table、Sysname 和 Uniqueidentifier 等。

(4) 数据库系统。

数据库系统有 3 个主要的组成部分。

数据库(Database，DB)：用于存储数据的地方。

数据库管理系统(Database Management System，DBMS)：用于管理数据库的软件，如 PHP、Apache 等。

数据库应用系统(Database Application System，DBAS)：为了提高数据系统的处理能力所使用的管理数据库的软件补充。

2. MySQL 数据库

MySQL 是一个小型关系数据库管理系统，与其他大型数据库管理系统(如 Oracle、DB2、SQL Server)相比，MySQL 规模小、功能有限。但是，它体积小，速度快、成本低，且它提供的功能对稍微复杂的应用来说已经够用，这些特性使得 MySQL 成为世界上很受欢迎的开放源代码数据库。

(1) MySQL 的版本。

针对不同的用户，MySQL 分为两个版本。

① MySQL Community Server(社区版)：该版本完全免费，但官方不提供技术支持。

② MySQL Enterprise Server(企业版)：它能够以很高的性价比为企业提供数据仓库应用，支持 ACID 事务处理，提供完整的提交、回滚、崩溃恢复和行级锁定功能，但是，该版本需要付费使用。官方提供电话技术支持。

拓展提高： MySQL Cluster 主要用于架设群服务器，需要在社区服务或企业版基础上使用。

MySQL 的命名机制由 3 个数字和 1 个后缀组成，例如，mysql-5.6.24。

这里，第 1 个数字(5)是主版本号，描述了文件的格式，所有版本 5 的发行版都有相同的文件夹格式。

第 2 个数字(6)是发行级别，主版本号和发行级别组合在一起，便构成了发行序列号。

第 3 个数字(24)是在此发行系列中的版本号，随每次新分发版本递增。通常选择已经发行的最新版本。

在 MySQL 开发过程中，同时存在多个发布系列，各处于成熟度的不同阶段。例如：

● MySQL 5.6 是最新开发的稳定(GA)发布系列，是将执行新功能的系列，目前已经可以正常使用。

- MySQL 5.5 是比较稳定的(GA)发布系列，只针对漏洞修复重新发布，没有增加会影响稳定性的新功能。
- MySQL 5.1 是前一稳定(产品质量)发布系列，只针对严重漏洞修复和安全修复重新发布，没有增加会影响该系列的重要功能。

知识链接： 对于 MySQL 4.1 等低于 5.0 的老版本，官方将不再提供支持。而所有发布的 MySQL(Current Generally Available Release)版本已经经过严格和标准的测试，可以保证安全可靠地使用。针对不同的操作系统，读者可以在 MySQL 官方下载页面(http://dev.mysql.com/downloads/)下载到相应的安装文件。

(2) MySQL 5.6 的新功能。

与 MySQL 5.5 相比，MySQL 5.6 具有以下几个方面的新功能。

① 子查询最佳化：通过优化子查询，可以提高执行效率，主要表现在查询的结果集合、分类和返回的执行次数上。

② 强化 Optimizer Diagnostics(优化诊断)功能：运用 EXPLAIN 执行 INSERT、UPDATE 和 DELETE，EXPLAIN 以 JSON 格式输出，提供更精确的最佳化指标和绝佳的可读性，Optimizer Traces(优化追踪)功能更可追踪最佳化决策过程。

③ 通过强化 InnoDB 存储引擎，提升效能处理和应用软件的可用性：提升处理和只读量高达 230%，InnoDB 重构得以尽量减少传统进程、冲洗和净化互斥的冲突和瓶颈，在高负载的 OLTP 系统中展现更优异的数据同步性，提升只读和事务工作负载的处理量。

④ 大幅提升可用性：数据库管理员运用在线数据定义语言操作，可执行新的索引和窗体变更功能，并同时更新应用程序。

⑤ 新增 Index Condition Pushdown(ICP，索引条件下推)和 Batch Key Access(BKA，批量键访问)功能，提升特定查询量高达 280 倍。

⑥ InnoDB 全文检索功能：开发人员可以在 InnoDB 窗体上建立全文索引功能，以呈现文字搜寻结果，加快搜寻单字和语句。

⑦ 自我修复复制丛集：新的 Global Transaction Identifiers and Utilities(全局事务标识与应用)简化了自动侦测和复制功能。当数据库发生毁损时，数据库管理员无须介入，即可运用 Crash-Safe Replication 功能，自动将二进制记录和备份数据恢复至正确的位置。Checksums 可通过自动侦测和警示错误的功能，跨丛集保持数据的完整性。

⑧ 高效能复制丛集：提高复制功能高达 5 倍之多，用户向外扩充其跨商品系统的工作负载时，得以大幅提升复制的效能和效率。

⑨ 时间延迟复制：防止主计算机的操作失误，例如意外删除窗体。

⑩ 强化的 PERFORMANCE_SCHEMA：协助用户得以监控使用资源的密集查询指令、对象、用户和应用程序，并可把对象的统计数据汇集成新的摘要页面，新增的功能让预设配置更加简易，而且仅耗费不到 5%的开销。

⑪ MySQL 5.6 纳入的新功能包含精确空间操作的地理信息系统(Geographic Information System)、强化的 IPv6 设备以及最佳化的服务器默认值。

3. MySQL 命令行实用程序

(1) MySQL 服务器端的实用工具程序如下：

● mysqld：SQL 后台程序(即 MySQL 服务器进程)。该程序必须在运行之后，客户端才能通过连接服务器访问数据库。

● mysqld_safe：服务器启动脚本。在 Unix 和 NewWare 中推荐使用 mysqld_safe 来启动 mysqld 服务器。mysqld_safe 增加了一些安全性，例如，当出现错误时重启服务器并向错误日志文件写入运行时间信息。

● mysql.server：服务器启动脚本。该脚本用于使用包含为特定级别的，运行启动服务器的脚本的、运行目录的系统。它调用 mysqld_safe 来启动 MySQL 服务器。

● mysqld_multi：服务器启动脚本，可以启动或停止系统上安装的多个服务器。

● myisamchk：用来描述、检查、优化和维护 MyISAM 表的实用工具。

● mysql.server：服务器启动脚本。Unix 中的 MySQL 分发版包括 mysqp.server 脚本。

● mysqlbug：MySQL 缺陷报告脚本。可以用来向 MySQL 邮件系统发送缺陷报告。

● mysql_install_db：该脚本用默认权限创建 MySQL 授权表。通常只是在系统上首次安装 MySQL 时执行一次。

(2) MySQL 客户端实用工具程序如下。

● myisampack：压缩 MyISAM 表以产生更小的只读表的一个工具。

● mysql：交互式输入 SQL 语句或从文件经批处理模式执行它们的命令行工具。

● mysqlaccess：检查访问主机名、用户名和数据库组合的权限的脚本。

● mysqladmin：执行管理操作的客户程序。如创建或删除数据库，重载授权表，将表刷新到硬盘上，以及重新打开日志文件。mysqladmin 还可以用来检索版本、进程，以及服务器的状态信息。

● mysqlbinlog：从二进制日志读取语句的工具。在二进制日志文件中包含执行过的语句，可用来帮助系统从崩溃中恢复。

● mysqlcheck：检查、修复、分析以及优化表的表维护客户程序。

● mysqldump：将 MySQL 数据库转储到一个文件(例如 SQL 语句或 Tab 分隔符文本文件)的客户程序。

● mysqlhotcopy：当服务器在运行时，快速备份 MyISAM 或 ISAM 表的工具。

● mysqlimport：使用 LOAD DATA INFILE 将文本文件导入相应的客户程序。

● mysqlshow：显示数据库、表、列以及索引相关信息的客户程序。

● perror：显示系统或 MySQL 错误代码含义的工具。

4. MySQL Workbench

MySQL Workbench 是可视化数据库设计软件，为数据库管理员和开发人员提供了一整套可视化的数据库操作环境。其主要功能有：数据库设计与模型建立；SQL 开发(取代 MySQL Query Browser)；数据库管理(取代 MySQL Administrator)。

MySQL Workbench 有如下两个版本。

● MySQL Workbench Community Edition：也叫 MySQL Workbench OSS，是在 GPL

许可证下发布的开源社区版本。

● MySQL Workbench Standard Edition：也叫 MySQL Workbench SE，是按年收费的商业版本。

5. 安装 MySQL 5.6 系统的配置

针对 Windows 平台，提供两种安装 MySQL 的方式：

● MySQL 二进制分发版(.msi 安装文件)。

● 免安装版(.zip 压缩文件)。

📑 **操作技巧：** 一般来说，应当使用二进制分发版，因为该版本比其他的分发版使用起来要简单，不再需要其他工具来启动，就可以运行 MySQL。本书介绍选用图形化的二进制安装方式。

MySQL 5.6 系统的配置需求如下：

● 32 位或 64 位 Windows 操作系统。

● Windows 7、Windows 8、Windows Vista 等。

● 1GB 及以上的内存。

● 100GB 及以上的硬盘。

任务实践

使用图形化安装包安装 MySQL 的步骤如下。

(1) 下载安装程序包。到 MySQL 官方网站 www.mysql.com 下载，单击 Download 按钮，如图 2-4 所示。

(2) 下载后的安装文件如图 2-5 所示。

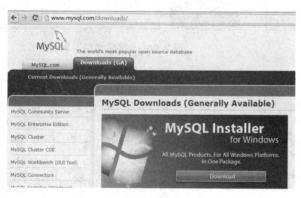

图 2-4　MySQL 官方下载网页　　　　图 2-5　安装文件

(3) 双击下载的安装文件，安装的 MySQL 版本为 5.6.10.1，出现安装向导对话框。单击 Install MySQL Products 链接，如图 2-6 所示。

(4) 进入 License Agreement(用户许可证协议)界面，选中 I accept the license terms(我接受系统协议)复选框，单击 Next(下一步)按钮，如图 2-7 所示。

(5) 进入 Find latest products(查找新版本)界面，选中 Skip the check for updates(not

recommended)(忽略检查新版本)复选框，单击 Next(下一步)按钮，如图 2-8 所示。

(6) 进入 Choosing a Setup Type(安装类型选择)界面，从右侧的安装类型描述中选择适合自己的安装类型，如图 2-9 所示。

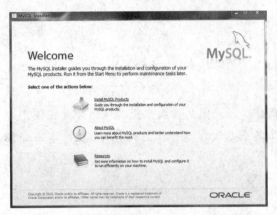

图 2-6 "MySQL 5.6 安装向导"对话框

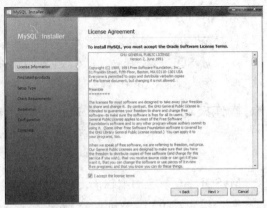

图 2-7 "用户许可证协议"界面

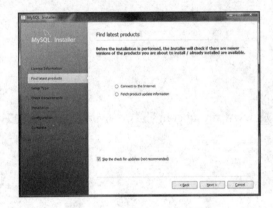

图 2-8 "查找新版本"界面

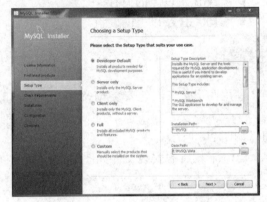

图 2-9 "安装类型"界面

🌐 **知识链接：** Developer Default: 默认安装类型；Server only: 仅作为服务；Client only: 仅作为客户端；Full: 完全安装；Custom: 自定义安装类型。

(7) 根据所选择的安装类型，会需要安装一些框架(Framework)，选中"Execute 安装所需框架"复选框，单击 Execute 按钮，如图 2-10 所示。

(8) 弹出"安装程序"对话框，选中"我已阅读并接受许可条款"复选框，单击"安装"按钮，如图 2-11 所示。

(9) 将出现框架安装成功后的提示，单击"完成"按钮，如图 2-12 所示。

(10) 所需框架均安装成功后，单击"Next(下一步)"按钮，如图 2-13 所示。

(11) 进入安装确认界面，单击 Execute(执行)按钮，如图 2-14 所示。

(12) 开始安装 MySQL 文件，如图 2-15 所示。安装完成后，在 Status(状态)列表下显示 Install success(安装成功)。

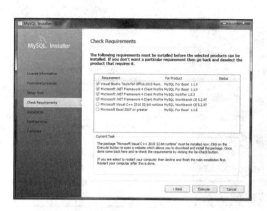

图 2-10　单击 Execute 按钮安装所需框架

图 2-11　"安装程序"对话框

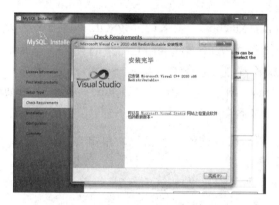

图 2-12　框架安装成功后的提示

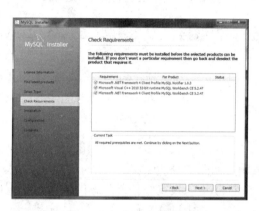

图 2-13　已经安装完所需的框架

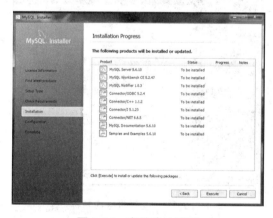

图 2-14　安装确认界面

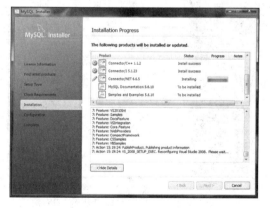

图 2-15　开始安装界面

(13) MySQL 安装完成后，进行配置信息的确定，单击 Next(下一步)按钮，如图 2-16 所示。

(14) 进入 MySQL 服务器配置界面，这里采用默认的设置，单击 Next(下一步)按钮，如图 2-17 所示。

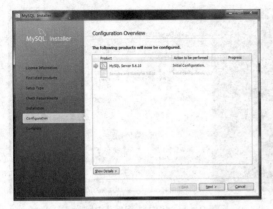

图 2-16　服务器配置信息确定界面

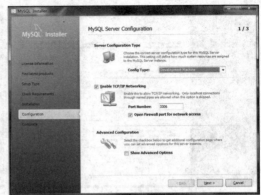

图 2-17　MySQL 服务器配置界面

> 📶 **知识链接：** 服务器配置型选择。Developer Machine: 安装的 MySQL 服务器作为开发机器的一部分，在三种类型选择中，占用最少的内存；Server Machine: 安装的 MySQL 服务器作为服务器机器的一部分，占用的内存在三种类型中居中；Dedicated MySQL Server Machine: 安装专用的 MySQL 数据库服务器，占用机器全部有效的内存。

(15) 进入设置服务器密码的界面，重复输入两次同样的登录密码，单击 Next(下一步)按钮，如图 2-18 所示。

(16) 进入设置服务器名称的界面，设置服务器名称为"MySQL 5.6"，单击 Next(下一步)按钮，如图 2-19 所示。

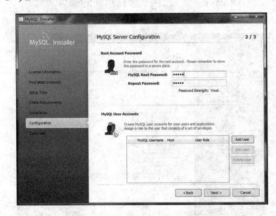

图 2-18　设置服务器登录密码

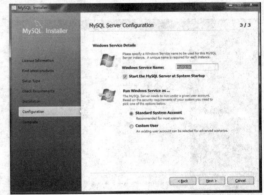

图 2-19　设置服务器名称

> 📇 **操作技巧：** 系统默认的用户名为 root。如果想添加新用户，可以单击 Add User(添加用户)按钮进行添加。

(17) 确认安装完成，选中 Start MySQL Workbench after Setup 复选框，可对是否成功安装进行测试，单击 Finish(完成)按钮，如图 2-20 所示。

(18) 出现 Workbench GUI 页面，如图 2-21 所示，表明已经安装成功。

图 2-20　可以勾选以测试安装　　　　图 2-21　安装成功后出现的页面

任务二：启动 MySQL 服务

在启动登录 MySQL 服务器之前，要先配置环境变量，把 MySQL 的 bin 目录添加到系统的环境变量里面。

下面介绍如何手动配置 Path 变量，具体操作步骤如下。

(1) 在桌面上右击"计算机"，从弹出的快捷菜单中，选择"属性"命令，如图 2-22 所示。

(2) 弹出"控制面板"窗口，选择"高级系统设置"，如图 2-23 所示。

图 2-22　选择"属性"命令　　　　图 2-23　选择"高级系统设置"

(3) 弹出"系统属性"对话框，单击"环境变量"按钮，如图 2-24 所示。

(4) 弹出"环境变量"对话框，在"系统变量"列表框中选择 Path 变量，单击"编辑"按钮，如图 2-25 所示。

(5) 弹出"编辑系统变量"对话框，将 MySQL 应用程序的 bin 目录(C:\Program Files\MySQL\MySQL Server 5.6\bin)添加到变量值中，使用分号与其他路径分隔开，如图 2-26 所示。

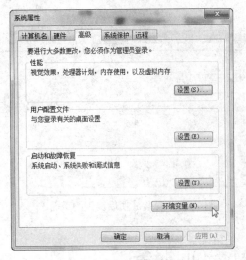

图 2-24 "系统属性"对话框

图 2-25 "环境变量"对话框

图 2-26 "编辑系统变量"对话框

(6) 添加完成后，单击"确定"按钮，完成配置 Path 变量的操作。

(7) 还需要修改一下配置文件(否则后来启动的时候，就会出现系统找不到文件的错误，如图 2-27 所示)，mysql-5.6.1x 默认的配置文件是 C:\Program Files\MySQL\MySQL Server 5.6\my-default.ini，复制 my.ini 文件，重新命名为 my-default.ini，打开文本文件，添加一些命令，如图 2-28 所示，然后保存文本文件。

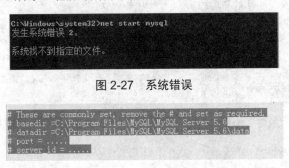

图 2-27 系统错误

```
# These are commonly set, remove the # and set as required.
# basedir =C:\Program Files\MySQL\MySQL Server 5.6
# datadir =C:\Program Files\MySQL\MySQL Server 5.6\data
# port = .....
# server id = .....
```

图 2-28 修改命令

🐛 **拓展提高：** 如果没有设置 Path 变量，那么，用户开始使用 MySQL 时，会出现如图 2-29 所示的错误。像上述操作步骤一样，如果配置了 Path 变量，就不会出现错误提示了。

图 2-29 错误提示

任务实践

配置了系统变量之后，这里介绍如何启动 MySQL 服务。具体操作步骤如下。

(1) 在桌面上右击"计算机"，从弹出的快捷菜单中，选择"管理"命令，如图 2-30 所示。

(2) 弹出"计算机管理"窗口，双击"服务和应用程序"，如图 2-31 所示。

图 2-30 选择"管理"命令

图 2-31 "计算机管理"窗口

(3) 选择和双击"服务"，如图 2-32 所示。

(4) 用户可查看计算机的服务状态，MySQL 右边的状态为"已启动"，表明该服务已经启动，如图 2-33 所示。

图 2-32 选择"服务"

图 2-33 已启动 MySQL 服务

📑 **操作技巧：** 由于设置了 MySQL 为自动启动，在这里，可以看到服务已经启动，而且启动类型为"自动"。如果没有"已启动"字样，说明 MySQL 服务未启动。则可以直接在"计算机管理"窗口中用菜单命令来启动，也可以通过 DOS 命令启动 MySQL 服务。选择"开始"→"运行"命令，在"运行"对话框中输入"cmd"命令，按 Enter 键，弹出命令提示符界面，输入"net start mysql"，按 Enter 键，就能启动 MySQL 服务，如图 2-34 所示。停止服务的命令为"net stop mysql"。

图 2-34　启动 MySQL 服务

上机实训：登录 MySQL 数据库

1．实训背景

李洋启动了 MySQL 服务，便可以通过客户端登录 MySQL 数据库。

2．实训内容和要求

用 Windows 命令行登录 MySQL 数据库。

3．实训步骤

登录 MySQL 数据库的具体操作步骤如下。

(1) 选择"开始"→"运行"，输入"cmd"命令，如图 2-35 所示，按 Enter 键。

(2) 打开命令提示符界面，输入命令：

```
cd C:\Program Files\MySQL\MySQL Server 5.6\bin\
```

按 Enter 键，如图 2-36 所示。

图 2-35　输入"cmd"命令

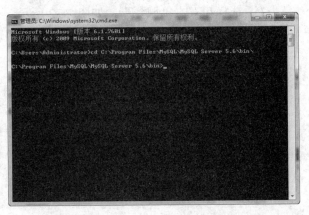

图 2-36　在 DOS 窗口中切换路径

(3)　在命令提示符界面，可以通过登录命令连接 MySQL 数据库。连接 MySQL 的命令格式为：

```
mysql -h hostname -u username -p
```

知识链接：　mysql 为登录命令，-h 后面的参数是服务器的主机地址，在这里，客户端和服务器在同一台机器上，所以输入 "localhost" 或者 IP 地址；-u 后面跟登录数据库的用户名称，在这里为 root；-p 后面是用户登录密码。

接下来，输入如下命令：

```
mysql -h localhost -u root -p
```

按 Enter 键，系统会提示输入密码 Enter password，这里输入配置向导中设置的密码，验证正确后，即可登录 MySQL 数据库，如图 2-37 所示。

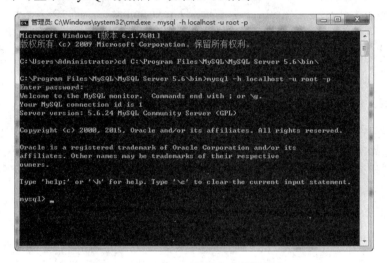

图 2-37　Windows 中的命令行登录窗口

操作技巧：　当窗口中出现如图 2-37 所示的说明信息，且命令提示符变为 "mysql>" 时，就表明已经成功地登录了 MySQL 服务器，可以开始对数据库进行操作了。

习　　题

1. 填空题

(1)　_____是数据的集合，它具有统一的结构形式，并存放于统一的存储介质内，是多种应用数据的集成，并可被各个应用程序所共享。

(2)　数据表中的行被称为_____，列被称为_____。

(3)　MySQL 分为两个版本：_____、_____。

(4)　SQL 提供了许多内建的系统数据库类型，如_____、_____、_____、_____等。

(5) 数据库系统有_____、_____、_____这三个主要的组成部分。

2. 选择题

(1) 下面(　　)是数据库的简称。

A. DB　　　　　　B. BD　　　　　　C. DBAS　　　　　D. CMD

(2) MySQL 的命名机制由(　　)个数字和(　　)个后缀组成。

A. 3　　　　　　B. 1　　　　　　C. 2　　　　　　D. 4

(3) (　　)是压缩 MyISAM 表以产生更小的只读表的一个工具。

A. mysqld　　　　　　　　　　　B. mysqld_safe

C. mysqlacceess　　　　　　　　D. myisampack

(4) (　　)是检查访问主机名、用户名和数据库组合的权限的脚本。

A. mysqld　　　　　　　　　　　B. mysqld_safe

C. mysqlacceess　　　　　　　　D. myisampack

(5) (　　)是交互式输入 SQL 语句或从文件经批处理模式执行它们的命令行工具。

A. mysql　　　　　　　　　　　B. mysqld_safe

C. mysqlacceess　　　　　　　　D. myisampack

3. 问答题

(1) 简述什么是数据库，它有哪些特点。

(2) 简述数据的类型有哪些。

(3) 简述什么是 MySQL 数据库，它有几个版本。

项目 3

数据库与数据表的基本操作

1. 项目要点

(1) 创建和删除数据库。

(2) 创建学生成绩表 xscj。

2. 引言

数据表是数据库中最重要、最基本的操作对象。

在本项目中，通过一个项目导入、两个任务实践、一个上机实训，向读者讲解 MySQL 数据库、数据表的基本操作，包括创建、查看、修改等。

3. 项目导入

范琳查看创建好的数据库 test_db 的定义，输入语句如下：

```
mysql> SHOW CREATE DATABASE test_db\G
*****************************1.row*****************************
      Database:test_db
Create Database:CREATE DATABASE ` test_db `/*!40100 DEFAULT CHARACTER
SET utf8 */
1 row in set(0.00 sec)
```

可以看到，如果数据库创建成功，将显示数据库的创建信息。再次用 SHOW databases; 语句查看当前所有存在的数据库，输入的语句如下：

```
mysql> SHOW databases;
+--------------------+
|Database            |
+--------------------+
|information_schema  |
| mysql              |
|performance_schema  |
|sakila              |
|test                |
|test_db             |
|world               |
+--------------------+
7 rows in set(0.05 sec)
```

可以看到，在数据库列表中，包含了所创建的数据库 test_db 和其他已经存在的数据库的名称。

4. 项目分析

MySQL 数据库创建成功之后，用户可以使用 SHOW CREATE DATABASE;语句来查看当前所有存在的数据库。

5. 能力目标

(1) 掌握创建、删除、修改数据库的方法。

(2) 掌握创建、删除、修改数据表的方法。

6. 知识目标

(1) 学习数据库存储引擎。

(2) 学习数据库表的编辑。

任务一：创建和删除数据库

知识储备

1. 创建数据库

MySQL 安装完成后，将会在 data 目录下自动创建几个必需的数据库，可以使用"SHOW CREATE DATABASE;"语句来查看当前所有存在的数据库：

```
mysql> SHOW DATABASE;
+---------------------+
|Database             |
+---------------------+
|information_schema   |
| mysql               |
|performance_schema   |
|sakila               |
|test                 |
|world                |
+---------------------+
6 rows in set(0.04 sec)
```

可以看到，数据库列表中包含了 6 个数据库，其中，mysql 是必需的，它描述用户访问权限，用户经常利用 test 数据库做测试工作，其他数据库将在后面的项目中介绍。

创建数据库是在系统磁盘上划分一块区域用于数据的存储和管理，如果管理员在设置权限的时候为用户创建了数据库，可以直接使用，否则，需要自己创建数据库。

在 MySQL 中，创建数据库的基本 SQL 语法格式如下：

```
CREATE DATABASE database_name;
```

这里，database_name 为要创建的数据库的名称，它不能与已经存在的数据库重名。

【例 3-1】创建测试数据库 test_db，输入语句如下：

```
CREATE DATABASE test_db;
```

数据库创建好之后，可以通过 SHOW CREATE DATABASE 来查看数据库的定义。

2. 删除数据库

删除数据库，是将已经存在的数据库从磁盘上清除，清除之后，数据库中的所有数据也将被同时删除。删除语句与创建数据库的命令相似，在 MySQL 中，删除数据库的基本语法格式如下：

```
DROP DATABASE database_name;
```

这里，database_name 为要删除的数据库的名称，如果指定的数据库不存在，则删除操作会出错。

【例 3-2】删除测试数据库 test_db，输入的语句如下：

```
DROP DATABASE test_db;
```

语句执行完毕后，数据库 test_db 将被删除，再次使用 SHOW CREATE DATABASE 语句查看数据库的定义，结果如下：

```
mysql> SHOW CREATE DATABASE test_db\G
ERROR 1049(42000):Unknown database 'test_db'
ERROR:
No query specified
```

执行结果给出一条错误信息"ERROR 1049<420000>: Unknown database 'test_db'"，即数据库 test_db 已不存在，删除成功。

操作技巧：使用 DROP DATABASE 命令时要非常谨慎，在执行该命令时，MySQL 不会给出任何提醒确认信息，DROP DATABASE 命令删除数据库后，数据库中存储的所有数据表和数据也将一同被删除，而且不能恢复。

3. 数据库存储引擎简介

数据库存储引擎是数据底层软件组件，数据库管理系统(DBMS)使用数据引擎进行创建、查询、更新和删除数据操作。不同的存储引擎提供不同的存储机制、索引技巧、锁定水平等功能，使用不同的存储引擎，还可以获得特定的功能。现在许多不同的数据库管理系统都支持多种不同的数据引擎。MySQL 的核心就是存储引擎。

MySQL 提供了多个不同的存储引擎，包括处理事务安全表的引擎和处理非事务安全表的引擎。在 MySQL 中，不需要在整个服务器中使用同一种存储引擎，针对具体的要求，可以对每一个表使用不同的存储引擎。MySQL 5.6 支持的存储引擎有 InnoDB、MyISAM、Memory、Merge、Archive、Federated、CSV、BLACKHOLE 等。可以使用 SHOW ENGINES 语句来查看系统所支持的引擎类型，结果如下：

```
mysql> SHOW ENGINES\G
***************************1.row***************************
Engine:FEDERATED
    Support:NO
    Comment:Federated MySQL storage engine
    Transactions:NULL
    XA:NULL
    Savepoints:NULL
***************************2.row***************************
Engine:MRG_MYISAM
    Support:YES
    Comment:Collection of identical MyISAM tables
    Transactions:NO
    XA:NO
    Savepoints:NO
***************************3.row***************************
```

```
Engine:MyISAMS
    Support:YES
    Comment: MyISAMS storage engine
    Transactions:NO
    XA:NO
    Savepoints:NO
***************************4.row***************************
Engine:BLACKHOLE
    Support:YES
    Comment:/dev/null storage engine(anything you write to it disappears)
    Transactions:NO
    XA:NO
    Savepoints:NO
***************************5.row***************************
Engine:CSV
    Support:YES
    Comment: CSV storage engine
    Transactions:NO
    XA:NO
    Savepoints:NO
***************************6.row***************************
Engine:MEMORY
    Support:YES
    Comment:Hash based,stored in memory,useful for temporary tables
    Transactions:NO
    XA:NO
    Savepoints:NO
***************************7.row***************************
Engine:ARCHIVE
    Support:YES
    Comment:Archive storage engine
    Transactions:NO
    XA:NO
    Savepoints:NO
***************************8.row***************************
Engine:InnoDB
    Support:DEFAULT
    Comment:Supports transactions,row-level locking,and foregign keys
    Transactions:YES
    XA: YES
    Savepoints: YES
***************************9.row***************************
Engine:PERFORMANCE_SCHEAM
    Support:YES
    Comment:Performance Schema
    Transactions:NO
    XA:NO
    Savepoints:NO
9 rows in set(0.00 sec)
```

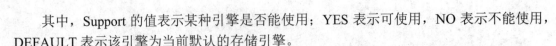

其中，Support 的值表示某种引擎是否能使用；YES 表示可使用，NO 表示不能使用，DEFAULT 表示该引擎为当前默认的存储引擎。

知识链接： InnoDB 是事务型数据库的首选引擎，支持事务安全表(ACID)，支持行锁定和外键。MySQL 5.5.5 以后，InnoDB 作为默认存储引擎。

MyISAM 基于 ISAM 存储引擎，并对其进行扩展。它是在 Web、数据仓储和其他应用环境下最常使用的存储引擎之一。MyISAM 拥有较高的插入、查询速度，但不支持事务。

MEMORY 存储引擎将表中的数据存储到内存中，为查询和引用其他数据提供快速访问能力。

4. 存储引擎的选择

不同存储引擎都有各自的特点，以适应不同的需求，如表 3-1 所示。为了做出选择，首先要考虑每一个存储引擎提供了哪些不同的功能。

表 3-1　存储引擎比较

功　　能	MyISAM	Memory	InnoDB	Archive
存储限制	256TB	RAM	64TB	None
支持事务	No	No	Yes	No
支持全文索引	Yes	No	No	No
支持数索引	Yes	Yes	Yes	No
支持哈希索引	No	Yes	No	No
支持数据缓存	No	N/A	Yes	No
支持外键	No	No	Yes	No

如果要提供提交、回滚和崩溃恢复的事务安全(ACID 兼容)能力，并要求实现并发控制，InnoDB 是个很好的选择。如果数据表主要用来插入和查询记录，则 MyISAM 引擎提供较高的处理效率。如果只是临时存放数据，数据量不大，并且不需要较高的数据安全性，可以选择将数据保存在内存中的 Memory 引擎，MySQL 中使用该引擎作为临时表，存放查询的中间结果。如果只有 INSERT 和 SELECT 操作，可以选择 Archive 引擎，Archive 存储引擎支持高并发的插入操作，但是，本身并不是事务安全的。Archive 存储引擎非常适合存储归档数据，如记录日志信息可以使用 Archive 引擎。

拓展提高： 使用哪一种引擎要根据需要灵活选择，一个数据库中，多个表可以使用不同引擎，以满足各种性能和实际需求。使用合适的存储引擎，将会提高整个数据库的性能。

任务实践

登录 MySQL，使用数据库操作语句创建、查看、删除数据库，具体操作步骤如下。

(1) 登录数据库。打开 Windows 命令行，输入登录用户名和密码：

```
C:\>mysql -h localhost -u root -p
Enter password: **
```

或者打开 MySQL 5.6 Command Line Client，只输入用户密码也可以登录。登录成功后，显示如下信息：

```
Welcome to the MySQL monitor.  Commands end with ; or \g.
Your MySQL connection id is 2
Server version: 5.6.24 MySQL Community Server (GPL)

Copyright (c) 2000, 2013, Oracle and/or its affiliates. All rights
reserved.

Oracle is a registered trademark of Oracle Corporation and/or its
affiliates. Other names may be trademarks of their respective
owners.

Type 'help;' or '\h' for help. Type '\c' to clear the current input
statement.
mysql>
```

出现 MySQL 命令输入提示符时表示登录成功，可以输入 SQL 语句进行操作。

(2) 创建数据库 zoo，执行过程如下：

```
mysql>CREATE DATABASE zoo;
Query OK,1 row affected(0.01 sec)
```

提示信息表明语句已经成功执行。

查看当前系统中所有的数据库，执行过程如下：

```
mysql>SHOW DATABASE;
+------------------+
|Database          |
+------------------+
|information_schema |
|mysql             |
|performance_schema |
|test              |
|sakila            |
|test              |
|world             |
|zoo               |
+------------------+
```

要以看到，数据库列表中已经有了名称为 zoo 数据库，表明数据库创建成功了。

(3) 选择当前数据库 zoo，查看数据库 zoo 的信息，执行过程如下：

```
mysql>USE zoo;
Database changed
```

提示信息 Database changed 表明选择成功。

查看数据库信息，如下所示：

```
mysql> SHOW CREATE DATABASE zoo\G
***************************1.row***************************
      Database:zoo
Create Database: CREATE DATABASE `zoo`/*!40100 DEFAULT CHARACTER SET utf8*/
```

Database 的值表明当前数据库名称；Create Database 的值表示创建数据库 zoo 的语句，后面为注释信息。

(4) 删除数据库 zoo，执行过程如下：

```
mysql> DROP DATABASE zoo
Query OK, 0 rows affected(0.00 sec)
```

语句执行完毕，将数据库 zoo 从系统中删除。再次查看：

```
mysql> SHOW DATABASE;
+--------------------+
|Database            |
+--------------------+
|information_schema  |
|mysql               |
|performance_schema  |
|test                |
|sakila              |
|test                |
|world               |
+--------------------+
```

可以看到，数据库列表中，已经没有名称为 zoo 的数据库了。

任务二：创建学生成绩表 xscj

知识储备

1. 创建数据表

创建数据库之后，就要创建数据表。创建数据表的过程是规定数据列的属性的过程，同时也是实施数据完整性(包括实体完整性、引用完整性和域完整性等)约束的过程。

(1) 创建表的语法形式。

数据表属于数据库，在创建数据表之前，应使用语句"USE <数据库>"指定操作是在哪个数据库中进行，如果没有选择数据库，会抛出 No database selected 的错误。

创建数据表的语句是 CREATE TABLE，语法规则如下：

```
CREATE TABLE <表名>
(
字段名1，数据类型 [列级别约束条件] [默认值],
字段名2，数据类型 [列级别约束条件] [默认值],
......
[表级别约束条件]
);
```

操作技巧：　使用 CREATE TABLE 语句创建表时，必须指定以下信息。

①　要创建的表的名称。不区分大小写，不能使用 SQL 语言中的关键字，如 DROP、ALTER、INSERT 等。

②　数据表中每个列(字段)的名称和数据类型，如果创建多个列，要用逗号隔开。

【例 3-3】创建员工表 tb_emp1，结构如表 3-2 所示。

表 3-2　tb_emp1 表的结构

字段名称	数据类型	备　注
id	INT(11)	员工编号
name	VARCHAR(25)	员工名称
deptId	INT(11)	所在部门编号
salary	FLOAT	工资

首先创建数据库，SQL 语句如下：

```
CREATE  DATABASE test_db;
```

选择要创建表的数据库，SQL 语句如下：

```
USE test_db;
```

创建 tb_emp1 表，SQL 语句如下：

```
CREATE TABLE tb_emp1
(
id     INT(11),
name   VARCHAR(25),
deptId INT(11),
salary FLOAT
);
```

语句执行后，便创建了一个名称为 tb_emp1 的数据表，使用 SHOW TABLES;语句查看数据表是否创建成功，SQL 语句及执行结果如下：

```
 SHOW TABLES;
+--------------------+
| Tables_in_ test_db |
+--------------------+
| tb_emp1            |
+--------------------+
1 row in set (0.00 sec)
```

可以看到，test_db 数据库中已经有了数据表 tb_emp1，说明数据表已经创建成功。

(2)　使用主键约束。

主键又称主码，是表中一列中多列的组合。主键约束(Primary Key Constraint)要求主键列的数据唯一，并且不允许为空。主键能够唯一地标识表中的一条记录，可以结合外键，定义不同的数据表之间的关系，并且可以加快数据库查询的速度。主键和记录之间的关系如同身份证和人之间的关系，它们之间是一一对应的。主键分为两种类型：单字段主键和多字段联合主键。

① 单字段主键。

主键由一个字段组成，SQL 语句格式分为以下两种情况。

第一种，在定义列的同时指定主键，语法规则如下：

```
字段名 数据类型 PRIMARY KEY [(默认值)]
```

【例 3-4】定义数据表 tb_emp2，其主键为 id，SQL 语句如下：

```
CREATE TABLE tb_emp2
(
id      INT(11) PRIMARY KEY,
name    VARCHAR(25),
deptId  INT(11),
salary  FLOAT
);
```

第二种，在定义完所有列之后指定主键，语法规则如下：

```
[CONSTRAINT <约束名>] PRIMARY KEY [(字段名)]
```

【例 3-5】定义数据表 tb_emp3，其主键为 id，SQL 语句如下：

```
CREATE TABLE tb_emp3
(
id INT(11),
name VARCHAR(25),
deptId INT(11),
salary FLOAT,
PRIMARY KEY(id)
);
```

上述两个例子执行后的结果是一样的，都会在 id 字段上设置主键约束。

② 多字段联合主键。

主键由多个字段联合组成，语法规则如下：

```
PRIMARY KEY [(字段1, 字段2, ..., 字段n)]
```

【例 3-6】定义数据表 tb_emp4，假设表中间没有主键 id，为了唯一确定一个员工，可以把 name、deptId 联合起来做为主键，SQL 语句如下：

```
CREATE TABLE tb_emp4
(
name VARCHAR(25),
deptId INT(11),
salary FLOAT,
PRIMARY KEY(name,deptId)
);
```

语句执行后，便创建了一个名称为 tb_emp4 的数据表，name 字段和 deptId 字段组合在一起，成为 tb_emp4 的多字段联合主键。

(3) 使用外键约束。

外键用来在两个表的数据之间建立链接，它可以是一列或者多列。一个表可以有一个或多个外键。外键对应的是参照完整性，一个表的外键可以为空值，若不为空值，则每一个外键值必须等于另一个表中主键的某个值。

外键：首先它是表的一个字段，它可不是本表的主键，但对应另一个表的主键。外键的主要作用是保证数据引用的完整性，定义外键后，不允许删除另一个表中具有关联关系的行。外键的作用是保持数据的一致性、完整性。例如，部门表 tb_dept 的主键是 id，在员工表 tb_emp5 中有一个键 deptId 与这个 id 关联。

主表(父表)：对于两个具有关联关系的表而言，在相关联的字段中，主键所在的表即是主表。

从表(子表)：对于两个具有关联关系的表而言，在相关联的字段中，外键所在的表即是从表。

创建外键的语法规则如下：

```
[CONSTRAINT <外键名>] FOREIGN KEY 字段名 [, 字段名2, ...]
REFERENCES <主表名> 主键列1 [, 主键列2, ...]
```

知识链接：　"外键名"为定义的外键约束的名称，一个表中，不能有相同名称的外键；"字段名"表示子表需要添加外键约束的字段列；"主表名"即被子表外键所依赖的表的名称；"主键列"表示主表中定义的主键列，或者列的组合。

【例 3-7】定义数据表 tb_emp5，并在 tb_emp5 表上创建外键约束。

创建一个部门表 tb_dept1，表结构如表 3-3 所示，SQL 语句如下：

```
CREATE TABLE tb_dept1
(
id       INT(11) PRIMARY KEY,
name     VARCHAR(22)  NOT NULL,
location  VARCHAR(50)
);
```

表 3-3　tb_dept1 表的结构

字段名称	数据类型	备　注
id	INT(11)	部门编号
name	VARCHAR(22)	部门名称
location	VARCHAR(22)	部门位置

定义数据表 tb_emp5，让它的键 deptId 作为外键，关联到 tb_dept1 的主键 id，SQL 语句如下：

```
CREATE TABLE tb_emp5
(
```

```
id      INT(11) PRIMARY KEY,
name    VARCHAR(25),
deptId  INT(11),
salary  FLOAT,
CONSTRAINT fk_emp_dept1 FOREIGN KEY(deptId) REFERENCES tb_dept1(id)
);
```

以上语句执行成功之后，在表 tb_emp5 上添加了名称为 fk_emp_dept1 的外键约束，外键名称为 deptId，它依赖于表 tb_dept1 的主键 id。

拓展提高： 所谓关联，指的是关系数据库中，相关表之间的联系。它是通过相容或相同的属性或属性组来表示的。子表的外键必须关联父表的主键，且关联字段的数据类型必须匹配，如果类型不一样，则创建子表时，就会出现 ERROR 1005(HY000): Can't create table 'database.tablename' (errno:150)错误。

(4) 使用非空约束。

非空约束(Not Null Constraint)指字段的值不能为空。对于使用了非空约束的字段，如果用户在添加数据时没有指定值，数据库系统就会报错。使用非空约束的语法如下：

字段名 数据类型 not null

【例 3-8】定义数据表 tb_emp6，指定员工的名称不能为空，SQL 语句如下：

```
CREATE TABLE tb_emp6
(
id      INT(11) PRIMARY KEY,
name    VARCHAR(25) NOT NULL,
deptId  INT(11),
salary  FLOAT
);
```

执行后，在 tb_emp6 中创建的 name 字段，其插入值不能为空(NOT NULL)。

(5) 使用唯一性约束。

唯一性约束(Unique Constraint)要求该列唯一，允许为空，但只能出现一个空值。唯一性约束可以确保一列或者几列不出现重复值。

唯一性约束的语法规则如下。

① 在定义完列之后直接指定唯一约束，语法规则如下：

字段名 数据类型 UNIQUE

【例 3-9】定义数据表 tb_dept2，指定部门的名称唯一，SQL 语句如下：

```
CREATE TABLE tb_dept2
(
id      INT(11) PRIMARY KEY,
name    VARCHAR(22) UNIQUE,
location  VARCHAR(50)
);
```

②　在定义完所有列之后指定唯一约束，语法规则如下：

```
[CONSTRAINT <约束名>] UNIQUE (<字段名>)
```

【例 3-10】定义数据表 tb_dept3，指定部门的名称唯一，SQL 语句如下：

```
CREATE TABLE tb_dept3
(
id      INT(11) PRIMARY KEY,
name    VARCHAR(22),
location VARCHAR(50),
CONSTRAINT STH UNIQUE(name)
);
```

知识链接：　UNIQUE 与 PRIMARY KEY 的区别：在一个表中，可以有多个字段声明为 UNIQUE，但只能有唯一的一个 PRIMARY KEY 声明；声明为 PRIMAY KEY 的列不允许有空值，但是声明为 UNIQUE 的字段允许空值(NULL)的存在。

(6)　使用默认约束。

默认约束(Default Constraint)指定某列的默认值。如女性同学较多，性别就可默认为"女"。如果插入一条新的记录时没有为这个字段赋值，那么，系统会自动地为这个字段赋值为"女"。

默认约束的语法规则如下：

```
字段名　数据类型　DEFAULT　默认值
```

【例 3-11】定义数据表 tb_emp7，指定员工的部门编号默认为 1111，SQL 语句如下：

```
CREATE TABLE tb_emp7
(
id      INT(11) PRIMARY KEY,
name    VARCHAR(25) NOT NULL,
deptId  INT(11) DEFAULT 1111,
salary  FLOAT
);
```

以上语句执行成功后，表 tb_emp7 上的字段 deptId 拥有了一个默认值 1111，新插入的记录如果没有指定部门编号，则默认都为 1111。

(7)　设置表的属性值自动增加。

在数据库应用中，经常希望在每次插入新记录时，系统自动生成字段的主键值。可以通过为表的主键添加 AUTO_INCREMENT 关键字来实现。默认地，在 MySQL 中有 AUTO_INCREMENT 约束，且该字段必须为主键的一部分。AUTO_INCREMENT 约束的字段可以是任何整数类型(TINYINT、SMALLINT、INT、BIGINT 等)。

设置唯一性约束的语法规则如下：

```
字段名　数据类型　AUTO_INCREMENT
```

【例 3-12】定义数据表 tb_emp8，指定员工的编号自动递增，SQL 语句如下：

```
CREATE TABLE tb_emp8
(
id      INT(11) PRIMARY KEY AUTO_INCREMENT,
name    VARCHAR(25) NOT NULL,
deptId  INT(11),
salary  FLOAT
);
```

上述例子执行后，会创建名称为 tb_emp8 的数据表。表 tb_emp8 中的 id 字段的值在添加记录的时候会自动增加，在插入记录的时候，默认的自增字段 id 的值从 1 开始，每次添加一条新记录，该值自动加 1。

例如，执行如下插入语句：

```
INSERT INTO tb_emp8 (name,salary)
VALUES('Lucy',1000), ('Lura',1200),('Kevin',1500);
```

以上语句执行完之后，tb_emp8 表中增加了 3 条记录，在这里并没有输入 id 的值，但系统已经自动添加该值，使用 SELECT 命令查看记录，结果如下所示：

```
mysql> SELECT * FROM tb_emp8;
+----+--------+--------+-----------+
| id | name   | deptId | salary    |
+----+--------+--------+-----------+
| 1  | Lucy   | NULL   | 1000      |
| 2  | Lura   | NULL   | 1200      |
| 3  | Kevin  | NULL   | 1500      |
3 rows in set(0.00 sec)
```

拓展提高： 这里使用 INSERT 声明向表中插入记录的方法，并不是 SQL 的标准语法，这种语法不一定被其他的数据库支持，只能在 MySQL 中使用。

2. 查看数据表的结构

使用 SQL 语句创建好数据表之后，可以查看结构的定义，以确认表的定义是否正确。在 MySQL 中，查看表结构可以使用 DESCRIBE 和 SHOW CREATE TABLE 语句。

(1) 查看表的基本结构的语句 DESCRIBE。

DESCRIBE/DESC 语句可以查看表的字段信息，包括字段名、字段数据类型、是否为主键、是否有默认值等，语法规则如下：

```
DESCRIBE  表名;
```

或简写成：

```
DESC  表名;
```

【例 3-13】分别使用 DESCRIBE 和 DESC 查看表 tb_dept1 和表 tb_emp1 的表结构。

查看 tb_dept1 表的结构，SQL 语句及执行结果如下：

```
DESCRIBE tb_dept1;
+-----------+-------------------+--------+-----+---------+-------+
```

```
| Field    | Type        | Null | Key | Default | Extra |
+----------+-------------+------+-----+---------+-------+
| id       | int(11)     | NO   | PRI | NULL    |       |
| name     | varchar(22) | NO   |     | NULL    |       |
| location | varchar(50) | YES  |     | NULL    |       |
+----------+-------------+------+-----+---------+-------+
```

查看 tb_emp1 表的结构，SQL 语句及执行结果如下：

```
DESC tb_emp1;
+--------+-------------+------+-----+---------+-------+
| Field  | Type        | Null | Key | Default | Extra |
+--------+-------------+------+-----+---------+-------+
| id     | int (11)    | YES  |     | NULL    |       |
| name   | varchar(25) | YES  |     | NULL    |       |
| deptId | int (11)    | YES  |     | NULL    |       |
| salary | float       | YES  |     | NULL    |       |
+--------+-------------+------+-----+---------+-------+
```

其中，各个字段的含义如下。

- NULL：表示该列是否可以存储 NULL 值。
- Key：表示该列是否已编制索引。PRI 表示该列是表主键的一部分；UNI 表示该列是 UNIQUE 索引的一部分；MUL 表示在列中某个给定值允许出现多次。
- Default：表示该列是否有默认值，如果有的话值是多少。
- Extra：表示可以获取的与给定列有关的附加信息，如 AUTO_INCREMENT 等。

(2) 查看表详细结构的语句 SHOW CREATE TABLE。

SHOW CREATE TABLE 语句可以用来显示创建表时的 CREATE TABLE 语句，语法格式如下：

```
SHOW CREATE TABLE <表名\G>;
```

拓展提高： 使用 SHOW CREATE TABLE 语句，不仅可以查看表创建时的详细语句，而且还可以查看存储引擎和字符编码。

如果不加"\G"参数，显示的结果可能非常混乱，加上参数"\G"之后，可使显示结果更加直观，易于查看。

【例 3-14】使用 SHOW CREATE TABLE 语句查看表 tb_emp1 的详细信息，SQL 语句如下：

```
SHOW CREATE TABLE tb_emp1;
+--------+--------------------------------------------------------
-----------------------------------------------
----------------------------------------
-------------------------------
--------------------------------------------------+
| Table  | Create Table |
+--------+--------------------------------------------------------
-----------------------------------------
```

```
----------------------------------------------------------------------
----------------------------------
----------------------------------------------------------------------+
| fruits |
 CREATE TABLE `fruits` (
 `f_id` char(10) NOT NULL,
 `s_id` int(11) NOT NULL,
 `f_name` char(255) NOT NULL,
 `f_price` decimal(8,2) NOT NULL,
 PRIMARY KEY (`f_id`),
 KEY `index_name` (`f_name`),
 KEY `index_id_price` (`f_id`,`f_price`)
) ENGINE=InnoDB DEFAULT CHARSET=gb2312 |
+--------+-------------------------------------------------------------
----------------------------------
----------------------------------------------------------------------
----------------------------------
----------------------------------------------------------------------+
```

使用参数"\G"参数之后的结果如下：

```
 SHOW CREATE TABLE tb_emp1\G
*************************** 1. row ***************************
      Table: tb_emp1
Create Table: CREATE TABLE `tb_emp1` (
 `id` int(11) DEFAULT NULL,
 `name` varchar(25) DEFAULT NULL,
 `deptId` int(11) DEFAULT NULL,
 `salary` float DEFAULT NULL
) ENGINE=InnoDB DEFAULT CHARSET=gb2312
```

3. 修改数据表

修改表指的是修改数据库中已经存在的数据表的结构。MySQL 使用 ALTER TABLE 语句来修改表。常用的修改表的操作有：修改表名、修改字段数据类型或字段名、增加和删除字段、修改字段的排列位置、更改表的存储引擎、删除表的外键约束等。

(1) 修改表名。

MySQL 通过 ALTER TABLE 语句来实现表名的修改，语法规则如下：

```
ALTER TABLE <旧表名> RENAME [TO] <新表名>;
```

其中，TO 为可选参数，使用与否均不影响结果。

【例 3-15】将数据表 tb_dept3 改名为 tb_deptment3。

执行修改表名操作之前，使用 SHOW TABLES 语句查看数据库中所有的表：

```
mysql> SHOW TABLES;
+------------------+
|Tables_in_test_db |
+------------------+
|tb_dept           |
```

```
|tb_dept2            |
|tb_dept3            |
```

使用 ALTER TABLE 语句，将表 tb_dept3 改名为 tb_deptment3，SQL 语句如下：

```
ALTER TABLE tb_dept3 RENAME tb_deptment3;
```

语句执行之后，检验表 tb_dept3 改为 tb_deptment3，SQL 语句及执行结果如下：

```
mysql> SHOW TABLES;
+-------------------+
|Tables_in_test_db |
+-------------------+
|tb_dept            |
|tb_dept2           |
|tb_deptment3       |
```

经过比较可以看到，数据表列表中已有了名称为 tb_deptment3 的表。

操作技巧： 用户可以在修改表名称时使用 DESC 命令查看修改后的两个表的结构，修改表名并不修改表的结构，因此修改名称后的表和修改名称前的表的结构是相同的。

(2) 修改字段的数据类型。

就是把字段数据类型转换成另一种数据类型。在 MySQL 中，修改字段数据类型的语法规则如下：

```
ALTER TABLE <表名> MODIFY <字段名> <数据类型>
```

其中，"表名"指要修改数据类型的字段所在表的名称，"字段名"指需要修改的字段，"数据类型"指修改后字段的新数据类型。

【例 3-16】 将数据表 tb_dept1 中 name 字段的数据类型由 VARCHAR(22)修改成 VARCHAR(30)。

执行修改操作之前，使用 DESC 语句查看 tb_dept1 表的结构，结果如下：

```
 DESC tb_dept1;
+----------+--------------+-------+------+---------+-------+
| Field    | Type         | Null  | Key  |Default  | Extra |
+----------+--------------+-------+------+---------+-------+
| id       | int(11)      | NO    | PRI  | NULL    |       |
| name     | varchar(22)  | YES   |      | NULL    |       |
| location | varchar(50)  | YES   |      | NULL    |       |
+----------+--------------+-------+------+---------+-------+
3 rows in set (0.00 sec)
```

可以看到，现在 name 字段的数据类型为 VARCHAR(22)，下面修改其类型。输入如下 SQL 语句并执行：

```
ALTER TABLE tb_dept1 MODIFY name VARCHAR(30);
```

再次使用 DESC 语句查看表，结果如下：

```
DESC tb_dept1;
+----------+-------------+------+-----+---------+-------+
| Field    | Type        | Null | Key |Default  | Extra |
+----------+-------------+------+-----+---------+-------+
| id       | int(11)     | NO   | PRI | NULL    |       |
| name     | varchar(30) | YES  |     | NULL    |       |
| location | varchar(50) | YES  |     | NULL    |       |
+----------+-------------+------+-----+---------+-------+
3 rows in set (0.00 sec)
```

在 DESC 语句执行之后，会发现表 tb_dept 中 name 字段的数据类型已经修改成为
VARCHAR(30)；表明已经修改成功了。

(3) 修改字段名。

MySQL 中修改表字段名的语法规则如下：

```
ALTER TABLE <表名> CHANGE <旧字段名> <新字段名> <新数据类型>;
```

其中，"旧字段名"指修改前的字段名；"新字段名"指修改后的字段名；"新数据
类型"指修改后的数据类型，如果不需要修改字段的数据类型，可以将新数据类型设置成
与原来一样即可，但数据类型不能为空。

【例 3-17】将数据表 tb_dept1 中的 location 字段名称改为 loc，数据类型保持不变，
SQL 语句如下：

```
ALTER TABLE tb_dept1 CHANGE location loc VARCHAR(50);
```

使用 DESC 查看表 tb_dept1，会发现字段的名称已经修改成功，结果如下：

```
mysql> DESC tb_dept1;
+----------+-------------+------+-------+---------+-------+
| Field    | Type        | Null | Key   | Default | Extra |
+----------+-------------+------+-------+---------+-------+
| id       | int(11)     | NO   | PRI   | NULL    |       |
| name     | varchar(30) | YES  |       | NULL    |       |
| loc      | varchar(50) | YES  |       | NULL    |       |
+----------+-------------+------+-------+---------+-------+
3 rows in set (0.00 sec)
```

【例 3-18】将数据表 tb_dept1 中的 loc 字段名称改为 location，同时将数据类型变为
VARCHAR(60)，SQL 语句如下：

```
ALTER TABLE tb_dept1 CHANGE loc location VARCHAR(60);
```

使用 DESC 查看表 tb_dept1，会发现字段的名称和类型均已经修改成功，结果如下：

```
mysql> DESC tb_dept1;
+----------+-------------+------+-------+---------+-------+
| Field    | Type        | Null | Key   | Default | Extra |
+----------+-------------+------+-------+---------+-------+
| id       | int(11)     | NO   | PRI   | NULL    |       |
| name     | varchar(30) | YES  |       | NULL    |       |
| location | varchar(60) | YES  |       | NULL    |       |
```

```
+----------+-------------+--------+-------+----------+-------+
3 rows in set (0.00 sec)
```

CHANGE 也可以只修改数据类型，实现与 MODIFY 同样的效果，方法是将 SQL 语句中的"新字段名"和"旧字段名"设置为相同的名称，只改变"数据类型"。

拓展提高： 由于不同类型的数据在机器中存储的方式及长度并不相同，修改数据类型可能会影响到数据表中已有的数据记录。因此，当数据表中已经有数据时，不要轻易修改数据类型。

(4) 添加字段。

随着业务的变化，可能需要在已经存在的表中添加新的字段，一个完整的字段包括字段名、数据类型、完整性约束。添加字段的语法格式如下：

```
ALTER TABLE <表名> ADD <新字段名> <数据类型>
    [约束条件] [FIRST|AFTER 已存在的字段名];
```

新字段名为需要添加的字段的名称；FIRST 为可选参数，其作用是将新添加的字段设置为表的第一个字段；AFTER 为可选参数，其作用是将新添加的字段添加到指定的"已存在字段名"的后面。

知识链接： 这里，"FIRST 或 AFTER 已存在字段名"用于指定新增字段在表中的位置，如果 SQL 语句中没有这两个参数，则默认将新添加的字段设置为数据表的最后列。

① 添加没有完整性约束条件的字段。

【例 3-19】在数据表 tb_dept1 中添加一个没有完整性约束的 INT 类型的字段 managerId(部门经理编号)，SQL 语句如下：

```
ALTER TABLE tb_dept1 ADD managerId INT(10);
```

使用 DESC 查看表 tb_dept1，会发现在表的最后添加了一个名为 managerId 的 INT 类型的字段，结果如下：

```
mysql> DESC tb_dept1;
+-----------+-------------+-------+-------+----------+-------+
| Field     | Type        | Null  | Key   | Default  | Extra |
+-----------+-------------+-------+-------+----------+-------+
| id        | int(11)     | NO    | PRI   | NULL     |       |
| name      | varchar(30) | YES   |       | NULL     |       |
| location  | varchar(60) | YES   |       | NULL     |       |
| managerId | int(10)     | YES   |       | NULL     |       |
+-----------+-------------+-------+-------+----------+-------+
4 rows in set (0.03 sec)
```

② 添加有完整性约束条件的字段。

【例 3-20】在数据表 tb_dept1 中添加一个不能为空的 VARCHAR(12)类型的字段 column1，SQL 语句如下：

```
ALTER TABLE tb_dept1 ADD column1 VARCHAR(12) not null;
```

使用 DESC 查看表 tb_dept1，会发现，在表的最后添加了一个名为 column1 的 varchar(12)类型且不为空的字段，结果如下：

```
mysql> DESC tb_dept1;
+-----------+-------------+------+-----+---------+-------+
| Field     | Type        | Null | Key | Default | Extra |
+-----------+-------------+------+-----+---------+-------+
| id        | int(11)     | NO   | PRI | NULL    |       |
| name      | varchar(30) | YES  |     | NULL    |       |
| location  | varchar(60) | YES  |     | NULL    |       |
| managerId | int(10)     | YES  |     | NULL    |       |
| column1   | varchar(12) | NO   |     | NULL    |       |
+-----------+-------------+------+-----+---------+-------+
5 rows in set (0.00 sec)
```

③ 在表的第一列添加一个字段。

【例 3-21】在数据表 tb_dept1 中添加一个 INT 类型的字段 column2，SQL 语句如下：

```
ALTER TABLE tb_dept 1 ADD column2 INT(11) FIRST;
```

使用 DESC 查看表 tb_dept1，会发现表的最前方添加了一个名为 column2 的 INT (11) 类型的字段，结果如下：

```
mysql> DESC tb_dept1;
+-----------+-------------+------+-----+---------+-------+
| Field     | Type        | Null | Key | Default | Extra |
+-----------+-------------+------+-----+---------+-------+
| column2   | int(11)     | YES  |     | NULL    |       |
| id        | int(11)     | NO   | PRI | NULL    |       |
| name      | varchar(30) | YES  |     | NULL    |       |
| location  | varchar(60) | YES  |     | NULL    |       |
| managerId | int(10)     | YES  |     | NULL    |       |
| column1   | varchar(12) | NO   |     | NULL    |       |
+-----------+-------------+------+-----+---------+-------+
6 rows in set (0.00 sec)
```

④ 在表的指定列之后添加一个字段。

【例 3-22】在数据表 tb_dept1 中 name 列后添加一个 INT 类型的字段 column3，SQL 语句如下：

```
ALTER TABLE tb_dept1 ADD column3 INT(11) AFTER name;
```

使用 DESC 查看表 tb_dept1，结果如下：

```
mysql> DESC tb_dept1;
+-----------+-------------+------+-----+---------+-------+
| Field     | Type        | Null | Key | Default | Extra |
+-----------+-------------+------+-----+---------+-------+
| column2   | int(11)     | YES  |     | NULL    |       |
| id        | int(11)     | NO   | PRI | NULL    |       |
| name      | varchar(30) | YES  |     | NULL    |       |
| column3   | int(11)     | YES  |     | NULL    |       |
```

```
| location   | varchar(60) | YES |     | NULL |     |     |
| managerId  | int(10)     | YES |     | NULL |     |     |
| column1    | varchar(12) | NO  |     | NULL |     |     |
+-----------+-------------+-------+-------+---------+-------+
7 rows in set (0.03 sec)
```

可以看到，tb_dept1 表中增加了一个名称为 column3 的字段，其位置在指定的 name 字段的后面，添加字段成功。

(5) 删除字段。

删除字段是将数据表中的某个字段从表中移除，语法格式如下：

```
ALTER TABLE <表名> DROP <字段名>;
```

这里，"字段名"指需要从表中删除的字段的名称。

【例 3-23】删除数据表 tb_dept1 表中的 column2 字段。

首先，要删除字段之前，使用 DESC 查看 tb_dept1 表的结构，结果如下：

```
mysql> DESC tb_dept1;
+-----------+-------------+-------+-------+---------+-------+
| Field     | Type        | Null  | Key   |Default  | Extra |
+-----------+-------------+-------+-------+---------+-------+
| column2   | int(11)     | YES   |       | NULL    |       |
| id        | int(11)     | NO    | PRI   | NULL    |       |
| name      | varchar(30) | YES   |       | NULL    |       |
| column3   | int(11)     | YES   |       | NULL    |       |
| location  | varchar(60) | YES   |       | NULL    |       |
| managerId | int(10)     | YES   |       | NULL    |       |
| column1   | varchar(12) | NO    |       | NULL    |       |
+-----------+-------------+-------+-------+---------+-------+
6 rows in set (0.03 sec)
```

然后删除 column2 字段，SQL 语句如下：

```
ALTER TABLE tb_dept1 DROP column2;
```

使用 DESC 语句查看 tb_dept1 表的结构，结果如下：

```
mysql> DESC tb_dept1;
+-----------+-------------+-------+-------+---------+-------+
| Field     | Type        | Null  | Key   | Default | Extra |
+-----------+-------------+-------+-------+---------+-------+
| id        | int(11)     | NO    | PRI   | NULL    |       |
| name      | varchar(30) | YES   |       | NULL    |       |
| column3   | int(11)     | YES   |       | NULL    |       |
| location  | varchar(60) | YES   |       | NULL    |       |
| managerId | int(10)     | YES   |       | NULL    |       |
| column1   | varchar(12) | NO    |       | NULL    |       |
+-----------+-------------+-------+-------+---------+-------+
6 rows in set (0.03 sec)
```

(6) 修改字段的排列顺序。

对于一个数据表来说，在创建时，字段在表中的排列顺序就已经确定。但表的结构并不是完全不可以改变的，可以通过 ALTER TABLE 来重新规定表中字段的相对位置。语法格式如下：

```
ALTER TABLE <表名> MODIFY <字段1> <数据类型> FIRST|AFTER <字段2>
```

其中，"字段 1"是指要修改位置的字段，"数据类型"指"字段 1"的数据类型，FIRST 为可选参数，指将"字段 1"修改为表的第一个字段，"AFTER 字段 2"指将"字段 1"插入到"字段 2"的后面。

① 修改字段为第一个字段。

【例 3-24】将数据表 tb_dept 中的 column1 字段修改为表的第一个字段，所使用的 SQL 语句如下：

```
ALTER TABLE tb_dept1 MODIFY column1 VARCHAR(12) FIRST;
```

使用 DESC 查看表 tb_dept1，发现字段 column1 已经被移至表的第一列，结果如下：

```
mysql> DESC tb_dept1;
+-----------+-------------+------+------+----------+-------+
| Field     | Type        | Null | Key  |Default   | Extra |
+-----------+-------------+------+------+----------+-------+
| column1   | int(12)     | NO   |      | NULL     |       |
| id        | int(11)     | NO   | PRI  | NULL     |       |
| name      | varchar(30) | YES  |      | NULL     |       |
| column3   | int(11)     | YES  |      | NULL     |       |
| location  | varchar(60) | YES  |      | NULL     |       |
| managerId | int(10)     | YES  |      | NULL     |       |
+-----------+-------------+------+------+----------+-------+
6 rows in set (0.03 sec)
```

② 修改字段到表的指定列之后。

【例 3-25】将数据表 tb_dept1 中的 column1 字段插入到 location 字段后面，SQL 语句如下：

```
ALTER TABLE tb_dept1 MODIFY column1 VARCHAR(12) AFTER location;
mysql> DESC tb_dept1;
+-----------+-------------+------+------+----------+-------+
| Field     | Type        | Null | Key  |Default   | Extra |
+-----------+-------------+------+------+----------+-------+
| id        | int(11)     | NO   | PRI  | NULL     |       |
| name      | varchar(30) | YES  |      | NULL     |       |
| column3   | int(11)     | YES  |      | NULL     |       |
| location  | varchar(60) | YES  |      | NULL     |       |
| column1   | int(12)     | NO   |      | NULL     |       |
| managerId | int(10)     | YES  |      | NULL     |       |
+-----------+-------------+------+------+----------+-------+
6 rows in set (0.03 sec)
```

可以看到，tb_dept1 表中的字段 column1 已经被移至 location 字段之后。

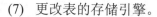

（7）更改表的存储引擎。

存储引擎是 MySQL 中的数据存储在文件或内存中时采用的不同技术实现。

可以根据自己的需要，选择不同的引擎，甚至可以为每一张表选择不同的存储引擎。在 MySQL 中，主要的存储引擎有 MyISAM、InnoDB、MEMORY(HEAP)、BDB 以及 FEDERATED 等。可以使用 SHOW ENGINES;语句查看系统支持的存储引擎。

表 3-4 列出了 MySQL 所支持的存储引擎。

表 3-4 MySQL 所支持的存储引擎

引　擎　名	是否支持
FEDERATED	否
MRG_MYISAM	是
MyISAM	是
BLACKHOLE	是
CSV	是
MEMORY	是
ARCHIVE	是
InnoDB	默认
PERFORMANCE_SCHEMA	是

更改表的存储引擎的语法格式如下：

```
ALTER TABLE <表名> ENGIN=<更改后的存储引擎名>;
```

【例 3-26】将数据表 tb_deptment3 的存储引擎修改为 MyISAM。

在修改存储引擎之前，先使用 SHOW CREATE TABLE 语句查看表 tb_deptment3 当前的存储引擎，结果如下：

```
SHOW CREATE TABLE tb_deptment3 \G
*************************** 1. row ***************************
      Table: tb_deptment3
Create Table: CREATE TABLE `tb_deptment3` (
  `id` int(11) NOT NULL,
  `name` varchar(22) DEFAULT NULL,
  `location` varchar(50) DEFAULT NULL,
  PRIMARY KEY (`id`),
  UNIQUE KEY `STH` (`name`)
) ENGINE=InnoDB DEFAULT CHARSET=gb2312
1 row in set (0.00 sec)
```

可以看到，表 tb_deptment3 当前的存储引擎为 ENGINE=InnoDB，接下来，修改存储引擎的类型，输入如下 SQL 语句并执行：

```
ALTER TABLE tb_deptment3 ENGINE=MyISAM;
```

使用 SHOW CREATE TABLE 语句再次查看表 tb_deptment3 的存储引擎，发现表 tb_dept 的存储引擎变成了 MyISAM，结果如下：

```
SHOW CREATE TABLE tb_deptment3 \G
*************************** 1. row ***************************
     Table: tb_deptment3
Create Table: CREATE TABLE `tb_deptment3` (
  `id` int(11) NOT NULL,
  `name` varchar(22) DEFAULT NULL,
  `location` varchar(50) DEFAULT NULL,
  PRIMARY KEY (`id`),
  UNIQUE KEY `STH` (`name`)
) ENGINE=MyISAM DEFAULT CHARSET=gb2312
1 row in set (0.00 sec)
```

(8) 删除表的外键约束。

对于数据库中定义的外键，如果不再需要，可以将其删除。外键一旦删除，就会解除主表和从表间的关联关系，MySQL 中，删除外键的语法格式如下：

```
ALTER TABLE <表名> DROP FOREIGN KEY <外键约束名>;
```

【例 3-27】删除数据表 tb_emp9 中的外键约束。

首先创建表 tb_emp9，创建外键 deptId 关联 tb_dept1 表的主键 id，SQL 语句如下：

```
CREATE TABLE tb_emp9
(
id      INT(11) PRIMARY KEY,
name    VARCHAR(25),
deptId  INT(11),
salary  FLOAT,
CONSTRAINT fk_emp_dept  FOREIGN KEY (deptId) REFERENCES tb_dept1(id)
);
```

使用 SHOW CREATE TABLE 语句查看表 tb_emp9 的结构，结果如下：

```
SHOW CREATE TABLE tb_emp9 \G
*************************** 1. row ***************************
     Table: tb_emp9
Create Table: CREATE TABLE `tb_emp9` (
  `id` int(11) NOT NULL,
  `name` varchar(25) DEFAULT NULL,
  `deptId` int(11) DEFAULT NULL,
  `salary` float DEFAULT NULL,
  PRIMARY KEY (`id`),
  KEY `fk_emp_dept` (`deptId`),
  CONSTRAINT `fk_emp_dept` FOREIGN KEY (`deptId`) REFERENCES `tb_dept1`
(`id`)
) ENGINE=InnoDB DEFAULT CHARSET=gb2312
1 row in set (0.00 sec)
```

可以看到，已经成功添加了表的外键，下面删除外键约束，SQL 语句如下：

```
ALTER TABLE tb_emp9 DROP FOREIGN KEY fk_emp_dept;
```

执行完毕之后，将删除表 tb_emp 的外键约束，使用 SHOW CREATE TABLE 语句再次查看表 tb_emp9 的结构，结果如下：

```
SHOW CREATE TABLE tb_emp9 \G
************************** 1. row **************************
      Table: tb_emp9
Create Table: CREATE TABLE `tb_emp9` (
  `id` int(11) NOT NULL,
  `name` varchar(25) DEFAULT NULL,
  `deptId` int(11) DEFAULT NULL,
  `salary` float DEFAULT NULL,
  PRIMARY KEY (`id`),
  KEY `fk_emp_dept` (`deptId`)
) ENGINE=InnoDB DEFAULT CHARSET=gb2312
1 row in set (0.00 sec)
```

可以看到，tb_emp9 中已经不存在 FOREIGN KEY(外键)，原有的名称为 fk_emp_dept 的外键约束删除成功。

4. 删除数据表

删除数据表是将数据库中已经存在的表从数据库中删除，在删除表的同时，表的定义和表中所有的数据均会被删除。因此，在进行删除操作前，应做数据备份，以免造成数据表丢失。

(1) 删除没有被关联的表：

```
DROP TABLE [IF EXISTS] 表1, 表2, ..., 表n;
```

其中，"表 n" 指要删除的表的名称，后面可以同时删除多个表，只需将要删除的表名依次写在后面，相互之间用逗号隔开。如果要删除的数据表不存在，则 MySQL 会提示一条错误信息 "ERROR 1051(42S02): Unknown table '表名'"。参数 IF EXISTS 用于在删除前判断删除的表是否存在，加上该参数后，在删除表的时候，如果表不存在，SQL 语句可以顺利执行，但会发出警告(warning)。

【例 3-28】删除数据表 tb_dept2，SQL 语句如下：

```
DROP TABLE IF EXISTS tb_dept2;
```

此语句执行完毕后，使用 SHOW TABLES 命令查看当前数据库中所有的表，SQL 语句及执行结果如下：

```
mysql>SHOW TABLES;
+------------------+
|Tables_in_test_db |
+------------------+
|tb_dept           |
|tb_deptment3      |
```

从执行结果可以看到，数据表列中已经不存在名称为 tb_dept2 的表，删除操作成功。

(2) 删除被其他表关联的主表。

数据表之间存在外键关联的情况下，如果直接删除父表，结果会显示失败，原因是直接删除时，将破坏表的参照完整性。如果必须删除，可以先删除与它关联的子表，再删除父表，只能这样同时删除两个表中的数据。但有的情况下，可能要保留子表，这时，如要单独删除父表，只须将关联的表的外键约束条件取消，然后就可以删除父表了。

在数据库中创建两个关联表，首先，创建表 tb_dept2，SQL 语句如下：

```
CREATE TABLE tb_dept2
(
id      INT(11) PRIMARY KEY,
name    VARCHAR(22),
location  VARCHAR(50)
);
```

接下来创建表 tb_emp，SQL 语句如下：

```
CREATE TABLE tb_emp
(
id      INT(11) PRIMARY KEY,
name    VARCHAR(25),
deptId   INT(11),
salary   FLOAT,
CONSTRAINT fk_emp_dept FOREIGN KEY (deptId) REFERENCES tb_dept2(id)
);
```

使用 SHOW CREATE TABLE 命令查看表 tb_emp 的外键约束，结果如下：

```
SHOW CREATE TABLE tb_emp\G
*************************** 1. row ***************************
     Table: tb_emp
Create Table: CREATE TABLE `tb_emp` (
 `id` int(11) NOT NULL,
 `name` varchar(25) DEFAULT NULL,
 `deptId` int(11) DEFAULT NULL,
 `salary` float DEFAULT NULL,
 PRIMARY KEY (`id`),
 KEY `fk_emp_dept` (`deptId`),
 CONSTRAINT `fk_emp_dept` FOREIGN KEY (`deptId`) REFERENCES `tb_dept2`
(`id`)
) ENGINE=InnoDB DEFAULT CHARSET=gb2312
1 row in set (0.00 sec)
```

可以看到，以上执行结果，创建了两个关联表 tb_dept2 和表 tb_emp，其中，tb_emp 表为子表，具有名称为 fk_emp_dept 的外键约束，tb_dept2 为父表，其主键 id 被子表 tb_emp 所关联。

【例 3-29】删除被数据表 tb_emp 关联的数据表 tb_dept2。

首先直接删除父表 tb_dept2，输入的删除语句如下：

```
mysql> DROP TABLE tb_dept2;
ERROR 1217 (23000): Cannot delete or update a parent row: a foreign key
constraint fails
```

可以看到，如前所述，在存在外键约束时，主表不能被直接删除。

接下来，解除关联子表 tb_emp 的外键约束，SQL 语句如下：

```
ALTER TABLE tb_emp DROP FOREIGN KEY fk_emp_dept;
```

此语句成功执行后，将取消表 tb_emp 和表 tb_dept2 之间的关联关系，此时，可以输入删除语句，将原来的父表 tb_dept2 删除，SQL 语句如下：

```
DROP TABLE tb_dept2;
```

最后通过 show tables;语句查看数据表列表，如下所示：

```
mysql> show tables;
+------------------+
| Tables_in_test_db |
+------------------+
| tb_dept          |
| tb_deptment3     |
...
```

可以看到，数据表列表中，已经不存在名称为 tb_dept2 的表了。

任务实践

在 zoo 数据库中创建学生成绩 xscj 数据表，xscj 表的结构如表 3-5 所示。

表 3-5　xscj 表的结构

字 段 名	数据类型	主　键	外　键	非　空	唯　一	自　增
Name	INT(10)	是	否	是	是	否
Gender	INT(10)	否	否	是	否	否
Class	VARCHAR(50)	否	否	否	否	否

创建 xscj 表的语句如下：

```
CREATE TABLE xscj
(
Name        INT(10) NOT NULL UNIQUE,
Gender      VARCHAR(50) NOT NULL,
Class       VARCHAR(50) NOT NULL,
);
```

执行成功之后，使用 show tables;语句查看数据库中的表，语句及执行结果如下：

```
mysql> show tables;
+------------------+
| Tables_in_zoo    |
+------------------+
| xscj             |
+------------------+
1 row in set (0.00 sec)
```

可以看到，数据库中已经有了数据表 xscj，表明已经创建成功。

上机实训：创建编辑 company 数据库和表

1. 实训背景

要求根据给定的表结构，在 company 数据库中创建表。

2. 实训内容和要求

创建、修改和删除表，掌握数据表的基本操作。创建数据库 company，按照表 3-6 和表 3-7 给出的表结构在 company 数据库中创建两个数据表：offices 和 employees，按照操作过程完成对数据表的基本操作。

表 3-6　offices 表的结构

字 段 名	数据类型	主　键	外　键	非　空	唯　一	自　增
officeCode	INT(10)	是	否	是	是	否
city	INT(10)	否	否	是	否	否
address	VARCHAR(50)	否	否	否	否	否
country	VARCHAR(50)	否	否	是	否	否
postalCode	VARCHAR(25)	否	否	否	是	否

表 3-7　employees 表的结构

字 段 名	数据类型	主　键	外　键	非　空	唯　一	自　增
employeeNumber	INT(10)	是	否	是	是	否
lastName	VARCHAR(50)	否	否	是	否	否
firstName	VARCHAR(50)	否	否	是	否	否
mobile	VARCHAR(25)	否	否	否	是	否
officeCode	VARCHAR(10)	否	是	是	否	否
jobTitle	VARCHAR(50)	否	否	否	否	否
birth	DATETIME	否	否	是	否	否
note	VARCHAR(255)	否	否	否	否	否
sex	VARCHAR(5)	否	否	否	否	否

3. 实训步骤

(1) 登录 MySQL 数据库。

打开 Windows 命令行，输入登录用户名和密码：

```
C:\>mysql -h localhost -u root -p
Enter password: **
```

或者打开 MySQL 5.6 Command Line Client，只输入用户密码也可以登录。登录成功后显示如下信息：

```
Welcome to the MySQL monitor.  Commands end with ; or \g.
Your MySQL connection id is 2
Server version: 5.6.10 MySQL Community Server (GPL)

Copyright (c) 2000, 2013, Oracle and/or its affiliates. All rights
reserved.

Oracle is a registered trademark of Oracle Corporation and/or its
affiliates. Other names may be trademarks of their respective
owners.

Type 'help;' or '\h' for help. Type '\c' to clear the current input
statement.
```

登录成功，可以输入 SQL 语句进行操作。

(2)　创建数据库 company。创建数据库 company 的语句及执行结果如下：

```
CREATE DATABASE company;
Query OK, 1 row affected (0.00 sec)
```

结果显示创建成功，要在 company 数据库中创建表，必须先选择该数据库：

```
USE company;
Database changed
```

结果显示选择数据库成功。

(3)　创建表 offices。创建表 offices 的语句如下：

```
CREATE TABLE offices
(
officeCode   INT(10) NOT NULL UNIQUE,
city         VARCHAR(50) NOT NULL,
address      VARCHAR(50) NOT NULL,
country      VARCHAR(50) NOT NULL,
postalCode   VARCHAR(15) NOT NULL,
PRIMARY KEY  (officeCode)
);
```

执行成功后，使用 SHOW TABLES;语句查看数据库中的表，语句及执行结果如下：

```
mysql> show tables;
+-------------------+
| Tables_in_company |
+-------------------+
| offices           |
+-------------------+
1 row in set (0.00 sec)
```

可以看到，数据库中已经有了数据表 offices，表明已经创建成功。

(4)　创建表 employees。

创建表 employees 的语句如下：

```
CREATE TABLE employees
(
employeeNumber  INT(11) NOT NULL PRIMARY KEY AUTO_INCREMENT,
lastName        VARCHAR(50) NOT NULL,
firstName       VARCHAR(50) NOT NULL,
mobile          VARCHAR(25) NOT NULL,
officeCode      INT(10) NOT NULL,
jobTitle        VARCHAR(50) NOT NULL,
birth           DATETIME,
note            VARCHAR(255),
sex             VARCHAR(5),
CONSTRAINT office_fk FOREIGN KEY(officeCode)  REFERENCES
offices(officeCode)
);
```

执行成功之后，使用 SHOW TABLES;语句查看数据库中的表，所用语句如下：

```
mysql> show tables;
+--------------------+
| Tables_in_company  |
+--------------------+
| employees          |
| offices            |
+--------------------+
2 rows in set (0.00 sec)
```

从以上结果中可以看到，现在数据库中已经创建好了 employees 和 offices 两个数据表。要检查表的结构是否是按照要求创建的，可使用 DESC 语句分别查看两个表的结构，如果语句正确，则显示结果如下：

```
DESC offices;
+--------------+-------------+------+-----+---------+-------+
| Field        | Type        | Null | Key | Default | Extra |
+--------------+-------------+------+-----+---------+-------+
| officeCode   | int(10)     | NO   | PRI | NULL    |       |
| city         | varchar(50) | NO   |     | NULL    |       |
| address      | varchar(50) | NO   |     | NULL    |       |
| country      | varchar(50) | NO   |     | NULL    |       |
| postalCode   | varchar(15) | NO   |     | NULL    |       |
+--------------+-------------+------+-----+---------+-------+
5 rows in set (0.02 sec)

DESC employees;
+----------------+-------------+------+-----+---------+----------------+
| Field          | Type        | Null | Key | Default | Extra          |
+----------------+-------------+------+-----+---------+----------------+
| employeeNumber | int(11)     | NO   | PRI | NULL    | auto_increment |
| lastName       | varchar(50) | NO   |     | NULL    |                |
| firstName      | varchar(50) | NO   |     | NULL    |                |
| mobile         | varchar(25) | NO   |     | NULL    |                |
| officeCode     | int(10)     | NO   | MUL | NULL    |                |
```

```
| jobTitle        | varchar(50)  | NO  |     | NULL    |                |
| birth           | datetime     | YES |     | NULL    |                |
| note            | varchar(255) | YES |     | NULL    |                |
| sex             | varchar(5)   | YES |     | NULL    |                |
+-----------------+--------------+-----+-----+---------+----------------+
9 rows in set (0.00 sec)
```

可以看到，两个表中，字段分别满足表 3.6~3.7 中要求的数据类型和约束类型。

(5) 将表 employees 的 mobile 字段修改到 officeCode 字段后面。

要修改字段的位置，需要用到 ALTER TABLE 语句，输入的语句如下：

```
ALTER TABLE employees MODIFY mobile VARCHAR(25) AFTER officeCode;
Query OK, 0 rows affected (0.00 sec)
Records: 0  Duplicates: 0  Warnings: 0
```

结果显示执行成功，使用 DESC 语句查看修改后的结果如下：

```
DESC employees;
+-----------------+--------------+-----+-----+---------+----------------+
| Field           | Type         | Null| Key | Default | Extra          |
+-----------------+--------------+-----+-----+---------+----------------+
| employeeNumber  | int(11)      | NO  | PRI | NULL    | auto_increment |
| lastName        | varchar(50)  | NO  |     | NULL    |                |
| firstName       | varchar(50)  | NO  |     | NULL    |                |
| officeCode      | int(10)      | NO  | MUL | NULL    |                |
| mobile          | varchar(25)  | NO  |     | NULL    |                |
| jobTitle        | varchar(50)  | NO  |     | NULL    |                |
| employee_birth  | datetime     | YES |     | NULL    |                |
| note            | varchar(255) | YES |     | NULL    |                |
| sex             | varchar(5)   | YES |     | NULL    |                |
+-----------------+--------------+-----+-----+---------+----------------+
9 rows in set (0.00 sec)
```

可以看到，mobile 字段已经插入到 officeCode 字段的后面。

(6) 将表 employees 的 birth 字段改名为 employee_birth。

修改字段名，需要用到 ALTER TABLE 语句，输入的语句如下：

```
ALTER TABLE employees CHANGE birth employee_birth DATETIME;
Query OK, 0 rows affected (0.02 sec)
Records: 0  Duplicates: 0  Warnings: 0
```

结果显示执行成功，使用 DESC 语句查看修改后的结果如下：

```
DESC employees;
+-----------------+--------------+-----+-----+---------+----------------+
| Field           | Type         | Null| Key | Default | Extra          |
+-----------------+--------------+-----+-----+---------+----------------+
| employeeNumber  | int(11)      | NO  | PRI | NULL    | auto_increment |
| lastName        | varchar(50)  | NO  |     | NULL    |                |
| firstName       | varchar(50)  | NO  |     | NULL    |                |
| mobile          | varchar(25)  | NO  |     | NULL    |                |
| officeCode      | int(10)      | NO  | MUL | NULL    |                |
```

```
| jobTitle        | varchar(50)  | NO  |     | NULL    |              |
| employee _birth | datetime     | YES |     | NULL    |              |
| note            | varchar(255) | YES |     | NULL    |              |
| sex             | varchar(5)   | YES |     | NULL    |              |
+-----------------+--------------+-----+-----+---------+--------------+
9 rows in set (0.00 sec)
```

可以看到，表中只有 employee_birth 字段，已经没有 birth 字段了，修改名称成功。

(7) 修改 sex 字段，数据类型为 CHAR(1)，非空约束。

修改字段数据类型时，需要用到 ALTER TABLE 语句，输入的语句如下：

```
ALTER TABLE employees MODIFY sex CHAR(1) NOT NULL;
Query OK, 0 rows affected (0.00 sec)
Records: 0  Duplicates: 0  Warnings: 0
```

结果显示执行成功，使用 DESC 语句查看修改后的结果如下：

```
DESC employees;
+-----------------+--------------+------+-----+---------+----------------+
| Field           | Type         | Null | Key | Default | Extra          |
+-----------------+--------------+------+-----+---------+----------------+
| employeeNumber  | int(11)      | NO   | PRI | NULL    | auto_increment |
| lastName        | varchar(50)  | NO   |     | NULL    |                |
| firstName       | varchar(50)  | NO   |     | NULL    |                |
| mobile          | varchar(25)  | NO   |     | NULL    |                |
| officeCode      | int(10)      | NO   | MUL | NULL    |                |
| jobTitle        | varchar(50)  | NO   |     | NULL    |                |
| employee _birth | datetime     | YES  |     | NULL    |                |
| note            | varchar(255) | YES  |     | NULL    |                |
| sex             | char(1)      | NO   |     | NULL    |                |
+-----------------+--------------+------+-----+---------+----------------+
9 rows in set (0.00 sec)
```

从执行结果可以看到，sex 字段的数据类型由前面的 VARCHAR(5)修改为 CHAR(1)，且其 NULL 列显示为 NO，表示该列不允许空值，修改成功。

(8) 删除字段 note。要删除字段，需要用到 ALTER TABLE 语句，输入的语句如下：

```
ALTER TABLE employees DROP note;
Query OK, 0 rows affected (0.01 sec)
Records: 0  Duplicates: 0  Warnings: 0
```

结果显示执行语句成功，使用 DESC employees;查看语句执行后的结果：

```
desc employees;
+-----------------+--------------+-------+------+---------+----------------+
| Field           | Type         | Null  | Key  | Default | Extra          |
+-----------------+--------------+-------+------+---------+----------------+
| employeeNumber  | int(11)      | NO    | PRI  | NULL    | auto_increment |
| lastName        | varchar(50)  | NO    |      | NULL    |                |
| firstName       | varchar(50)  | NO    |      | NULL    |                |
| mobile          | varchar(25)  | NO    |      | NULL    |                |
| officeCode      | int(10)      | NO    | MUL  | NULL    |                |
```

```
| jobTitle         | varchar(50) | NO  |     | NULL   |                |
| employee_birth   | datetime    | YES |     | NULL   |                |
| sex              | char(1)     | NO  |     | NULL   |                |
+------------------+-------------+-----+-----+--------+----------------+
8 rows in set (0.00 sec)
```

可以看到，DESC 语句返回了 8 个列字段，note 字段已经不在表结构中，这说明删除字段已经成功了。

(9) 增加字段名 favorite_activity，数据类型为 VARCHAR(100)。

增加字段，需要用到 ALTER TABLE 语句，输入的语句及执行结果如下：

```
ALTER TABLE employees ADD favorite_activity VARCHAR(100);
Query OK, 0 rows affected (0.01 sec)
Records: 0 Duplicates: 0 Warnings: 0
```

结果显示执行语句成功，使用 DESC employees;查看语句执行后的结果：

```
desc employees;
+-------------------+--------------+------+-----+---------+----------------+
| Field             | Type         | Null | Key | Default | Extra          |
+-------------------+--------------+------+-----+---------+----------------+
| employeeNumber    | int(11)      | NO   | PRI | NULL    | auto_increment |
| lastName          | varchar(50)  | NO   |     | NULL    |                |
| firstName         | varchar(50)  | NO   |     | NULL    |                |
| mobile            | varchar(25)  | NO   |     | NULL    |                |
| officeCode        | int(10)      | NO   | MUL | NULL    |                |
| jobTitle          | varchar(50)  | NO   |     | NULL    |                |
| employee_birth    | datetime     | YES  |     | NULL    |                |
| sex               | char(1)      | NO   |     | NULL    |                |
| favorite_activity | varchar(100) | YES  |     | NULL    |                |
+-------------------+--------------+------+-----+---------+----------------+
9 rows in set (0.00 sec)
```

可以看到，数据表 employees 中增加了一个新的列 favorite_activity，数据类型为 VARCHAR(100)，允许空值，这说明添加新字段已经成功了。

(10) 删除表 offices。

在创建表 employees 时，设置了表的外键，该表关联了其父表的 officeCode 主键。如前面所述，删除关联表时，要先删除子表 employees 的外键约束，才能删除父表。因此，必须先删除 employees 表的外键约束。

① 删除 employees 表的外键约束，输入的语句及执行结果如下：

```
ALTER TABLE employees DROP FOREIGN KEY office_fk;
Query OK, 0 rows affected (0.01 sec)
Records: 0 Duplicates: 0 Warnings: 0
```

其中，office_fk 为 employees 表的外键约束的名称，即创建外键约束时 CONSTRAINT 关键字后面的参数，结果显示语句执行成功，现在可以删除 offices 父表了。

② 删除表 offices，输入的语句及执行结果如下：

```
DROP TABLE offices;
Query OK, 0 rows affected (0.00 sec)
```

结果显示执行删除操作成功，使用 SHOW TABLES;语句查看数据库中的表，执行的
结果如下：

```
mysql> show tables;
+---------------------+
| Tables_in_company   |
+---------------------+
| employees           |
+---------------------+
1 row in set (0.00 sec)
```

可以看到，数据库中已经没有名称为 offices 的表了，说明删除表已经成功。

(11) 修改表 employees 存储引擎为 MyISAM。

修改表存储引擎时，需要用到 ALTER TABLE 语句，输入的语句如下：

```
ALTER TABLE employees ENGINE=MyISAM;
Query OK, 0 rows affected (0.01 sec)
Records: 0  Duplicates: 0  Warnings: 0
```

结果显示执行修改存储引擎操作成功，使用 SHOW CREATE TABLE 语句查看表的结
构，结果如下：

```
show CREATE TABLE employees\G
*************************** 1. row ***************************
     Table: employees
Create Table: CREATE TABLE `employees` (
  `employeeNumber` int(11) NOT NULL AUTO_INCREMENT,
  `lastName` varchar(50) NOT NULL,
  `firstName` varchar(50) NOT NULL,
  `officeCode` int(10) NOT NULL,
  `mobile` varchar(25) DEFAULT NULL,
  `jobTitle` varchar(50) NOT NULL,
  `employee_birth` datetime DEFAULT NULL,
  `sex` char(1) NOT NULL,
  `favorite_activity` varchar(100) DEFAULT NULL,
  PRIMARY KEY (`employeeNumber`),
  KEY `office_fk` (`officeCode`)
) ENGINE=MyISAM DEFAULT CHARSET=utf8
1 row in set (0.00 sec)
```

可以看到，倒数第 2 行中的 ENGINE 后面的参数已经修改为 MyISAM，说明已经修改
成功了。

(12) 将表 employees 名称修改为 employees_info。

修改数据表名时，需要用到 ALTER TABLE 语句，输入的语句如下：

```
ALTER TABLE employees RENAME employees_info;
Query OK, 0 rows affected (0.00 sec)
```

结果显示执行语句成功，使用 SHOW TABLES;语句查看执行结果：

```
mysql> show tables;
```

```
+---------------------+
| Tables_in_company   |
+---------------------+
| employees_info      |
+---------------------+
1 rows in set (0.00 sec)
```

4. 实训素材

实例文件存储于下载资源的"\案例文件\项目 3\上机实训：创建编辑 company 数据库与表"路径中。

习　　题

1. 填空题

(1)　创建数据库是在系统磁盘上划分一块区域，用于_____，如果管理员在设置权限的时候为用户创建了数据库，可以直接使用，否则，需要自己创始数据库。

(2)　MySQL 中，创建数据库的基本 SQL 语法格式为_____。

(3)　MySQL 中，删除数据库的基本语法格式为_____。

(4)　主键又称_____，是表中一列中多列的组合。

(5)　MySQL 通过 ALTER TABLE 语句实现表名的修改，语法规则为_____。

2. 选择题

(1)　主键的类型有(　　　)。

　　A. 单字段主键　　　　　　　　　　B. 多字段联合主键

　　C. 一个字段主键　　　　　　　　　D. 两个字段主键

(2)　(　　　)表示该列表是否可以存储 NULL 值。

　　A. NULL　　　　B. Key　　　　C. Default　　　　D. Extra

(3)　(　　　)表示该列是否已编制索引。PRI 表示该列是表主键的一部分；UNI 表示该列是 UNIQUE 索引的一部分；MUL 表示在列中某个给定值允许出现多次。

　　A. NULL　　　　B. Key　　　　C. Default　　　　D. Extra

(4)　(　　　)表示该列是否有默认值，如果有的话，值是多少。

　　A. NULL　　　　B. Key　　　　C. Default　　　　D. Extra

(5)　(　　　)表示可以获取的与给定列有关的附加信息，如 AUTO_INCREMENT 等。

　　A. NULL　　　　B. Key　　　　C. Default　　　　D. Extra

3. 问答题

(1)　简述创建数据库的方法。

(2)　简述创建数据表的方法。

项目 4

PHP 语法知识

1. 项目要点

(1) 制作网上书店购书订单。

(2) 通过 PHP 变量访问购书订单。

(3) 测试执行操作符。

(4) 使用 switch 语句制作网上购书订单。

2. 引言

项目首先介绍 PHP 的基本语法知识，主要包括在 HTML 中嵌入 PHP 代码、PHP 的变量及数据类型、PHP 的操作符、声明和使用常量、条件与分支以及循环控制等。

在本项目中，通过一个项目导入、四个任务实施、一个上机实训，向读者介绍 PHP 的基本语法知识，为后面的深入学习打下坚实的基础。

3. 项目导入

这里的示例是创建一个版权声明程序，代码如下：

```php
<?php
    define("owner", "王晓明");    // 定义一个常量
    $copytime = "2002 年 3 月 3 号";    // 定义一个字符串变量
    echo "<center>Copyright(c):".owner."时间:".$copytime."</center>";
    echo "<br>";
    echo "<center>版权所有: ".owner." 留言: myweb.com</center>";
?>
```

运行结果如图 4-1 所示。

图 4-1　运行结果

知识链接：　① 使用 define 来定义常量，并且常量名不需要加$，如我们在该程序中定义的 owner 常量，就没有加$。

　　　　　　② 在使用变量时，不需要进行类型说明，直接进行赋值即可。

4. 项目分析

实例通过创建一个版权声明程序，让读者掌握 PHP 中变量、常量的定义和使用，掌握输出语句 echo 的用法。

5. 能力目标

(1) 掌握 PHP 的标记、输入语句、注释的使用方法。

(2) 掌握 PHP 的变量、常量的使用方法。

(3) 掌握 PHP 运算符的使用方法。

(4) 掌握 PHP 程序语句的使用方法。

6. 知识目标

(1) 了解 PHP 的静态、动态变量。

(2) 学习 for、while、do-while 语句。

任务一：制作网上书店购书订单

知识储备

1. 使用 PHP 标记

PHP 代码以 "<?php" 为开始，以 "?>" 为结束，这些符号叫作 PHP 语言标记。这两个标记之间的任何文本都被解释成为 PHP 代码。

PHP 标记可以有以下 4 种不同风格，这 4 种风格的代码都是等价的。

(1) XML 风格：

```
<?php echo 'XML风格'; ?>
```

推荐使用这种风格，因为服务器管理员不能禁用这种风格，因此可以保证在所有服务器上都能显示这种风格。另外，这种风格的标记可以在 XML(可扩展标记语言)文档中使用。如果在站点中使用 XML，就必须使用这种标记风格。

(2) 简短风格：

```
<? echo '简短风格'; ?>
```

不推荐使用这种风格。选用这种风格时，必须启用配置文件中的 short_open_tag 选项，或者启用短标记选项来编译 PHP。

(3) SCRIPT 风格：

```
<SCRIPT LANGUAGE='php'>echo '<p>SCRIPT风格</p>'; </SCRIPT>
```

如果读者所使用的 HTML 编辑器无法支持其他的标记风格，可以使用这种风格。

(4) ASP 风格：

```
<% echo 'ASP风格' %>
```

这种标记风格与 ASP 或者 ASP.NET 的标记风格相同。如果在配置设定中启用了 asp_tags 选项，就可以使用它。但默认情况下，该风格是被禁用的。

2. PHP 输出语句

echo 语句是 PHP 的输出语句，它将传递给它的字符串回显到浏览器。格式如下所示：

```
echo 'XML 风格';
```

📖 **拓展提高：**　　PHP 语句以分号(;)结束。

【例 4-1】 下面通过一个示例，来说明 PHP 语句的使用方法。

①　新建一个记事本文件，编写代码如下：

```
<?php
  echo '<p>XML 风格</p>';
?>
```

这段代码的功能，是显示引号之间的内容，其中的<p>和</p>是 HTML 的段落标记，为字、画、表格等之间留一个空白行。

②　将以上代码保存在网站根目录下面，文件名为 test_echo.php。

③　在浏览器的地址栏中输入"http://localhost/test_echo.php"，结果如图 4-2 所示。

图 4-2　测试 echo 函数

3. PHP 中的空格

间隔字符都被认为是空格字符，例如空格、制表符和回车符都被认为是空格字符。

在 HTML 页面中，浏览器将会忽略 HTML 的空格字符，PHP 解释器程序在解释 PHP 代码时也会忽略这些空格字符。例如以下代码：

```
echo   '你好！';
echo   '欢迎光临';
```

与如下代码的运行结果是一样的：

```
echo   '你好！';   echo   '欢迎光临';
```

很明显，前者比后者的代码可读性高，所以建议使用空格。

4. PHP 中的注释

PHP 支持 C、C++和 Shell 脚本风格的注释。

(1)　多行注释(C 风格)：

```
/* 作者：wc
时间：2016 年 2 月 15 日
功能：订单处理
*/
```

(2) C++单行注释风格：

```
echo    '欢迎光临';         // 显示"欢迎光临"
```

(3) Shell 脚本单行注释风格：

```
echo    '欢迎光临';         # 显示"欢迎光临"
```

无论哪种风格，在注释符号之后、行结束之前或者 PHP 结束标记之前的所有内容都是注释。在如下所示的代码中，PHP 结束标记之前的文本"显示'欢迎光临'"是注释的一部分，但是，在 PHP 结束标记之后的文本，"你好啊！"将被当作 HTML 代码：

```
echo    '欢迎光临';         // 显示"欢迎光临"   ?> 你好啊！
```

5. 添加 PHP 函数

PHP 函数与其他语言的函数一样，可以没有参数，也可以有一个或多个参数。下面以日期函数 date()为例，介绍如何使用 PHP 的函数。

date()函数可以获得服务器或者系统的时间并将其格式化，语法描述为：

```
string date(string format, int[timestamp]);
```

该函数返回值的数据类型是字符串，返回值的字符串可以给出多种时间格式。参数 format 字符的选项如下。

- a：am 或 pm。
- A：AM 或 PM。
- d：日期，两位数字，若不足则补零，从 01 至 31。
- D：星期，3 个英文字母，如 Fri。
- F：月份，英文全名，如 January。
- h：12 小时制的小时，从 01 至 12。
- H：24 小时制的小时，从 00 至 23。
- g：12 小时制的小时，不补零；从 1 至 12。
- G：24 小时制的小时，不补零；从 0 至 23。
- j：日期，不足不补零；从 1 至 31。
- l：星期，英文全名，如 Friday。
- m：月份，两位数字，从 01 至 12。
- n：月份，两位数字，不补零；从 1 至 12。
- M：月份，3 个英文字母；如 Jan。
- s：秒；从 00 至 59。
- S：字尾加英文序数，两个英文字母，如 21th。
- t：指定月份的天数，从 28 至 31。
- U：总秒数。
- w：数字型的星期，从 0(星期日)至 6(星期六)。
- Y：年，四位数字。
- y：年，两位数字。
- z：一年中的第几天；从 1 至 365。

date()函数需要传递给它的参数是一个格式化字符串，也就是说，可以将上述格式化字符组成相应的字符串作为 format 参数的实际内容传递给 date()函数，而这个字符串表示需要的输出格式。下面举例说明。

【例 4-2】显示日期。

① 新建一个记事本文件，编写代码如下：

```php
<?php
    echo ' 测试时间日期函数 ';
    echo date("Y-m-d h:i:s");
?>
```

这段代码的功能是显示系统当前的时间。

② 将以上代码保存在网站根目录下面，文件名为 test_date1.php。

③ 在浏览器地址栏中输入"http://localhost/test_date1.php"，结果如图 4-3 所示。

图 4-3　日期显示(一)

日期的显示格式有多种，可根据自己的喜好进行选择。其中，双引号之间除了格式字符外，全部按原样显示。

【例 4-3】设置显示日期的格式。

① 新建一个记事本文件，编写代码如下：

```php
<?php
    echo date("m月/d日　Y年");
?>
```

这段代码的功能是按照"月/日　年"的格式显示系统当前的时间。

② 将以上代码保存在网站根目录下面，文件名为 test_date2.php。

③ 在浏览器的地址栏中输入"http://localhost/test_date2.php"，结果如图 4-4 所示。

图 4-4　日期显示(2)

任务实践

编写程序，制作一个网上书店，从创建具体的订单表单开始，逐步进行访问和处理表单、表单存储、表单查询、表单更新和表单删除等操作。

(1) 首先建立网上书店的购书订单。新建一个记事本文件，编写代码如下：

```
<form action="processOrder1.php" method="post">

<table border="0">

    <tr bgcolor="#cccccc">
        <td width="150">书目 </td>
        <td width="100">数量</td>
    </tr>
    <tr>
        <td>C++编程思想</td>
        <td align="center">
            <input type="text" name="Cqty" size="3" maxlength="5" />
        </td>
    </tr>
    <tr>
        <td>Java 编程</td>
        <td align="center">
            <input type="text" name="Jqty" size="3" maxlength="5" />
        </td>
    </tr>
    <tr>
        <td>PHP 语言</td>
        <td align="center">
            <input type="text" name="Pqty" size="3" maxlength="5" />
        </td>
    </tr>
    <tr>
        <td colspan="2" align="center">
            <input type="submit" value="提交订单"/>
        </td>
    </tr>

</table>

</form>
```

(2) 将以上代码保存在网站根目录下面的 bookStore 文件夹中(先在网站根目录下面建立一个 bookStore 文件夹)，文件名为 bookOrder1.php。

(3) 在浏览器的地址栏中输入"http://localhost/bookStore/bookOrder1.php"，将会显示如图 4-5 所示的页面。

图4-5　订单显示

任务二：通过 PHP 变量访问购书订单

变量和常量是 PHP 中基本的数据存储单元，可以存储不同类型的数据。PHP 是一种弱类型检查的语言，变量或常量的数据类型由程序的上下文决定。

变量是在程序运行中用于保存信息或者数据的"仓库"。这些信息或数据，也就是变量的值，可以被随意改变或删除。

知识储备

1. 变量的命名

PHP 中的变量以"$"开始，后面是一个标识符。标识字符串只能由字母、数字或下划线组成。变量的标识符不能以数字开头，并且，变量名区分大小写。

变量使用举例如下：

```php
<?php
    $4book = "php入门";              //错误！变量不能以数字开头
    $_book = "php入门";              //正确
?>
```

2. 变量声明赋值

PHP 中要使用一个变量前，根本不需要事先声明，只是直接对其进行赋值即可。

对变量进行赋值很简单，只须将值或表达式赋给变量名称。变量赋值有两种方式。

● 传址赋值：即"="号左右的两个变量名其实是同一个变量，两者在同一个内存地址中。

● 传值赋值：即"="号左右的两个变量名只是值相等而已，两者在不同的内存地址中。

下面的代码可以说明变量的不同用法：

```
$val1 = 100;          // 变量 val1 为整型
$val2 = "hello!";      // 变量 al2 为字符串类型
$val3 = &$val1;        // 应用传址赋值，val3 的值现在为 100
$val3 = 200;           // val1 这时值也变为 200
```

拓展提高： 一个有效的变量名由字母或者下划线开头，后面跟上任意数量的字母、数字或下划线。PHP 中的变量是没有类型的，所以，可以被赋予不同类型的值。这一点是与其他语言不同的。

3. 可变变量

可变变量允许动态地改变一个变量的名称，这是 PHP 语言比较特别的地方。这个特性的工作原理，是将一个变量的值作为另一个变量的名称。例如，如果有：

```
$nameprice = 'phpbook';
```

那么，就相当于有了一个$phpbook 变量，而且可以用$$nameprice 来代替$phpbook，例如设置：

```
$$nameprice = 100;
```

就相当于：

```
$phpbook = 100;
```

4. 静态变量与动态变量

关于变量的作用域，还有一个问题要注意，那就是下面要讨论的静态变量和动态变量的问题。

(1) 静态变量。

静态变量是以 static 修饰的变量，通常存在于局部函数之内。它与一般变量的不同在于：一般变量在离开其作用域后会被清除掉，其所占空间被释放；而静态变量不会，它们仍保留着，尽管它们在作用域外是不可见的，当程序执行回到它们的作用域时，它们又被激活了。

这样做的好处是很明显的，变量既实现了生命期的延长，又很好地被封装起来了。

要用静态变量，首先该变量要声明为静态的，这就是在变量之前加上 static，静态变量的初始化工作是在程序第一次执行到初始化语句时做的，也只会做一次，这就是说，当第二次及之后执行到初始化语句时，PHP 会略过，不执行。

静态变量是有用的。例如，在一个聊天室脚本里，可以用静态变量来记录在线人数。

【例 4-4】下面举一个简单一点又很实用的例子：

```
<?php
function setColor() {
    static $Color = "White";    //声明了一个静态变量
    if($Color == "White") {
        $Color = "#E0E0E0";
```

```
    } else {
        $Color = "White";
    }
    return $Color;
}
echo "<TABLE ALIGN=\"CENTER\" WIDTH=\"90%\">\n";
for($count=0; $count<6; $count++) {
    $bgColor = setColor();  //设置背景色
    $ftColor = setColor(); //设置文字颜色，文字颜色将不同于背景颜色
    setColor();
    echo "<TR><TD BGCOLOR=\"$bgColor\">";
    echo "<FONT COLOR=\"$ftColor\">";
    echo "Item $count</TD></TR>\n";
}
echo "</TABLE>\n";
?>
```

当用户做一个表格时，为了使内容明了，常常用不同的背景色来把相邻的两行区分开来，而前景色又与背景色不同。为了记录上次我们用了什么颜色，可以用一个静态变量。静态变量的初始化只做一次，所以第三行代码在第二次执行时，只是通知系统以下使用的 $Color 是一个静态变量，而不会把"white"值赋给它。这样就做到每次运行 setColor()后都会返回与上次不同的值，运行结果如图 4-6 所示。

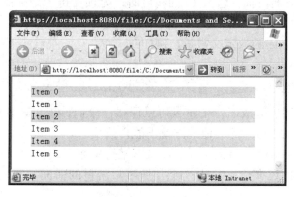

图 4-6 显示表格

(2) 动态变量。

动态变量跟上面提到的"可变变量"是同一回事儿。这里重复一下以加深理解。

有时，我们希望变量的名字也是一个变量，在程序运行过程中才确定，甚至还可以改变，也就是说，变量的名字是动态指定的。常规的变量使用以下方式设置：

```
$a = "Hello";
```

动态变量即把一个变量的值作为该变量的名称的变量。以$a 为例，$Hello 就可以通过两个美元符号加 a 作为变量名使用，例如：

```
$$a = " world!";
```

经上述赋值后，变量$Hello 的值为"world!"。

因此以下命令：

```
echo "$a ${$a}";
```

等价于：

```
echo "$a $Hello";
```

输出的结果都是 Hello World!。这里${$a}相当于$$a。

若要在数组中使用动态变量，需要解决多义性问题，即使用表达式$$a[1]时，解析器必须明确：是将$a[1]用作变量还是将$$a 用作变量，而将[1]用作索引。解决多义性的方法是：第一种情况下，使用${$a[1]}；第二种情况下使用${$a}[1]。

> **知识链接**：由于 PHP 会决定变量的类型，同时还能根据需要进行转变(通常情况下)，所以给定变量的数据类型并不是任何时候都很明显。
>
> PHP 中包括几个用于确定变量类型的函数，如下所示：
>
> gettype、is_long、is_double、is_string、is_array 和 is_object。

5. 常量声明和使用

同变量一样，常量也用来存储数据，区别在于，常量一旦初始化就不再发生改变。使用常量，可以使程序变得更加灵活易读。例如，可以用常量 PI 来代替 3.1415926。一方面程序变得易读；另一方面，需要修改 PI 的精度时，无须在每一处都修改，只须在代码中重新改变其初始值即可。PHP 中包括预定义的常量和用户自定义的常量。

在 PHP 中，用 define 函数定义常量，例如：

```
define('PBOOKPRICE', 78);
define('CBOOKPRICE', 30);
```

常量名称由大写字母组成，一个常量可以保存一个值，也可以使用变量的值，但是，常量值一旦设定之后，在脚本的其他地方就不能再改变了。

常量值可以保存布尔值、整数、浮点数或者字符串数据。

常量和变量的区别还在于，引用一个常量时，常量的前面没有$符号，只需要使用其名称即可。

【例 4-5】下面给出一个定义和使用常量的小例子。

① 新建一个记事本文件，编写代码如下：

```php
<?php
    define('PBOOKPRICE', 78);
    define('CBOOKPRICE', 30);
    echo PBOOKPRICE;
    echo CBOOKPRICE;
?>
```

这段代码的功能，就是声明两个常量 PBOOKPRICE 和 CBOOKPRICE，并且把常量的值显示出来。

② 将以上代码保存在网站的根目录下面，文件名为 test_const.php。

③　在浏览器的地址栏中输入"http://localhost/test_const.php"，结果如图 4-7 所示。

图 4-7　测试声明常量

6. PHP 的基本数据类型

PHP 支持如下所示的基本数据类型。

- Integer：表示整数类型。在 32 位的操作系统中，它的有效范围是-2147483648 到 2147483647。使用十六进制形式表示时，可以在前面加 0x。
- Float：表示所有的实数，也可以用 Double 表示。在 32 位的操作系统中，它的有效范围是 1.7E-308 到 1.7E+308。
- String：表示字符串。
- Boolean：表示布尔类型 true 或者 false。
- Array：表示数组类型。可以是一维、二维或者多维数组。
- Object：保存类的实例。

在 PHP 语言中，变量的类型是由赋给变量的值确定的，例如：

```
$Pqty = 1;
$Pamount = 1.00;
```

则$Pqty 是整型变量，而$Pamount 是浮点型变量。再将$Pamount 赋值成：

```
$Pamount = 'hello world';
```

此时，$Pamount 就成了字符串类型。

7. PHP 中的类型转换

类似于 C 语言，PHP 中的类型转换是在变量前加上圆括号，并在括号中插入另外一种数据类型，例如：

```
$Pqty = 1;
$Pamount = (float)$Pqty;
```

通过以上代码，$Pamount 就成了浮点型变量，而被转化的变量本身并不改变其自身类型，即$Pqty 还是整数类型。

8. 表单数据

表单(Form)是网络编程中最常用的数据输入界面，在 PHP 脚本中，可以用 PHP 变量的形式访问每一个表单数据。

假如有 Pqty 文本输入框，则访问方式主要有以下两种。

(1) $Pqty：采用这种方式访问时，必须将 PHP.ini 文件中的 register_globals 选项设置成 on。

(2) $_POST['Pqty']和$_Get['Pqty']：如果表单通过 POST 方法提交，Pqty 文本输入框中的数据就保存在$_POST['Pqty']中；如果表单通过 GET 方法提交，Pqty 文本输入框中的数据就保存在$_GET['Pqty']中。

在 PHP5 中，推荐使用$_POST['Pqty']和$_Get['Pqty']风格。

在脚本中不需要声明或者创建变量，这些变量是被传递到脚本中的，这也是要求脚本中的变量名称应该与 HTML 表单中的表单名称相同的原因。

任务实践

编写程序，通过 PHP 变量访问购书订单，具体操作步骤如下。

(1) 新建一个记事本文件，编写代码如下：

```php
<?php
    $Cqty = $_POST['Cqty'];          //定义变量来访问表单数据
    $Jqty = $_POST['Jqty'];
    $Pqty = $_POST['Pqty'];
?>

<html>

<head>
    <title>网上书店</title>
</head>

<body>
    <h1>网上书店</h1>
    <h2>订单结果</h2>
<?php
    echo date("Y年 m月 d日  h:i:s");
    echo '<p>您的订单如下：</p>';
    echo 'C++编程思想 '.$Cqty.'本<br/>';         //输出变量值
    echo 'Java 编程 '.$Jqty.'本<br/>';
    echo 'PHP 语言 '.$Pqty.'本<br/>';
?>
</body>
</html>
```

(2) 将以上代码保存在网站根目录下面的 bookStore 文件夹中，具体的文件名为 processOrder1.php。

(3) 在浏览器的地址栏中，输入"http://localhost/bookStore/bookOrder1.php"，填入相应的数据，如图 4-8 所示。

(4) 单击"提交订单"按钮，结果如图 4-9 所示。

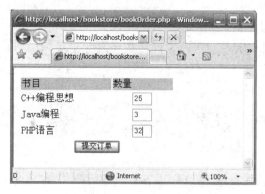

图 4-8　填写订单

图 4-9　提交订单的结果

任务三：测试执行运算符

运算符是程序设计中必不可缺的，其执行顺序也决定着程序的流程走向。一般，运算符有算术运算操作符、字符串运算符、比较运算符、逻辑运算符等。

知识储备

1. 算术运算符

算术运算符就是常见的数学运算符，如表 4-1 所示。

表 4-1　算术运算符

运 算 符	运算符名称	使用示例
+	加	$a+$b
-	减	$a-$b
*	乘	$a*$b
/	除	$a/$b
%	取余数	$a%$b

其中，%运算符只用于 integer 型的数(如果你把它用于 double 型的数，将会得到 integer 型的 0)。对于二元运算符，如果参加运算的两个数中一个为 integer 型，另一个是 double 型，PHP 会自动地把结果转换成 double 型的。这里，示例中的$a 和$b 只表示两个运算数据，可以是常量。

例如：

```
$a = 100;
$b = 5;
$result = $a/$b;
```

则$result 保存的值就是 20。

2. 字符串运算符

字符串相加运算符"."把两个字符串连接起来。如果两个操作数中有一个是数值时，它将自动转化为字符串。

例如：

```
$str_a = "This box can hold " . 55 . " items.";
echo "$str_a";
```

代码的运行结果如下：

```
This box can hold 55 items.
```

数值 55 自动转换成了字符串，然后再与其他字符串相结合。注意，在定义字符串时，字符文本中有空格，数字两边也有空格；这样做，可以使句子更容易读懂。

也可以用变量当作操作数，进行如下所示的连接操作：

```
$str_a = "AAA";
$str_b = "BBB";
$str_c = $str_a . $str_b;
echo "$str_c";
```

代码运行结果如下：

```
AAABBB
```

📷 **知识链接**：　注意，字符串连接时，不需要加入空格或者其他分隔符。如果希望字符串连接以后，相互之间有空格的话，必须保证至少在一个字符串中有空格字符，位置在第一个字符串的尾部，或是在第二个字符串的首部。

例如：

```
$a = '光临';
$b = '欢迎';
$c = $b.$a;
```

则变量$c 中保存的值就是"欢迎光临"字符串。

【例 4-6】实际测试字符串连接符。

(1) 新建一个记事本文件，编写代码如下：

```
<?php
    $a = '光临';
    $b = '欢迎';
    $c = $b.$a;
    echo $c;
?>
```

这段代码的功能是将字符串"欢迎"和"光临"连接起来显示。

(2) 将以上代码保存在网站的根目录下面，文件名为 test_join.php。

(3) 在浏览器的地址栏中输入"http://localhost/test_join.php"，结果如图 4-10 所示。

图 4-10　测试使用字符串连接符

3. 赋值运算符

赋值运算符是把其右边表达式的值赋给左边的变量或常量。PHP 有一些简单的赋值运算符和另一个运算符组合在一起的复合赋值运算符(又称快捷赋值运算符)。例如，表达式 $int_a = $int_a / $int_b 可以简写为 $int_a /= $int_b。使用快捷运算符的优点是，除了可以少输入字符外，使用赋值运算符的目的也会变得非常清晰。

PHP 中的各种赋值运算符如表 4-2 所示。

表 4-2　各种赋值运算符

运　算　符	运算符的意义	使用示例
=	将右边的值赋给左边	$a=$b
+=	将右边的值加到左边	$a+=$b
-=	将右边的值减到左边	$a-=$b
*=	将左边的值乘以右边	$a*=$b
/=	将左边的值除以右边	$a/=$b
%=	将左边的值对右边取余数	$a%=$b
.=	将右边的字符串加到左边	$a.=$b

例如，以下的代码，将把变量$int_a 和$int_b 都赋予 5:

```
$int_b = $int_a = 5;
```

例如，可以使用赋值运算符将一个变量复制给另一个变量。如下代码将创建名称为 $Pqty 的新变量，并且将$_POST['Pqty']的内容复制给$Pqty:

```
$Pqty = $_POST['Pqty'];
```

4. 引用(&)和重置运算符

引用(&)就像一个别名，也可以理解为一个指针，但它是一种安全的、指向固定地址的指针。

例如：

```
$a = "hello";
$b = $a;
$a = "world";
```

则此时，$b 中保存的是"hello"。

又如：

```
$a = "hello";
$b = &$a;
$a = "world";
```

则此时，$b 中也保存的是"world"。因为此时$a 和$b 指向相同的地址。通过重置函数 unset()，可以改变它们指向的地址。例如：

```
$a = "hello";
$b = &$a;
unset($a);
$a = "world";
```

则此时$b 中保存的是"hello"，但$a 和$b 指向不同的地址。

5. 比较运算符

比较运算符全都是二元运算符，用于对两个操作数进行关系比较运算。PHP 中的比较运算符如表 4-3 所示。

表 4-3　比较运算符

运 算 符	运算符名称	使用示例
==	等于	$a==$b
===	恒等	$a===$b
!=	不等于	$a!=$b
!==	不恒等	$a!==$b
<>	不等于	$a<>$b
<	小于	$a>$b
>	大于	$a<$b
<=	小于等于	$a<=$b
>=	大于等于	$a>=$b

比较运算符表达式根据比较结果，返回 true 或者 false。

例如，0=="0"将为 true，但是 0==="0"却为 false。这是因为，"等于"只要求运算符左右两边的表达式的值相同，即可判断为真，而"恒等"不但要求表达式的值相同，而且要求两个表达式的值的类型相同，才能判定为真，在第二个式子中，因为左边的 0 是一个整数，而右边的"0"是一个字符串，因此判断为假。

6. 逻辑运算符

逻辑运算符能进行布尔代数的与、或、非运算。

PHP 提供了逻辑运算符的两种表示方式。一种是与 C/C++语言类似的，另一种则更接近于自然语言。

PHP 中的逻辑运算符如表 4-4 所示。

表 4-4   逻辑运算符

运 算 符	运算符名称	使用示例	说　明
!	非	!$a	如果$a 是 true，则返回 false，否则相反
&&	与	$a&&$b	如果$a 和$b 都是 true，则返回 true，否则返回 false
||	或	$a\|\|$b	如果$a 和$b 中有一个为 true 或都为 true，则结果为 true；否则为 false
and	与	$a and $b	与&&作用相同，但是比&&优先级低
or	或	$a or $b	与||作用相同，但是比||优先级低

值得注意的是，and 和&&、or 和\|\|并不完全相同。它们的不同之处在于，它们的运算优先级是有差异的。

逻辑运算符与(&&)用于确定两个操作数是否都为真。表 4-5 给出了使用与(&&)运算的 4 种不同组合的结果值。

表 4-5   与(&&)运算的结果

操作数 1	操作数 2	操作数 1 && 操作数 2
0	0	0
1	0	0
0	1	0
1	1	1

或运算符(\|\|)用于确定两个操作数是否有一个为真。表 4-6 给出了使用或(\|\|)运算的 4 种不同组合的结果值。

表 4-6   或(\|\|)运算的结果

操作数 1	操作数 2	操作数 1|| 操作数 2
0	0	0
1	0	1
0	1	1
1	1	1

应注意，"逻辑与"和"逻辑或"运算符都有短路特性。逻辑与运算符的目的，是确定两个操作数是否都为真。如果 PHP 确定第一个操作数为假时，那么，就不需要判断第二个操作数了。逻辑或操作符的目的是确定两个操作数是否至少有一个为真。如果第一个操作数为真了，那么，就不需判断第二个操作数了。

如果不小心的话，那么，短路特性可能会成为失误的源泉。例如，在下面的代码段中，如果$int_a++执行结果为真，那么，变量$int_b 将不会加 1：

```php
$int_a = 9;
$int_b = 10;
if($int_a++ || $int_b++) {
```

```
echo "true";
echo "a=$int_a b=$int_b";
}
```

用户也许会使用以下代码来确定$int_a 是否等于 9 或 10，但请不要这样做：

```
if ($int_a == (9 ||10)) {
    echo "Error! ";
};
```

PHP 不能正确执行以上代码。测试$int_a 的正确方法，是明确地书写每一个需要判定是否为真的子条件。正确的代码如下：

```
if ($int_a == 9 || $int_a == 10) {
    echo "Error! ";
};
```

7. 其他运算符

(1) 一元运算符。

一元运算符只影响单个操作数。它们常用来改变操作数的符号，以及把操作数的值加 1 或减 1。加 1 即在它原有值的基础上加 1，减 1 即在它原有值的基础上减 1。

表 4-7 列出了在 PHP 中的一元运算符。

表 4-7　一元运算符

运　算　符	运算符的意义
+a	把操作数的正负号改变为相同
-a	把操作数的正负号改变为相反
!a	取操作数的逻辑非
~a	转换操作数的位值
++a	在操作数起作用前，操作数值加 1
--a	在操作数起作用前，操作数值减 1
a++	在操作数起作用后，操作数值加 1
a--	在操作数起作用后，操作数值减 1

如果++或--运算符出现在操作数的前面，那么操作数的值在起作用前，其值就加 1 或减 1。如果++或--运算符出现在操作数的后面，那么操作数的值在按需要起作用后，其值再加 1 或减 1。

下面的代码演示了如何使用先加 1 的运算符：

```
$int_a = 5;
$int_a = $int_a + 1;
echo "$int_a<br>";
$int_a = 5;
echo "++$int_a";
```

代码的输出结果为：

```
6
6
```

第 4、5 行的编码方式要简短些，语句 echo "++$int_a";首先把$int_a 变量加 1，然后执行 echo 命令。

先减 1 运算符的使用方法与先加 1 运算符的使用方法一样。

如下代码演示了如何使用后加 1 运算符：

```
$int_a = 5;
$int_b = $int_a;
$int_a = $int_a + 1;
echo "$int_a,$int_b<br>";
$int_a = 5;
$int_b = $int_a++;
echo "$int_a,$int_b";
```

代码的输出结果为：

```
6,5
6,5
```

语句$int_b = $a++，表示先把变量$int_a 的值赋给$int_b，然后变量$int_a 的值加 1。这个例子有助于理解后加 1 运算符和后减 1 运算符不会影响在赋值运算符左边的变量的值。如果看到了后加 1 运算符和后减 1 运算符时，要忽略它们，先执行语句。然后，当执行完以后，按需要运用后加 1 运算符或后减 1 运算符。

(2)　三元运算符。

三元运算符是在给定的条件下，在两个选择项中做选择。

例如，如果 a 的值大于 b 的值，把 b 的值赋给 a；否则，把 a 的值赋给 b。语法如下：

```
a>b? a=b : b=a;
```

这是以下语句的缩略形式：

```
if(a > b)
    a = b;
else
    b = a;
```

(3)　错误抑制运算符。

错误抑制运算符@可以抑制一些错误警告，例如：

```
$count = @(100/0);
```

如果没有错误抑制运算符@，这行代码将产生一个警告，而使用了@，就可以抑制这个警告。但在实际操作中，如果使用这种方法来抑制警告，虽然程序不会因错误而终止，但程序始终是错误的，因此，应该编写一些错误处理代码来消除这些错误。如果已经启用了 PHP 的 track_errors 特性，错误信息会被保存到全局变量$php_errormsg 中。

(4)　执行运算符。

执行运算符是一对反向单引号(``)(在键盘上一般位于与~相同的键)。

PHP 将反向单引号之间的命令当作服务器端的 Shall 命令行来执行。表达式的值就是命令执行的结果。例如，在 Linux 服务器上，可以使用下面的语句得到一个当前目录列表，并且将其保存到$directory 中：

```
$directory = `ls -al`;
```

8. 位运算符

位运算符如表 4-8 所示，常用来向左或右按给定次数移动操作数中的所有位。当需要乘或除整数值时，就可以方便地使用位运算符。

表 4-8　位运算符

运　算　符	运算符的意义
a<<b	左移运算符向左边移动比特位，丢弃最左面的比特位，并且最右面的比特位置 0。每向左移动一位，相当于 a 乘以 2，但效率更高
a>>b	右移运算符向右边移动比特位，丢弃最右面的比特位，并且最左面的比特位置 0。每向右移动一位，相当于 a 除以 2，但效率更高
a&b	与运算符比较两个操作数相对应的比特位，如果两个比特位都为 1，那么结果为 1；否则，返回 0
a|b	或运算符比较两个操作数相对应的比特位，如果两个比特位有一位为 1，那么结果为 1；否则，返回 0
a^b	异或运算符比较两个操作数相对应的比特位，如果两个比特位相同，那么结果为 1；否则，返回 0

例如，数值 3 也可等于二进制的 11，或((1*2)+1)。在二进制中，每一个字符都表示一个比特位，它是在计算机内存中可以修改的最小单元。

下面的例子中，用>>运算符表示除以 4：

```
$int_a = 128;
$int_b = $int_a>>2;
echo "$int_b"
```

代码运行结果为：

```
32
```

现在让我们看看在移动操作之前和之后变量的位模式。首先，$int_a 被赋予 128(十进制)或 10000000(二进制)，然后$int_a 的值向左移动两次。所以，移动后的值为 00100000 或 32，然后把 32 赋给变量$int_b。

当向右移动比特位时，最右边的比特位就会丢失。

在下面的例子中，用>>运算符代替除以 8 的操作：

```
$int_a = 129;
$int_b = $int_a >> 3;
echo "$int_b"
```

代码运行结果为：

```
16
```

因为 16 的比特值为 00010000，可以发现，最右边的比特位消失了。

这里有一个使用<<运算符的例子，我们把 128 乘以 8：

```
$int_a = 128;
$int_b = $int_a << 3;
echo "$int_b";
```

代码运行结果为：

```
1024
```

正如所能看到的，1024 的值是 8 位所能表示的最大值。这说明能使用的位数并不限于一个字节。事实上，PHP 使用一个标量所表示的字节数量是有限制的，在大多数情况下，这个限制为 4。

9. 运算符的优先级

在每一种计算机语言中，运算符的优先级问题都是很重要的，PHP 也不例外。

所谓优先级，指的是哪一个操作符应该首先计算。PHP 根据相关性，决定哪些运算符应放在一起。

例如，减号运算符有从右到左的相关性，这是因为它立即影响它右边的操作数。你也许没有认识到这一点：甚至用于存取数组元素的方括号也是运算符。

表 4-9 包括了所有的运算符，但是，不必担忧它们的优先顺序。凭经验，也许会发现，运算符优的先级仅仅影响算术运算符和逻辑运算符。

表 4-9　优先级的顺序和运算符的相关性

级　别	运　算　符	描　述	相　关　性
15	=>	在数组定义中连接数组下标与值	从左到右
14	->	类运算符	从左到右
13	?:	三重条件运算符	从左到右
12	<　<=　>　>=	小于、小于或等于、大于、大于或等于	没有
11	==　!=　<>	等于、不等于、不等于	没有
10	+　-　!　~	正号、负号、逻辑非、位转换	从右到左
09	++　--	加 1、减 1	从左到右
08	<<　>>	左移位，右移位	从左到右
07	/　*　%	除、乘、取模	从左到右
06	+　-	加、减	从左到右
05	&　.	位逻辑与、字符串连接	从左到右
04	|　^	位逻辑或、位逻辑异或	从左到右
03	||　&&	逻辑或、逻辑与	从左到右

续表

级　别	运　算　符	描　述	相　关　性
02	=、+=、-=、 * =、/=、.=、 %=、&=、|=、 ^=、<<=、>>=	赋值运算符	从左到右
01	or and xor	低优先级或 低优先级与 低优先级异或	从左到右

表 4-9 是一系列运算符，并且按照优先级划分级别。级别越高，它的优先级也越高。在同一级的运算符有同样的优先级，并从左到右进行计算；否则，较高的优先级先计算。使用括号可以精确地控制优先顺序，任何在括号中的东西都应该首先进行计算。

在讨论单个运算符的例子之前，让我们看看有关运算符优先级的一些特定例子。这样，可以验证在表 4-9 中列出的优先级级别：

```
echo (5+9)/2
echo "<br>";
echo 5+(9/2);
echo "<br>";
echo 5+9/2;
```

代码运行结果为：

```
7
9.5
9.5
```

最后一行所显示的是采用默认优先级的结果，因为结果(9.5)与第二行的结果是一致的，所以可以得出结论：除号运算符是在加号运算符前先执行的。

等号运算符和其他运算符一样，也是运算符，而没有什么不同，知道这一点也很重要，等号运算符同样也有优先级。这可能与直觉不一样，下面的例子说明了这个概念。

首先，我们用一个简单的赋值语句，把变量$a 设为1。

```
$a = 1;
```

右面的操作数 1，把值赋予了左面的操作数$a。现在让我们看一个比较费解的例子，把一个赋予变量的结果赋予另一个变量：

```
$b = $a = 1;
```

上面的代码行把数字 1 赋予变量$b，这是因为计算$a = 1 的结果为1。由于可能会引起混乱，所以不推荐在程序中使用这种风格，然而，也可以偶尔随手使用。现在，让我们在以上的代码行中增加 and 运算符。这样，变量$b 是赋予 0 还是 1 的问题也就会被解决。如果"="运算符的优先级高于 and 运算符，变量$b 将被赋予值$a=1。如果 and 运算符优先级高于"="运算符，那么，$b 将被赋予值 1 和 0 的"与"，即 0：

```
$b = $a = 1 and 0;
```

在以上的代码行执行以后，得出结果是，变量$a 和变量$b 的值都为 1。这样，可以得知 "="运算符有比较高的优先级。

如果想使 and 运算符首先执行(人为地提高它的优先级)，可以使用以下的模式：

```
$b = (($a = 1) and 0);
```

以上代码行的结果是，$a 被赋予 1，且$b 被赋予 0。

任务实践

测试执行运算符的具体操作步骤。

(1)　新建一个记事本文件，编写代码如下：

```
<?php
    $directory = `dir c:`;
    echo `<pre>`.$directory.`<pre>`;
?>
```

(2)　将以上代码保存在网站根目录下面，文件名为 test_exec.php。

(3)　在浏览器的地址栏中输入"http://localhost/test_exec.php"，结果如图 4-11 所示。

图 4-11　测试执行运算符

任务四：使用 switch 语句制作网上购书订单

作为语言中最重要的基础部分，如果前面讲解的变量、常量和运算符等概念是语言的词汇，那么，控制结构就是语言的语法部分，只有学好语法，才能更好地发挥编程技能。

知识储备

1. if-else 语句

(1) 简单的 if 语句, 格式如下:

```
if(表达式)
    语句 s
```

其作用是: 如果表达式为真, 则执行语句 s; 否则跳过语句 s。

(2) if else 语句, 格式如下:

```
if(表达式)
    语句 s1
else
    语句 s2
```

其作用是: 如果 "表达式" 为真, 则执行语句 s1, 否则执行语句 s2。

(3) if 语句的嵌套, 格式如下:

```
if(表达式 1)
    语句 s1
else if(表达式 2)
    语句 s2
else if(表达式 3)
    语句 s3
...
else
    语句 sn
```

【例 4-7】使用 if else 语句编写网上购书程序。

对于顾客没有订书的情况, 在 processOrder2.php 中没有处理。下面来看不填入任何数字提交后的情况。在浏览器地址栏中输入 "http://localhost/bookStore/bookOrder1.php", 如图 4-12 所示。

不要填入任何数字, 单击 "提交订单" 按钮, 结果如图 4-13 所示。

图 4-12　提交订单页面

图 4-13　直接提交订单的结果

　　此时并没有提示用户现在没有订单。为了检查用户是否订书，可以利用 if else 语句和一个检查函数 empty() 来判断表单域是否有输入，也可以确保用户是否正确地填写表单。

① 将 bookOrder1.php 中的语句：

```
<form action="processOrder2.php" method="post">
```

改为：

```
<form action="processOrder3.php" method="post">
```

然后保存。

② 新建一个记事本文件，编写代码如下：

```
<html>
<head>
    <title>网上书店</title>
</head>
<body>
    <h1>网上书店</h1>
    <h2>订单结果</h2>
</body>
</html>
<?php
    $Cqty = $_POST['Cqty'];
    $Jqty = $_POST['Jqty'];
    $Pqty = $_POST['Pqty'];
    $totalqty = 0;
    $totalqty = $Cqty+$Jqty+$Pqty;
    $totalamount = 0.00;
    define('CPRICE', 48);
    define('JPRICE', 30);
    define('PPRICE', 78);
    $discount = 0;
    if(!empty($Cqty)|||!empty($Jqty)|||!empty($Pqty))
    {
        $totalamount = ($Cqty*CPRICE+$Jqty*JPRICE+$Pqty*PPRICE)
                       *((100-$discount)/100);
        echo date("Y年 m月 d日  h:i:s");
        echo '<p>您的订单如下：</p>';
        echo 'C++编程思想 '.$Cqty.'本<br/>';
        echo 'Java 编程 '.$Jqty.'本<br/>';
        echo 'PHP 语言 '.$Pqty.'本<br/>';
        echo "您总共定了: ".$totalqty."本书<br/>";
        echo "您所订书的总金额为: ".number_format($totalamount,2)."<br/>";
    }
    else
    {
        echo "您没有订书，不存在您的订单<br/>";
        echo "您可以按返回按钮返回到上一页订书，谢谢<br/>";
    }
?>
```

```
<input name="goback" type="button" id="goback" value="返回"
 onClick="window.history.back();" />
```

这段代码的功能，是访问购书订单、显示订书数量以及所订书的金额，当用户没有输入任何数字时，系统提示用户需要正确填写表单。

③　将上述代码以 processOrder3.php 为文件名，保存在网站根目录下的 bookStore 文件夹中。

④　在浏览器的地址栏中输入"http://localhost/bookStore/bookOrder1.php"，不要填入任何数字。单击"提交订单"按钮，结果如图 4-14 所示。

图 4-14　再次直接提交订单后的结果

【例 4-8】购书折扣。

一般购书时，如果数量超过一个限定值，就可以有折扣。前面 processOrder1.php 和 processOrder2.php 以及 processOrder3.php 文件代码中都没有给出这一功能，下面的代码将给出折扣功能。

①　将 bookOrder1.php 中的语句：

```
<form action="processOrder3.php" method="post">
```

改为：

```
<form action="processOrder4.php" method="post">
```

然后保存。

②　新建一个记事本文件，编写代码如下：

```
<html>
<head>
    <title>网上书店</title>
</head>
<body>
    <h1>网上书店</h1>
    <h2>订单结果</h2>
</body>
</html>
<?php
```

```
$Cqty = $_POST['Cqty'];
$Jqty = $_POST['Jqty'];
$Pqty = $_POST['Pqty'];
$totalqty = 0;
$totalqty = $Cqty+$Jqty+$Pqty;
$totalamount = 0.00;
define('CPRICE', 48);
define('JPRICE', 30);
define('PPRICE', 78);
$discount = 0;
if(!empty($Cqty)||!empty($Jqty)||!empty($Pqty))
{
    if($totalqty < 10)
        $discount = 0;
    else if($totalqty>=10 && $totalqty<50)
        $discount = 5;
    else if($totalqty>=50 && $totalqty<100)
        $discount = 10;
    else if($totalqty>=100 && $totalqty<200)
        $discount = 15;
    else if($totalqty >= 200)
        $discount = 20;
        $totalamount = ($Cqty*CPRICE+$Jqty*JPRICE+$Pqty*PPRICE)
                        * ((100-$discount)/100);
    echo date("Y 年 m 月 d 日 h:i:s");
    echo '<p>您的订单如下: </p>';
    echo 'C++编程思想 '.$Cqty.'本<br/>';
    echo 'Java 编程 '.$Jqty.'本<br/>';
    echo 'PHP 语言 '.$Pqty.'本<br/>';
    echo "您总共订了: ".$totalqty."本书<br/>";
    echo "折扣: ".$discount."<br/>";
    echo "您所订书的总金额 为: ".number_format($totalamount,2)."<br/>";
}
else
{
    echo "您没有订书,不存在您的订单<br/>";
    echo "您可以按返回按钮返回到上一页订书, 谢谢<br/>";
}
?>
<input name="goback" type="button" id="goback" value="返回"
 onClick="window.history.back();" />
```

这段代码具有当订书数量超过一定量时给出折扣的新功能。

③　将以上代码以 processOrder4.php 为文件名保存在网站根目录下面的 bookStore 文件夹中。

④　在浏览器的地址栏中输入"http://localhost/bookStore/bookOrder1.php",然后填入订书数据。

⑤　单击"提交订单"按钮,结果如图 4-15 所示。

图 4-15　带折扣的订单结果

2. switch 语句

当出现多个判断分支时，虽然可以使用多个 if else 来实现，但在代码编写和维护上都是比较麻烦的。为此，我们可以使用 switch 语句把多个 if 判断综合成 switch 选择控制。switch 的语法结构如下：

```
switch(表达式) {
    case 常量1:
        语句1;
        break;
    case 常量2:
        语句2;
        break;
    ...
    case 常量n:
        语句n;
        break;
    default:
        语句n+1;
        break;
}
```

当 switch 后面圆括号内的表达式的值与某一个 case 后面的常量相等时，就执行对应 case 后面的语句，如果都不匹配，则执行 default 语句。当程序执行到 break 语句时，就跳出 switch 语句往下执行。

在循环控制中，只有当循环条件不被满足时，循环才会终止并往后执行，而且整个循环过程都是反复执行整个模块；另外，在选择使用 switch 语句时，只有使用了 break 语句才能跳出多重条件判断，否则，每个条件判断都会执行。因此，针对种种流程控制，我们需要一种能够打破当前控制，直接转移到当前模块外的语句。在 PHP 中，它提供了两个语句来实现这种转移控制功能——break 语句和 continue 语句。

break 语句是打断当前流程控制模块，直接跳出模块往下执行。例如在循环中，break

常用来中途就跳出当前的循环控制，往下执行循环模块后的语句。而 continue 语句是停止往下执行当前流程控制模块内的后面语句，跳回控制模块头重复执行该模块。例如，在循环中，当遇到 continue 语句时，就会立即停止当前循环内后面的语句，并跳回循环的条件判断处，开始新一轮循环。

【例 4-9】switch 语句的使用。

代码如下：

```php
<?php
   $color = "blue";
   switch ($color)
   {
      case "red":
         echo "你选择的颜色是红色";
         break;
      case "blue":
         echo "你选择的颜色是蓝色";
         break;
      case "yellow":
         echo "你选择的颜色是黄色";
         break;
      case "white":
         echo "你选择的颜色是白色";
         break;
      case "green":
         echo "你选择的颜色是绿色";
         break;
      default:
         echo "你选择了其他颜色";
         break;
   }
?>
```

上述代码的运行结果如图 4-16 所示。

图 4-16 switch 示例的运行结果

3. while 语句

循环就是指在某种条件被满足的情况下，一系列的语句被重复执行，直到条件不再被满足才停止。判断条件和被重复执行的模块是循环控制的两大组成要素，而且两者的顺序可以互调。可以先进行条件判断，在条件满足时才执行相应的模块，也可以先执行循环模块，再进行条件判断。循环控制改变了语句按顺序往下执行的流程，程序流程会出现回溯，所以，在循环控制中，一定要加上条件判断，以防止流程循环无限期地发生。

PHP 的循环控制语句包括 while、do-while、for 以及用于数组的 foreach 语句，下面分别进行介绍。

while 循环有两种表达语句：一种是 while，一种是 do while。

while 语句通常用于循环次数不明确的循环控制，它通过条件是否满足的判断来决定是否重复执行一段语句代码，while 循环的形式是：

```
while(条件表达式)
{
    语句 s
}
```

其中，条件表达式为循环条件，语句 s 为循环体语句。

while 语句的含义非常简单，当 while 表达式的值为 true 时，就执行嵌套的语句，执行完毕后，再次检查表达式的值，如果还是为真，则继续执行嵌套语句，如果为假，则不再执行。

【例 4-10】下面通过一个小例子来说明 while 语句的使用。

① 新建一个记事本文件，编写代码如下：

```php
<?php
$count = 0;
while($count < 10)
{
    echo "the number is". $count ."<br />";
    $count++;
}
?>
```

这段代码的功能是显示 10 个数字，这些数字是递增的。

② 将以上代码保存在网站根目录下面，文件名为 test_while.php。

③ 在浏览器地址栏中输入 "http://localhost/test_while.php"，结果如图 4-17 所示。

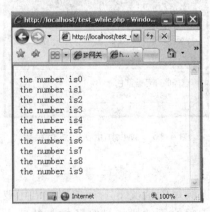

图 4-17　测试使用 while 函数

4. do while 语句

do while 非常类似于 while 循环，只是它在每次结束时检查表达式是否为真，而不是在循环开始时。do while 循环的形式是：

```
do {
    语句 s
    ...
} while
```

从 do while 的表示形式可以看出，不论 while() 里面的表达式真或假，do 下面的处理代码至少执行一次。

知识链接： 从这两种语句的语法表达上可以看出区别——while 是先判断后执行；而 do while 是先执行后判断。

【**例 4-11**】使用 do while 实现循环：

```php
$j = 1;
do
{
    if ($j == 10)
        echo "等于10 ";
    if ($j < 10)
        echo "还是小于10 <br> ";
    $j++;
} while ($j <= 10);
echo "终于大于10啦<br> ";
?>
```

运行结果如图 4-18 所示。

图 4-18　while 示例的运行结果

5. for 语句

for 语句通常用于支持循环次数明确的循环控制，当循环需要相关变量，而该变量有初始值，在循环过程中变量需要做相应的变化时(例如累加、累减)，就常常使用 for 语句来实

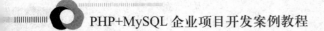

现这种类型的循环。在 PHP 中，for 语句的语法表达为：

```
for(表达式1；表达式2；表达式3)
    语句 s；
```

for 循环的执行过程是：首先执行表达式 1，进行初始化。然后执行表达式 2，对循环条件进行测试，测试的结果或为真，或为假。

(1) 如果测试的结果为真，将执行 for 语句中指定的循环体"语句 s"。当执行完循环体语句后，执行表达式 3，对循环变量进行修改。然后又执行表达式 2，进行循环条件的测试，以决定是继续循环，还是结束循环。

(2) 如果测试的结果为假，将结束循环。

【例 4-12】for 语句的使用。

下面我们来看一下 for 语句的具体使用方法，尤其需要注意例子中循环变量递增、递减的用法：

```php
<?php
    $val = array(a,5,b,1,8,9,c,2,y,7);
    //使用单重循环实现数组元素的输出
    for ($i=0; $i<10; $i++)
        echo "$val[$i] ";
    echo "<p>";
    //使用双重循环输出乘法表
    for ($i=9; $i>=1; $i--)
    {
        for ($j=$i; $j>=1; $j--)
        {
            $temp = $i*$j;
            echo "$i X $j = $temp ";
        }
        echo "<p>";
    }
?>
```

运行结果如图 4-19 所示。

图 4-19　for 示例的运行结果

任务实践

对购买书的人所在的区进行分类，可分为北京、河北、山东、天津、上海和广东这 6 个地方，可以根据不同的区，来选择不同的送货方式，下面利用 switch 语句进行"网上书店"的设计。

（1）新建一个记事本文件，编写代码如下：

```html
<form action="processOrder5.php" method="post">
<table border="0">
<tr bgcolor="#cccccc">
    <td width="150">书目 </td>
    <td width="100"> 数量</td>
</tr>
<tr>
    <td>C++编程思想</td>
    <td align="center">
        <input type="text" name="Cqty" size="3" maxlength="5" />
    </td>
</tr>
<tr>
    <td>Java 编程</td>
    <td align="center">
        <input type="text" name="Jqty" size="3" maxlength="5" />
    </td>
</tr>
<tr>
    <td>PHP 语言</td>
    <td align="center">
        <input type="text" name="Pqty" size="3" maxlength="5" />
    </td>
</tr>
<tr>
    <td>请选择您在哪个区？</td>
    <td>
        <select name="area">
            <option value="a">北京</option>
            <option value="b">河北</option>
            <option value="c">山东</option>
            <option value="d">天津</option>
            <option value="e">上海</option>
            <option value="f">广东</option>
        </select>
    </td>
<tr>
    <td colspan="2" align="center">
        <input type="submit" value="提交订单"/>
    </td>
</tr>
</table>
</form>
```

这段代码的功能是创建购书订单。

(2) 将以上代码以 bookOrder2.php 为文件名保存在网站根目录下面的 bookStore 文件夹中。

(3) 在浏览器的地址栏中输入"http://localhost/bookStore/bookOrder2.php"，如图 4-20 所示。

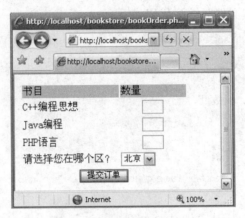

图 4-20 创建的购书订单页面

为了处理来自 bookOrder2.php 页面的信息，需要编辑一个 processOrder5.php 页面。

(4) 新建一个记事本文件，编写代码如下：

```html
<html>
<head>
    <title>网上书店</title>
</head>
<body>
    <h1>网上书店</h1>
    <h2>订单结果</h2>
    <p>订单已经处理</p>
</body>
</html>
<?php
    $Cqty = $_POST['Cqty'];
    $Jqty = $_POST['Jqty'];
    $Pqty = $_POST['Pqty'];
    $area = $_POST['area'];

    $totalqty = 0;
    $totalqty = $Cqty+$Jqty+$Pqty;

    $totalamount = 0.00;
    define('CPRICE', 48);
    define('JPRICE', 30);
    define('PPRICE', 78);
    $discount = 0;
```

```php
if(!empty($Cqty)||!empty($Jqty)||!empty($Pqty))
{
    if($totalqty < 10)
        $discount = 0;
    else if($totalqty>=10 && $totalqty<50)
        $discount = 5;
    else if($totalqty>=50 && $totalqty<100)
        $discount = 10;
    else if($totalqty>=100 && $totalqty<200)
        $discount = 15;
    else if($totalqty >= 200)
        $discount = 20;

    $totalamount = ($Cqty*CPRICE+$Jqty*JPRICE+$Pqty*PPRICE)
                    * ((100-$discount)/100);
    echo date("Y年 m月 d日  h:i:s");
    echo '<p>您的订单如下：</p>';
    echo 'C++编程思想 '.$Cqty.'本<br/>';
    echo 'Java 编程 '.$Jqty.'本<br/>';
    echo 'PHP 语言 '.$Pqty.'本<br/>';
    echo "您总共订了：".$totalqty."本书<br/>";
    echo "折扣：".$discount."<br/>";
    echo "您所订书的总金额 为：".number_format($totalamount,2)."<br/>";

    switch($area)
    {
        case "a":
            echo "<p>您在北京区</p>";
            break;
        case "b":
            echo "<p>您在河北区</p>";
            break;
        case "c":
            echo "<p>您在山东区</p>";
            break;
        case "d":
            echo "<p>您在天津区</p>";
            break;
        case "e":
            echo "<p>您在上海区</p>";
            break;
        case "f":
            echo "<p>您在广东区</p>";
            break;
        default :
            echo"<p>不知道这个顾客在哪个区</p>";
            break;
    }
}
else
```

```
    {
        echo "您没有订书，不存在您的订单<br/>";
        echo "您可以单击返回按钮返回到上一页订书，谢谢<br/>";
    }
?>
<input name="goback" type="button" id="goback" value="返回"
  onClick="window.history.back();" />
```

这段代码的新增功能是显示用户所在区。

(5) 将以上代码以 processOrder5.php 为文件名保存在网站根目录下面的 bookStore 文件夹中。

(6) 在浏览器的地址栏中输入"http://localhost/bookStore/bookOrder2.php"，在出现的页面中填入数据，并选择山东。

(7) 单击"提交订单"按钮，结果如图 4-21 所示。

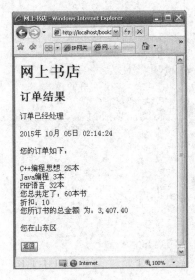

图 4-21　提交订单后的显示结果

上机实训：判断输入的是否为正数

1. 实训背景

李江作为 PHP 课程的老师，为了给学生讲解 if 循环语句的含义，他编写程序，给学生们展示该语句的使用特点。

2. 实训内容和要求

运用 if、if else 语句实现程序的条件判断，输入一个数据，判断该数是否为正数。

3. 实训步骤

输入代码如下：

```php
<?php
    //只有一个 if 被使用
    if (2 > 1)
        echo "ok";
    // if 和 else 一起使用
    $b = 10;
    if ($b > 0)
        echo "这是正数" ;
    else
        echo "这是负数" ;
    //多个 if else 混合使用
    $a = -5;
    if ($a >= 10)
        echo "不小于10";
    else if ($a<10 && $a>=7)
        echo "小于 10 但不小于 7";
    else if ($a <7 && $a >= 4)
        echo "小于 7 但不小于 4";
    else if ($a<4 && $a>=0)
        echo "小于 4 但不小于 0";
    else
        echo "小于 0 ";
?>
```

上述代码运行结果如图 4-22 所示。

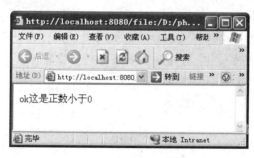

图 4-22　条件判断程序的运行结果

4. 实训素材

示例文件位于下载资源的如下路径中："\案例文件\项目 4\上机实训\判断输入的是否为正数.php"。

习　　题

1. 填空题

(1)　PHP 代码以＿＿＿＿＿＿＿＿为开始，以＿＿＿＿＿＿＿＿为结束。

(2)　PHP 标记可以有＿＿＿＿＿、＿＿＿＿＿、＿＿＿＿＿、＿＿＿＿＿四种不同的风格。

(3) @的作用是可以_____。

(4) PHP 语句以_____结束。

(5) PHP 中的变量以_____开始，后面是一个标识符。

2. 选择题

(1) 执行 date("Y-m-d h:i:s"); 输出的结果可能是(　　)。

    A. 2015-01-01 12:12:23　　　　　　B. 15-01-01 12:12:23

    C. 2015-1-1 12:12:23　　　　　　　D. 15-1-1 12:12:23

(2) 下列风格正确的是(　　)。

    A. <?php echo 'XML 风格'; ?>

    B. <? echo '简短风格'; ?>

    C. <SCRIPT LANGUAGE= 'php'> echo '<p>SCRIPT 风格</p>'; </SCRIPT>

    D. <% echo 'ASP 风格' %>

(3) 字符串相加操作符(　　)把两个字符串连接起来。

    A. .　　　　　　B. ;　　　　　　C. ?　　　　　　D. 。

(4) 变量的标识字符串只能由(　　)组成。

    A. 字母　　　　B. 数字　　　　C. 文本　　　　D. 下划线

(5) 下面(　　)属于循环语句。

    A. for　　　　　B. while　　　　C. do while　　　D. break

3. 问答题

(1) 简述 PHP 中的逻辑操作符有哪些，它们各自的功能是什么。

(2) 简述 PHP 语言中的 while 与 do while 语句的功能有什么区别。

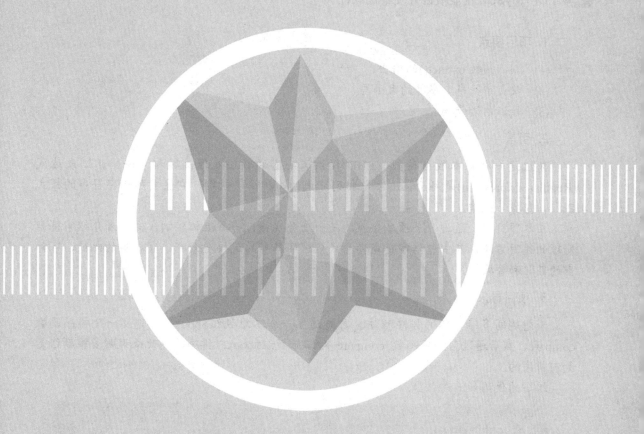

项目 5

数组、字符串及正则表达式

1. 项目要点

(1) 测试函数 extract()的输出。

(2) 改变字符串中字母的大小写。

(3) 验证电话号码。

2. 引言

数组是一种基本数据类型，PHP 提供了丰富的数组处理函数和方法。正则表达式 (Regular Expression)是用于描述字符排列模式的一种语法规则，它主要用于字符串的模式 匹配、查找等操作。

在本项目中，通过一个项目导入、三个任务实施、一个上机实训，向读者介绍字符串 处理的通用方法，其中包括字符串的格式化、字符串的连接与分割、字符串的比较、字符 串的匹配和替换等。

3. 项目导入

李想编写多维数组的排序程序。首先建立一个二维数组$books 并建立一个排序函数 compare，然后通过用排序函数 compare 对二维数组$books 排序，以此来说明多维数组是 如何排序的。

编写的代码如下：

```php
<?php
    $books = array(
            array('PHP','computer',42),
            array('VC++','computer',36),
            array('本草纲目','医学书籍',100),
            array('新英语','英语',56)
            );

echo "书籍名称: ".$books[0][0]."书籍类型: ".$books[0][1]
    ."价格: ".$books[0][2]."<br>";
echo "书籍名称: ".$books[1][0]."书籍类型: ".$books[1][1]
    ."价格: ".$books[1][2]."<br>";
echo "书籍名称: ".$books[2][0]."书籍类型: ".$books[2][1]
    ."价格: ".$books[2][2]."<br>";
echo "书籍名称: ".$books[3][0]."书籍类型: ".$books[3][1]
    ."价格: ".$books[3][2]."<br>";

function compare($x, $y) // 排序的函数
{
    if($x[2] == $y[2])
        return 0;
    else if($x[2] < $y[2])
        return -1;
    else
        return 1;
}
```

```
    usort($books, 'compare');    //对数组进行排序
    echo "<br>"."按照价格排序后："."<br>";
    for($i=0; $i<4; $i++)
    {
        for($j=0; $j<3; $j++)
        {
            echo " ".$books[$i][$j];    //输出排序好的函数
        }
        echo "<br>";
    }
?>
```

结果如图 5-1 所示。

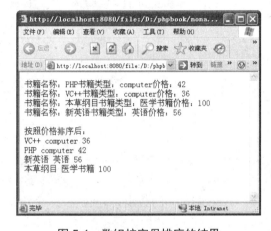

图 5-1 数组按字母排序的结果

4. 项目分析

sort()和 asort()函数都是按升序来对数组排序的，并且都有一个与之对应的反向排序数组，可以将数组按降序排列，它们是 rsort()和 arsort()。

5. 能力目标

(1) 掌握数组的运用。
(2) 掌握字符串之间的操作方法。
(3) 掌握正则表达式函数的使用方法。

6. 知识目标

(1) 了解数组的排序、数组函数。
(2) 学习字符串的格式化、比较、匹配与替换。

任务一：测试函数 extract()的输出

数组是可以存储一组数值的变量，一个数组可以具有多个元素，每一个元素都有一个值。用索引(index)可以引用数组包含的数据元素。一般情况下，索引是一个整数，当然也

可以是字符串。

知识储备

1. 数字索引数组

数字索引数组是最简单的数组，由一系列元素组成。默认情况下，PHP 的数组索引从 0 开始。下面以网上书店中书的信息作为示例进行说明。在如下所示的数据结构表示中，可以看到一个按数组格式存储的书的列表，数组变量的名称为$bookInfo，它存储了 3 个变量值，每个元素中存储的是一个字符串。

$bookInfo[0]	$bookInfo[1]	$bookInfo[2]
PHP	Java	C++

拓展提高： PHP 中，同一个数组的元素可以有多种不同的数据类型。

(1) 数字索引数组的初始化。

可以使用如下代码创建图 5-1 中给出的数组：

```php
<? php
$bookInfo = array('PHP', 'Java', 'C++');
?>
```

以上代码创建了一个名为$bookInfo 的数组，它包含 3 个给定的值——PHP、Java 和 C++。在这里，array()实际上是一个语言结构，而不是一个函数。

如果需要把一个数组中的数据保存在另一个数组中，可以使用 "=" 运算符，将数组复制到另一个数组中。

这里需要提一下 range()函数，它可以将按升序排列的数值保存在一个数组中，例如：

```php
<? php
$numbers = range(1, 10);
?>
```

range()函数还可以设定数值之间的升序步幅，还可以对字符进行操作，例如：

```php
<? php
$odd = range(1, 10, 2);
$letter = range('a', 'z');
?>
```

上面第一条语句的意思，是建立一个 1~10 之间的奇数数组，升序步幅为 2；第二条语句是建立一个从 a~z 的字母数组。

(2) 访问数组的内容。

要访问一个变量的内容，可以直接使用其名称，如果变量是数组，则可以使用变量名加关键字或索引的组合。关键字或索引指定要访问的变量，索引在变量名称后面，用方括号括起来。

默认情况下，0 号元素是数组的第一个元素。像其他变量一样，使用 "=" 运算符可以修改数组元素的内容，例如：

```php
<? php
$bookinfo[0] = 'Fuses';
?>
```

上面的例子表示，用 Fuses 替换第一个元素 PHP。

而下面的例子则可以在数组末尾新增加一个元素 Fuses，这样就得到了一个含 4 个元素的数组：

```php
<? php
$bookinfo[3] = 'Fuses';
?>
```

如果想在终端显示数组的内容，可以用如下语句：

```php
<? php
echo "$bookinfo[0], bookinfo[1], bookinfo[2], bookinfo[3]";
?>
```

与变量一样，数组不需要预先创建或初始化，在第一次使用它们时，会自动创建。例如，如下代码也能创建如图 5-1 所示的数组：

```php
<? php
$bookinfo[0] = 'PHP';
$bookinfo[1] = 'Java';
$bookinfo[2] = 'C++';
?>
```

如果没有创建过$bookinfo，那么，第一条代码将创建一个只有一个元素的数组，而后面的语句在这个数组中添加新的元素，数组的大小可以根据所增加的元素动态地变化，这也是 PHP 语言的重要特点之一。

(3) 数组的遍历。

由于数组使用有序的数作为索引，所以，遍历一个数组时，可以使用 for 循环语句。例如：

```php
<? php
for($i=0; $i<3; $i++)
    echo "$bookinfo[$i]";
?>
```

这种方式可以用较少的代码实现前面的功能。也可以使用 foreach 循环语句，这是专门为数组设计的：

```php
<? php
foreach($bookinfo as $current)
    echo $current,' ';
?>
```

上述代码中，用$current 保存$bookinfo 中的每一个元素，并打印它们。

2. 相关数组

前面为数组$bookInfo 指定了一个默认的数字索引，第一个元素的索引号为 0，第二个元素的索引号为 1，第三个元素的索引号为 2。PHP 还支持相关数组，在相关数组中，可以将每个变量值与任何关键字或索引关联起来。

(1) 相关数组的初始化。

如下所示的代码可以创建一个以书的名称作为关键字、以价格作为值的相关数组：

```php
<? php
$prices = array('PHP'=>50, 'Java'=>5, 'C++'=>1);
?>
```

关键字和值之间的符号 "=>" 是一个等号 "=" 和大于号 ">" 组合的符号。

(2) 访问相关数组元素。

与初始化相似，可以使用变量名称和关键字组合来访问数组的内容，因此，可以通过如下所示的方式访问保存在 prices 数组中的信息：

```php
<? php
echo $prices['PHP'];
echo $prices['Java'];
echo $prices['C++'];
?>
```

也可以用如下混合方式创建$prices 数组：

```php
<? php
$prices = array('PHP'=>50);
$prices['Java'] = 5;
$prices['C++'] = 1;
?>
```

还可以利用单个元素赋值的方法创建这个数组：

```php
<? php
$prices['PHP'] = 50;
$prices['Java'] = 5;
$prices['C++'] = 1;
?>
```

(3) 遍历相关数组。

由于相关数组的索引不是数字，所以无法用 for 循环语句来遍历相关数组，但是可以用 foreach 循环或 list()和 each()结构来遍历相关数组。例如：

```php
<? php
foreach($prices as $key=>$value)
    echo $key.'=>'.$value.'<br />';
?>
```

如下所示的代码可以打印出$prices 数组的内容：

```php
<? php
```

```
while($element = each($prices))
{
    echo $element['key'];
    echo '-';
    echo $element['value'];
    echo '<br />';
}
?>
```

上面代码段的输出结果如图 5-2 所示。

图 5-2　遍历相关数组

3. 数组操作符

PHP 中的数组操作符及相关示例和说明如表 5-1 所示。

表 5-1　数组操作符

操 作 符	名 称	示 例	结 果
+	联合	$a+$b	数组$b 将被附加到$a 中，但是，任何关键字冲突的元素将不会被添加
==	等价	$a==$b	如果$a 和$b 包含相同元素，返回 true
===	恒等	$a===$b	如果$a 和$b 包含相同顺序的元素，返回 true
!=	不等价	$a!=$b	如果$a 和$b 不包含相同元素，返回 true
<>	不等价	$a<>$b	与!=相同
!==	不等价	$a!==$b	如果$a 和$b 不包含相同顺序的相同元素，返回 true

拓展提高：　在联合操作符 "+" 的示例中，$a 数组中的元素不会被$b 数组中相同的元素覆盖。

4. 多维数组

在 PHP 中，除了可以创建只有一个关键字和值的简单数组外，还可以创建二维数组，以及多维数组，如下例所示：

```
<? php
$books = array(
            array('PHP','computer',42),
```

```
            array('VC++','computer',36),
            array('本草纲目','医学书籍',100),
            array('新英语','英语',56)
        );
?>
```

这里，$books 二维数组中包含 4 个数组，要访问这个数组，与访问一维数组类似，如下例所示：

```
<? php
    echo "书籍名称: ".$books[0][0]."书籍类型: ".$books[0][1]
        ."价格: ".$books[0][2]."<br>";
    echo "书籍名称: ".$books[1][0]."书籍类型: ".$books[1][1]
        ."价格: ".$books[1][2]."<br>";
    echo "书籍名称: ".$books[2][0]."书籍类型: ".$books[2][1]
        ."价格: ".$books[2][2]."<br>";
    echo "书籍名称: ".$books[3][0]."书籍类型: ".$books[3][1]
        ."价格: ".$books[3][2]."<br>";
?>
```

还可以用双重 for 循环来实现同样的功能：

```
<? php
for($i=0; $i<4; $i++)
{
    for($j=0; $j<3; $j++)
    {
        echo "@".$books[$i][$j];
    }
    echo "<br>";
}
?>
```

【例 5-1】下面来看一个数组输出的示例，在这个例子中，将用直接法和循环法两种方法打印输出数组内容。

① 新建一个记事本文件，编写代码如下：

```
<?php
    $books = array(
            array('PHP','computer',42),
            array('VC++','computer',36),
            array('本草纲目','医学书籍',100),
            array('新英语','英语',56)
        );
    echo "书籍名称: ".$books[0][0]."书籍类型: ".$books[0][1]
        ."价格: ".$books[0][2]."<br>";
    echo "书籍名称: ".$books[1][0]."书籍类型: ".$books[1][1]
        ."价格: ".$books[1][2]."<br>";
    echo "书籍名称: ".$books[2][0]."书籍类型: ".$books[2][1]
        ."价格: ".$books[2][2]."<br>";
    echo "书籍名称: ".$books[3][0]."书籍类型: ".$books[3][1]
```

```
            ."价格: ".$books[3][2]."<br>";
    echo "使用 for 循环来输出数组内容: "."<br>";
    for($i=0; $i<4; $i++)
    {
        for($j=0; $j<3; $j++)
        {
            echo "@".$books[$i][$j];
        }
        echo "<br>";
    }
?>
```

这段代码的功能是测试数组函数。

② 将代码保存在网站根目录下面的 ch5 文件夹中，保存为 test_arry.php。

③ 在浏览器的地址栏中输入"http://localhost/ch5/test_arry.php"，结果如图 5-3 所示。

图 5-3　二维数组的初始化和输出结果

可以看出，虽然两种代码可以得到相同的结果，但对于维数较大的数组，循环操作要简洁得多。

除了以上方式外，还有另外一种方式来建立多维数组，如下所示：

```
<?php
$books = array(
    array('bookName'=>'PHP','bookType'=>'computer','bookPrice'=>42),
    array('bookName'=>'VC++','bookType'=>'computer','bookPrice'=>36),
    array('bookName'=>'本草纲目','bookType'=>'医学书籍','bookPrice'=>100),
    array('bookName'=>'新英语','bookType'=>'英语','bookPrice'=>56)
    );
?>
```

使用这种带有描述性质的索引方式，不需要记住某个元素存放的[x][y]位置，这样可以很容易地检索到单个值。此外，使用一对有意义的行和列的名称作为索引，可以更容易找到所需要的数据。

【例 5-2】理解了二维数组，按照同样的思想，数组元素还可以包含新数组，这些新数组又可以包含新数组，依此类推。三维数组具有高、深、宽的概念。先来创建一个三维数组，如下所示：

```php
<? php
$books = array(
        array(
            array('PHP','computer',42),
            array('VC++','computer',36),
            array('本草纲目','医学书籍',100),
            array('新英语','英语',56)
            ),
        array(
            array('PHP2','computer',22),
            array('VC++2','computer',33),
            array('本草纲目2','医学书籍',44),
            array('新英语2','英语',56)
            ),
        array(
            array('PHP3','computer',55),
            array('VC++3','computer',55),
            array('本草纲目3','医学书籍',55),
            array('新英语3','英语',56)
            )
        );
?>
```

如果说一个二维数组就是一个有行和列的表格,那么,三维数组就是一个这样的表格:每个元素都可以用层、行和列进行引用。对于三维数组,可以用嵌套的 for 循环来显示它的内容。

例如:

```php
<? php
    echo "使用 for 循环来输出数组内容: "."<br>";
    for($i=0; $i<3; $i++)
    {
        echo $i."<br>";
        for($j=0; $j<4; $j++)
        {
            echo "<br>";
            for($k=0; $k<3; $k++)
                echo "@".$books[$i][$j][$k];
        }
        echo "<br>";
    }
?>
```

可以按如下步骤来进行操作。

① 新建一个记事本文件,将上面两段代码输入,另存为 test_array2.php,存放到网站根目录下面的 ch5 文件夹中。

② 然后,在浏览器的地址栏中输入"http://localhost/ch5/test_arry2.php",结果如图 5-4 所示。

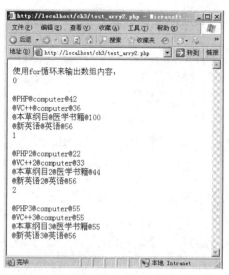

图 5-4　三维数组的初始化和输出结果

由以上创建二维和三位数组的方法，还可以进一步延伸，创建四维、五维或六维数组，不过，在逻辑上，大多数的实际问题只需要三维以内的数组结构就可以完成。

5. 数组排序

(1) 一维数组的排序。

一维数组排序是非常简单的，对于数字索引数组，可以使用 sort() 函数；而对于相关数组，可以使用 asort() 和 ksort() 函数。

【例 5-3】首先来看一下 sort() 函数是如何实现排序的。

① 新建一个记事本文件，编写代码如下：

```php
<?php
    $bookinfo = array('PHP', 'Java', 'C++');
    echo '未排序的输出：'.'<br />';
    for($i=0; $i<3; $i++)
    {
        echo $bookinfo[$i].' ';
    }
    echo '<br />';
    sort($bookinfo);
    echo '按字母升序排序后输出：'.'<br />';
    for($i=0; $i<3; $i++)
    {
        echo $bookinfo[$i].' ';
    }
    echo '<br />';
?>
```

② 将代码以 test_arrycomp.php 为文件名保存在网站根目录下面的 ch5 文件夹中。

③ 在浏览器的地址栏中输入 "http://localhost/ch5/test_arrycomp.php"，结果如图 5-5 所示。

图 5-5　一维数组按字母排序

还可以按数字从小到大的顺序进行排序，如下所示：

```php
<? php
$prices = array(50, 5, 1);
sort($prices);
?>
```

此时，该数组的顺序变成：1,5,50。

sort()函数的参数区分字母大小写，所有大写字母都在小写字母的前面。该函数还有第二个参数，属于可选选项，可以传递 SORT_REGULAR(默认值)、SORT_NUMERIC 或 SORT_STRING。

SORT_NUMERIC 表示是以数字方式排序，SORT_STRING 表示是以字符串方式排序。例如，当要比较可能包含数字 2 和 10 的字符串时，从数字角度看，2 小于 10，而从字符串角度看，"10"要小于"2"。

对于相关数组，可以使用 asort()函数进行排序。以相关数组为例：

```php
<? php
$prices = array('PHP'=>50, 'Java'=>5, 'C++'=>1);
assort($prices);
?>
```

以上代码创建了一个包含 3 种书及价格的数组，然后将它们按价格的升序进行排序。

ksort()函数按关键字排序，如下面的代码所示：

```php
<? php
$prices = array('PHP'=>50, 'Java'=>5, 'C++'=>1);
kssort($prices);
?>
```

以上代码会按关键字——PHP、Java、C++进行排序。

通过上面的例子，介绍了 sort()、assort()和 ksort()函数，它们都是按升序对数组排序，并且都有一个与之对应的反向排序数组，可以将数组按降序排列，它们是 rsort()、arsort()和 krsort()。这 3 个反向排序函数的用法与排序函数用法相同，在此不再赘述。

(2) 多维数组的排序。

相对于一维数组，多维数组的排序要复杂得多，PHP 知道如何比较两个数字或字符串，但在多维数组中，每个元素都是一个数组，前面的排序方法不再适用。PHP 针对多维数组，提出了两种方法：用户自定义排序和反向用户排序。下面分别进行介绍。

①　用户自定义排序。

下面这段代码是前面定义过的，其中的数组存储了 3 种书籍的名称、类型和价格：

```php
<? php
$books = array(
    array('bookName'=>'PHP','bookType'=>'computer','bookPrice'=>42),
    array('bookName'=>'VC++','bookType'=>'computer','bookPrice'=>36),
    array('bookName'=>'本草纲目','bookType'=>'医学书籍','bookPrice'=>100),
    array('bookName'=>'新英语','bookType'=>'英语','bookPrice'=>56)
    );
?>
```

对这个以数字为索引的数组进行排序有两种方法，对书籍类型按字母排序，或者按价格大小排序。这两种方法都需要函数 usort()告诉 PHP 如何比较各个元素。要实现此功能，需要自己编写比较函数。

对书籍类型按字母排序，代码如下：

```php
<? php
function compare($x, $y)
{
    if($x[1] == $y[1])
        Return 0;
    else if($x[1] < $y[1])
        Return -1;
    else
        Return 1;
}
usort($books, 'compare');
?>
```

Function 是一个关键字，它定义了一个函数 compare()，$x 和$y 是此函数的两个参数，该函数的作用是比较两个值的大小。在这个例子中，$x 和$y 将是主数组中的两个子数组，分别存储一种产品的数据，因为数组计数是从 0 开始的，书籍的说明字段是这个数组的第二个元素，所以需要键入$x[1]和$y[1]来比较两个传递给函数的数组的说明字段。

Return 也是一个关键字，它是当一个函数结束时给调用它的代码一个返回值。例如，Return 1，是将数值 1 返回给调用它的代码。

上面的代码最后调用了内置函数 usort()来将数组和用户自定义的比较函数联系起来，并进行排序。

按价格大小对数组进行排序时，只需要将代码做如下改变：

```php
<? php
function compare($x, $y)
{
    if($x[2] == $y[2])
        Return 0;
    else if($x[2] < $y[2])
        Return -1;
    else
```

```
    Return 1;
}
usort($books, 'compare');
?>
```

类似于一维数组的排序，对于相关数组，如果要比较的值或者关键字像数组一样复杂，可以定义一个比较函数，然后使用 uasort 和 uksort 这两个函数。

② 反向用户排序。

函数 sort()、asort()和 ksort()都分别对应一个带字母 r 的反向排序函数，但是，usort() 函数没有对应的反向排序函数，不过，可以编写一个能够返回相反值的比较函数。对比上面的自定义函数 compare，我们可以编写一个返回相反值的比较函数 reverse_compare，代码如下：

```
<? php
function reverse_compare($x, $y)
{
   if($x[2] == $y[2])
      return 0;
   else if($x[2] < $y[2])
      return 1;
   else
      return -1;
}
?>
```

【例 5-4】再调用 usort($books, 'reverse_compare')，数组会按价格的降序来排序，步骤如下。

新建一个记事本文件，编写代码如下：

```
<?php
   $books = array(
            array('PHP','computer',42),
            array('VC++','computer',36),
            array('本草纲目','医学书籍',100),
            array('新英语','英语',56)
            );
   echo "书籍名称: ".$books[0][0]."书籍类型: ".$books[0][1]
     ."价格: ".$books[0][2]."<br>";
   echo "书籍名称: ".$books[1][0]."书籍类型: ".$books[1][1]
     ."价格: ".$books[1][2]."<br>";
   echo "书籍名称: ".$books[2][0]."书籍类型: ".$books[2][1]
     ."价格: ".$books[2][2]."<br>";
   echo "书籍名称: ".$books[3][0]."书籍类型: ".$books[3][1]
     ."价格: ".$books[3][2]."<br>";
   function compare($x, $y)
   {
      if($x[2] == $y[2])
         return 0;
      else if($x[2] < $y[2])
```

```
        return -1;
    else
        return 1;
    }
usort($books, 'compare');
echo "<br>"."按照价格排序后："."<br>";
for($i=0; $i<4; $i++)
{
    for($j=0; $j<3; $j++)
    {
        echo "@".$books[$i][$j];
    }
    echo "<br>";
}
?>
```

这段代码的用途，是测试自定义排序函数 compare 的功能，首先定义一个书籍数组并打印出来，然后通过 usort 函数，将数组的值按自定义函数 compare 进行重排，然后利用双重循环，输入已排序的数组。

将代码保存在网站根目录下面的 ch5 文件夹中，文件名为 test_arry3.php。

在浏览器地址栏中输入"http://localhost/ch5/test_arry3.php"，结果如图 5-6 所示。

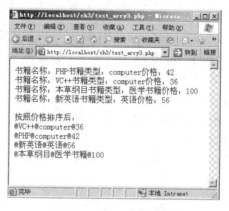

图 5-6　测试排序函数

6. 数组函数

前面讲到了一些 PHP 数组函数，下面的内容将介绍其他的一些常用的数组函数。

(1) 在数组中进行浏览操作涉及到的函数有 each()、current()、reset()、end()、next()、pos()和 prev()等。

每个数组都有一个内部指针，指向数组中的当前元素，当使用 each()时，就间接地使用了这个指针，但也可以直接使用和操作这个指针。

如果创建一个新数组，那么，就会初始化当前指针，并指向数组的第一个元素，调用 current($array_name)将返回第一个元素。

调用 next()和 each()将使指针前移一个元素，调用 each()会在指针前移一个位置之前返回当前元素，而 next()函数则是先将指针前移，然后再返回新的当前元素。

调用 reset()函数将返回指向数组第一个元素的指针。类似地，调用 end()函数可以将指针移到数组末尾，即返回最后一个元素。

要反向遍历一个数组，可以使用 end()和 prev()函数。prev()函数将当前指针往回移动一个位置，然后再返回新的当前元素，与 next()函数的功能刚好相反。

(2) 对数组的每一个元素进行操作，可以使用 array_walk()函数。

该函数的功能，是以相同方式使用或者修改数组中的每一个元素，其函数原型如下：

```php
<? php
bool array_walk(array arr, string func, [mixed userdata])
?>
```

与 usort()函数相似，array_walk()函数也要求用户自定义一个函数作为 func 传入(第二个参数)，第一个参数是一个需要处理的数组，第三个参数是可选的，可以提供给用户数据使用者信息。下例说明了该函数如何工作：

```php
<? php
function my_multiply($value, $key, $factor)
{
    Value *= $factor;
}
array_walk($array, 'my_multiply', 3);
?>
```

上面的代码自定义了一个函数 my_multiply()，它可以用所提供的乘法因子去乘以数组中的每个元素，需要使用 array_walk()函数中的第 3 个参数来传递这个乘法因子。因为需要这个参数，所以自定义的函数 my_multiply()必须带有 3 个参数，即一个数组元素值($value)、一个数组元素的关键字($key)和参数($factor)。

代码中，自定义函数 my_multiply()的第一个参数按引用方式传递(参数前面有地址符&)，所以函数可以修改数组的内容。

(3) 统计数组元素个数的函数：count()、sizeof()和 array_count_values()。

函数 count()的原型如下：

```
Int count(mixed var[, int mode])
```

count 函数用于计算数组中的单元数目或对象中的属性个数。第一个参数 var 是需要操作的数组或对象，可选参数 mode 用于决定是否递归地对数组计数，默认值为 0，可选值为 0 或 1。

函数 sizeof()与 count()的用途相似，都可以返回数组元素的个数，如果传递给这个函数的数组是一个空数组，或者是没有经过设定的变量，返回的数组元素个数为 0。

函数 array_count_values()相对复杂一些，调用该函数后，该函数会统计每个特定的值在数组$array 中出现过的次数，并且返回一个包含频率表的相关数组，这个数组包含$array 中的所有值，并以这些值作为相关数组的关键字，每个关键字所对应的数值，就是关键字在数组$array 中出现的次数。例如：

```php
<? php
$array = array(2,2,1,1,6,6,5,3,4,1);
```

```
$new = array_count_values($array);
?>
```

上面的代码将创建一个名为$new 的数组,如表 5-2 所示。

表 5-2 创建数组$new

关 键 字	值
2	2
1	3
6	2
5	1
3	1
4	1

从表 5-2 中,我们可以看出,5、3、4 在数组中出现过一次,2、6 出现过 2 次,1 出现过 3 次。

(4) 将数组转换成标量变量函数 extract()。

前面介绍的数组很多是数字索引的数组,那么,对于相关的数组,又有许多"关键字-值"对,此时,可以使用函数 extract()将它们转换成一系列的标量变量,该函数的原型如下所示:

```
<? php
extract(array var_array[, int extract_type][, string prefix]);
?>
```

该函数的作用,是通过一个数组创建一系列的标量变量,这些变量名称必须是数组中关键字的名称,而变量的值则是数组中的值。

任务实践

编写程序,测试 extract()函数的输出,具体操作步骤如下。

(1) 新建一个记事本文件,编写代码如下:

```
<?php
$array2 = array('name1'=>'www', 'name2'=>'fff', 'name3'=>'mmm');
extract($array2);
echo "$name1 $name2 $name3";
?>
```

上面代码的功能是测试 extract()函数的输出。

(2) 将代码保存在网站根目录下面的文件夹 ch5 中,文件名为 test_extract.php。

(3) 然后,在浏览器的地址栏中输入"http://localhost/ch5/test_extract.php",将会显示如图 5-7 所示的结果页面。

可以看到,数组$array 有 3 个关键字:name1、name2 和 name3。使用 extract()函数后,创建了 3 个标量变量$name1、$name2 和$name3,而当调用 echo 输出时,仍然是输出这些标量变量在原来数组中的值 value1、value2 和 value3。

图 5-7　测试函数 extract()输出

extract()函数有两个可选的参数：extract_type 和 prefix。prefix 是指目标数组，extract_type 将告诉 extract()函数如何处理冲突，它可选用的值及意义如表 5-3 所示。

表 5-3　extract_type 的可用值

类　型	意　义
EXTR_OVERWRITE	当发生冲突时覆盖已有变量
EXTR_SKIP	当发生冲突时跳过一个元素
EXTR_PREFIX_SAME	发生冲突时，创建一个名为$prefix_key 的变量。必须提供 prefix 参数
EXRE_PREFIX_INVALID	使用指定的 prefix 在可能无效的变量名称前加上前缀(如数字变量名称)，必须提供 prefix 参数
EXTR_IF_EXISTS	只提取已经存在的变量(也就是用数组中的值覆盖已有的变量值)
EXTR_PREFIX_IF_EXISTS	只有在不带前缀的变量已经存在的情况下，创建带有前缀的变量
EXTR_PREFIX_ALL	在所有变量名称前加上由 prefix 参数指定的值。必须提供 prefix 参数
EXTR_REFS	以引用的方式提取变量

由表 5-3 可以看出，extract()函数可以提取出一个元素，该元素的关键字必须是一个有效的变量名称，所以以数字开始或者包含空格的关键字将被跳过。

任务二：改变字符串中字母的大小写

知识储备

1. 字符串的格式化

使用用户输入的字符串前，必须对其进行整理，即格式化，本节将介绍一些常用的格式化函数。

(1) 字符串的整理函数：chop()、ltrim()和 trim()。

这 3 个函数的作用，就是清理字符串中多余的空格，以 trim()函数为例：

```php
<? php
$name = trim($name);
?>
```

trim()函数可以除去字符串中开始位置和结束位置的空格，并将结果字符串返回。

默认情况下，除去的字符是换行符和回车符(\n 和\r)、水平和垂直制表符(\t 和\x0B)、字符串结束符和空格。除了默认的这些字符外，也可以在 trim()函数的第二个参数中提供要过滤的字符。

(2) HTML 格式化函数：nl2br()。

该函数将字符串作为输入参数，用 XHTML 中的
标记代替字符串中的换行符。

(3) 打印输出函数：printf()和 sprintf()。

这两个函数实现的功能与echo()相同，但是有返回值(成功返回 true，失败返回 false)。不过，使用 printf()和 sprintf()函数还可以实现一些更复杂的格式输出，这两个函数的功能基本相同，printf()函数是将一个格式化的字符串输出到浏览器，而 sprintf()函数是返回一个格式化的字符串。它们的函数原型如下：

```php
<? php
string sprintf(string format[, mixed args...])
void printf(string format[, mixed args...])
?>
```

这两个函数的第一个参数都是字符串格式的，其他参数是用来替换格式字符串的变量。这里与 echo()函数对比举例：

```php
<? php
echo "Total num is $total.";
?>
```

使用 printf()函数打印该字符串，代码如下所示：

```php
<? php
printf("Total num is %s.", $total);
?>
```

使用 printf()函数的优点，在于可以使用更有用的转换说明来指定$total 为一个浮点数，它的小数点后应有两位小数：

```php
<? php
printf("Total num is %.2f", $total);
?>
```

可以在格式化字符串中使用多个转换说明，如果有 n 个转换说明，在格式化字符串后面就应该带有 n 个参数。如下所示：

```php
<? php
printf("Total num is %.2f (with shipping %.2f)", $total,$total_shipping);
?>
```

并且，每个转换说明都遵循同样的格式，都以%为开始，如下所示：

```php
<? php
%['padding_character] [-] [width] [.precision] type
?>
```

参数 padding_character 是可选的，默认的填充字符是一个空格，如果指定一个空格或 0，就不需要使用"'"作为前缀，对于其他任何填充字符，必须指定"'"作为前缀。

字符"-"是可选的，它指明该域中的数据应该是左对齐，而不是默认的右对齐。

参数 width 表示将被替换的变量留下的空间大小(按字符计算)。

参数 precision 表示必须是以一个小数点开始，它指明小数点后要显示的位数。

最后一个参数是类型码，所有的类型码如表 5-4 所示。

表 5-4　转换说明的类型码

类　型	意　义
B	解释为整数并作为二进制输出
C	解释为整数并作为字符输出
D	解释为整数并作为小数输出
F	解释为双精度并作为浮点数输出
O	解释为整数并作为八进制数输出
S	解释为字符串并作为字符串输出
U	解释为整数并作为非指定小时输出
X	解释为整数并作为带有小写字母 a~f 的十六进制数输出
X	解释为整数并作为带有大写字母 A~F 的十六进制数输出

(4) 改变字符串中字母的大小写

可以重新格式化字符串中字母的大小写，比如，在判定输入内容是否与数据库中的内容相同时，在容错的范围内，可以不区分大小写，这可以用一些函数来完成，相关的函数如表 5-5 所示。

表 5-5　字符串大小写函数和它们的效果

函　数	描　述	使　用	返　回　值
Strtoupper()	将字符串转换为大写	Strtoupper($subject)	FEEDBACK FROM WEB SITE
Strtolower()	将字符串转换成小写	Strtolower($subject)	feedback from web site
Uefirst	如果字符串的第一个字符是字母，就转换为大写	Ucfirst($subject)	Feedback from web site
Ucwords	将字符串每个单词的第一个字母转换成大写	Ucwords($subject)	Feedback From Web Site

2. 字符串的连接和分割

PHP 提供了一些字符串函数，利用这些函数，可以查看某个句子中的单词，或者将一个域名或电子邮件分割成若干组件。

(1) 函数 explode()。

该函数的原型为：

```
<? php
```

```
array explode(string separator, string input[, int [limit]]);
?>
```

第二个参数为输入字符串，函数根据指定的分隔符字符串，将字符串本身分割为小块，并将分割后的小块返回到一个数组中。利用可选参数 limit，可以限制分割成字符串小块的数量。

【例 5-5】 要通过顾客的电子邮件地址获得域名，可以用如下步骤来实现。

①　新建一个记事本文件，编写代码如下：

```php
<?php
$email = "myemailaddress@hotmail.com";
$email_array = explode('@',$email);
for($i=0; $i<2; $i++)
{
  echo 'The Value of $email_array['.$i.'] is '.$email_array[$i].'<br />';
}
?>
```

②　将代码保存在网站根目录下面的 ch5 文件夹中，文件名为 test_email.php。

③　然后在浏览器的地址栏中输入"http://localhost/ch5/test_email.php"，结果如图 5-8 所示。

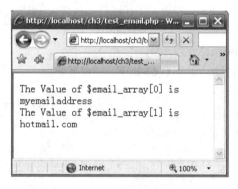

图 5-8　获取顾客邮件的域名

在图 5-8 中，explode()函数将顾客的电子邮件地址分割成两部分，用户名称保存在 $email_array[0]中，而域名保存在$email_array[1]中。

(2)　函数 strtok()。

与函数 explode()相比，strtok()函数一次只从字符串中取出一些片段(被称为令牌)。因此，如果用户想一次取一个单词，一般使用 strtok()函数。

该函数的原型为：

```php
<? php
string strtok(string input, string separator);
?>
```

分隔符(参数 separator)可以是字符，也可以是字符串，但是，当分隔符是字符串时，输入的字符串会根据字符串中的每个字符来进行分割，而不是根据整个字符串。

为了从输入的字符串中得到令牌(就是得到一些片段)，可以调用 strtok()函数，这个函数有两个输入参数，一个是字符串，一个是分隔符；为了从字符串中得到令牌序列，可以只用一个参数——分隔符，代码如下：

```php
<? php
$token = strtok($feedback, '');
echo $token.'<br />';
while ($token != '')
{
    $token = strtok('');
    echo $token.'<br />';
};
?>
```

以上代码将顾客反馈中的每个令牌打印在每一行上，并一直循环到不再有令牌为止。

(3) 函数 substr()。

函数 substr()允许访问一个字符串中给定起点和终点的子字符串，并返回字符串的子字符串拷贝。

这个函数的原型为：

```php
<? php
string substr(string string, int start[, int length]);
?>
```

【例 5-6】一个应用 substr()函数示例。

① 新建一个记事本文件，编写代码如下：

```php
<?php
$test_str = 'hello world.';
$str = substr($test_str, 1);
echo 'The result of $str is '.$str.'<br />';
$str_compare = substr($test_str, -1);
echo 'The result of $str_compare is '.$str_compare.'<br />';
?>
```

② 将代码保存在网站根目录下面的 ch5 文件夹中，文件名为 test_substr.php。

③ 然后在浏览器的地址栏中输入"http://localhost/ch5/test_substr.php"，将会出现如图 5-9 所示的结果页面。

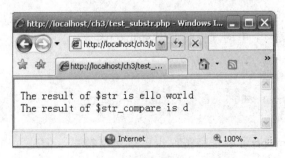

图 5-9　测试函数 substr()

从图 5-9 的输出结果可以看出，用一个正数或 0 作为子字符串起点来调用这个函数，将得到从起点到字符串结束的子字符串，如果用负数作为字符串的起点来调用这个函数，将从字符串结尾开始算起。

3. 字符串的比较

(1) 函数 strcmp()。

函数 strcmp()的原型为：

```php
<? php
Int strcmp(string str1, string str2);
?>
```

该函数的两个参数是两个要比较的字符串。两个字符串进行比较时，如果相等，就返回 0；如果 str1 大于 str2，就返回一个正数；反之则返回一个负数。该函数区分大小写。

strcasecmp()函数的功能与 strcmp()一样，不过它不区分大小写。

(2) 函数 strlen()。

该函数可以检测字符串的长度，例如：

```php
<? php
strlen('hello');
?>
```

程序的输出结果为 5。

4. 字符串的匹配与替换

字符串匹配在实际编程中经常遇到，具体说，就是在一个字符串中寻找一段与子串相符的字段并返回值。

(1) 在字符串中查找字符串的函数：strstr()、strchr()、strrchr()和 stristr()。

这些函数的基本功能，都是在一个字符串中查找另一个字符串，strstr()函数最常见，它的函数原型如下：

```php
<? php
string strstr(string haystack, string needle);
?>
```

该函数可以用于在一个较长的字符串中查找匹配的字符串或字符，其中，第一个参数 haystack 为源字符串，第二个参数 needle 为要查找的字符串。

【例 5-7】一个应用 strstr()函数的程序。

① 新建一个记事本文件，编写代码如下：

```php
<?php
$email = 'user@example.com';
$domain = strstr($email, '@');
echo 'The Value of $domain is '.$domain;
?>
```

② 将代码保存在网站根目录下面的 ch5 文件夹中，文件名为 test_strstr.php。

③ 在浏览器的地址栏中输入"http://localhost/ch5/test_strstr.php",将出现如图 5-10 所示的结果页面。

图 5-10　测试函数 strstr()

由图 5-10 可知，使用 strstr()函数，将输出$email 字符串中字符@及以后的字符。

函数 strstr()有两个相似的函数，第一个是 stristr()，它与 strstr()函数唯一的区别，在于 strstr()函数区分大小写，第二个是 strrchr()，唯一区别是返回参数 haystack 的位置不一样。

(2) 查找子字符串的位置的函数：strpos()和 strrpos()。

这两个函数与 strstr()函数类似，但它返回的不是一个子字符串，而是子字符串 needle 在字符串 haystack 中的位置，它的函数原型为：

```php
<? php
int strops(string haystack, string needle, int [offset]);
?>
```

返回的整数代表字符串 haystack 中第一次出现子字符串 needle 的位置，通常，第一个字符串的位置是 0。

strrpos()函数和 strpos()相似，但 strrpos()函数返回的是字符串 haystack 中最后一次出现子字符串 needle 的位置。

(3) 替换字符串函数：str_replace 和 substr_replace()。

在 PHP 中，最常用的替换字符串的函数是 str_replace()，它的函数原型为：

```php
<? php
mixed str_replace(
  mixed needle, mixed new_needle, mixed haystack[, int &count]);
?>
```

这个函数将用 new_needle 替换 haystack 中的所有 needle，并且返回 haystack 替换后的结果。

查找替换功能的另外一个函数，是 substr_replace()，它的函数原型为：

```php
<? php
string substr_replace(
  string string, string replacement, int start, int [length]);
?>
```

这个函数的功能，是使用字符串 replacement 替换字符串 string 中的一部分，具体替换哪部分，取决于起始位置 start 的值和 length 的值。

参数 start 的值代表要替换字符串位置的开始偏移量，如果是 0 或者一个正数，则为从字符串开始处计算的偏移量；如果是一个负值，则为从字符串末尾开始的一个偏移量。参数 length 是可选的，它代表停止操作的位置，如果没有给定值，该函数默认从 start 开始直到字符串结束。如果 length 为 0，替换字符串实际上会插入到字符串中而覆盖原有的字符串，如果为正数，表示要替换的长度，为负数表示从字符串尾部开始要替换的长度。

任务实践

用 ucwords()函数、strtoupper()函数和 strtolower 函数将变量中的首字母大写、字母大写和字母小写，具体操作步骤如下。

(1) 编写代码：

```php
<?php
    $str1 = "guangzhou province";
    $str2 = "China";
    $str1 = ucwords($str1);
    echo $str1."<br/>";              //将字符串的首字母大写
    $str1 = strtoupper($str1);
    echo $str1."<br/>";             //将字符串的字母大写
    $str2 = strtolower($str2);
    echo $str2;                     //  将字符串的字母小写
?>
```

(2) 将代码保存在网站根目录下面的 ch5 文件夹中，文件名为 dxchang.php。

(3) 在浏览器的地址栏中输入"http://localhost/ch5/dxchang.php"，结果如图 5-11 所示。

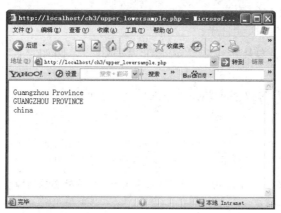

图 5-11 大小写转换运行的结果

任务三：验证电话号码

到目前为止，所有的模式匹配都使用了字符串函数，但是，这些函数只限于进行精确匹配或精确的子字符串匹配，如果希望完成一些更复杂的模式匹配，就需要使用正则表达式。PHP 支持两种风格的正则表达式：POSIX 和 Perl。

知识储备

1. 基本模式匹配

正则表达式是一种描述文本模式的方法，实际上，前面所介绍的字符串匹配也是一种正则表达式。

(1) 字符集和类。

使用字符集和类，可以马上给出比精确匹配功能更强大的正则表达式，字符集可以用于匹配属于特定类型的任何字符，它们是一种通配符。

可以用字符作为一个通配符来代替替换符(\n)以外的任一个字符，例如"mi"可以与"smile"、"minimum"、"mi223"、"microsoft"和"miai"等进行匹配，但是，使用正则表达式可以更具体地指明希望匹配的字符类型，而且可以指明字符所属的集合，如果要限定它是字符 a~z 之间的字符，可以使用如下代码：

```
[a-z]mi
```

[]中的内容是一个字符类，即一个字符集合。

(2) 重复。

可以在正则表达式中使用两个特殊字符来代替，符号*表示这个模式可以被重复 0 次或者更多次，符号+则表示这个模式可以被重复 1 次或更多次，这两个符号应该放在要作用的表达式的后面，例如：

```
{[:alnum:]}+
```

表示"至少有一个字符串"。

(3) 子表达式和子表达式计数。

将一个表达式分割为几个子表达式是非常有用的，例如"*ss"可以匹配"ss"、"1ss"和"111ss"等。

可以用花括号{}中的数字表达式来指定内容允许重复的次数，例如，{2}表示重复 2 次，{2,4}表示重复 2~4 次，{2,}表示至少要重复 2 次。

(4) 特殊字符匹配。

在 PHP 中，还存在一些特殊的字符，如表 5-6 和 5-7 所示。

表 5-6　POSIX 正则表达式中用于方括号外面的特殊字符

字　符	意　义	字　符	意　义
\	转义字符	)	子模式的结束
^	在字符串开始匹配	*	重复 0 次或更多次
$	在字符串末尾匹配	+	重复一次或更多
.	匹配除换行符(\n)之外的字符	{	最小/最大量记号的开始
|	选择分支的开始(读为"或")	}	最小/最大量记号的结束
(	子模式的开始	?	标记一个子模式为可选的

表 5-7　在 POSIX 正则表达式中用于方括号里面的特殊字符

字　符	意　义	字　符	意　义
\	转意字符	-	用于指明字符范围
^	非，仅用在开始位置		

在 PHP 中，必须将正则表达式模式包括在一个单引号字符串中，使用双引号引用的正则表达式将带来一些不必要的麻烦。PHP 还使用反斜杠来转义特殊字符，如果需要匹配反斜杠，则使用"\\"；$符号也是双引号引用的 PHP 字符串和正则表达式的特殊字符，要使得$字符能够在模式中匹配，必须使用"\\\$"。因为这个字符串被引用在双引号中，PHP 解释器将其解析为\$，而正则表达式解释器将其解析成一个$字符。

2. 正则表达式函数

(1) 函数 ereg()和 eregi()。

这两个函数主要用于查找子字符串，ereg()函数的原型为：

```php
<? php
int ereg(string pattern, string search, array[matches]);
?>
```

该函数搜索字符串 search，在 pattern 中寻找与正则表达式相匹配的字符串，如果发现与 pattern 的子表达式相匹配的字符串，就将这些字符串存储在数组 matches 中。

函数 eregi()与函数 ereg()功能相似，但前者不区分大小写。

(2) 函数 ereg_replace()和 eregi_replace()。

与前面使用的函数 str_replace()一样，这两个函数使用正则表达式来查找和替换子字符，ereg_replace()的函数的原型为：

```php
<? php
string ereg_replace(string pattern, string replacement, string search);
?>
```

该函数在字符串 search 中查找符合正则表达式 pattren 的字符串，并且用字符串 replacement 来替换；函数 eregi_replace()除了不区分大小写外，其他功能与 ereg_replace() 相同。

(3) 函数 split()。

这个函数将字符串 search 分割成符合正则表达式模式的子字符串，然后将子字符串返回到一个数组中，它的函数原型为：

```php
<? php
array split(string pattern, string search[, int max]);
?>
```

参数 max 指定进入数组中的元素个数。

该函数对分割电子邮件地址、域名或日期非常有用，下面举例说明。

【例 5-8】分割电子邮件地址。

① 新建一个记事本文件，编写代码如下：

```php
<?php
$email = 'yahoo1234@myweb.com';
$add = split('\.|@', $email);
while(list($key,$value)=each($add))
    echo'<br>'.$value;
?>
```

该代码将邮件地址依据@和.分割为"yahoo1234"、"myweb"、"com"3 个部分。

② 将代码保存在网站根目录下面的 ch5 文件夹中，文件名为 test_split.php。

③ 然后，在浏览器的地址栏中输入"http://localhost/ch5/test_split.php"，将会出现如图 5-12 所示的结果页面。

图 5-12　测试 split()函数的输出

任务实践

利用正则表达式编写验证电话号码的程序，具体操作步骤如下。

(1) 合法的电话号码如：+86 010xxxxxxxx，其构造规则为：

```
[+86][010][八位数字]
```

根据我们所介绍的内容，构造正则表达式，可以构造下面的规则：

```
^\+86[[:space:]]010[0-9]{8}$
```

其中，"^\+86"定义能匹配规则的字符串开头是"+86"；而"[[:space:]]"表示随后一个空格；"[0-9]{8}$"表示以 8 个数字结尾。

编写代码如下：

```php
<?php
function isValidPhone($phoneNum)
{
    echo (int)ereg("^\+86[[:space:]]010[0-9]{8}$", $phoneNum);
}
echo isValidPhone("+86 01012345678")."<br/>";        //1
echo isValidPhone("+86 010123456789")."<br/>";       //0
echo isValidPhone("+86 0101234567a")."<br/>";        //0
?>
```

(2) 将代码保存在网站根目录下面的文件夹 ch5 中，文件名为 yzdhhm.php。

(3) 在浏览器的地址栏中输入"http://localhost/ch5/yzdhhm.php"，结果如图 5-13 所示。

图 5-13　验证电话号码

上机实训：显示图书顺序

1. 实训背景

李想制作了"我的书房之图书列表"网页，但由于图书种类较多，查找困难，因此，他继续编写程序，使之可以按价格进行查找、排序图书列表。

2. 实训内容和要求

使用数组功能制作"我的书房之图书列表"，其功能为按照一定的排列顺序显示我的书房中所有的图书，还可以按价格对图书列表进行排序。

3. 实训步骤

(1) 首先，每本图书的信息用一维数组来表示，包括书名、价格、作者三项，所有的图书信息也放在一个数组中，这样就构成了图书信息二维数组。然后，分别定义比较书名、比较价格、比较出版社的函数，最后利用这些函数对所有书目进行排序并显示出来。

显示图书的页面如下：

```php
<!--显示图书列表：books_list.php-->
<html>
<head><title>我的书房之图书列表</title></head>
<?php
    //所有图书数组，本例不考虑如何获取图书信息
    $books_array = array(
        array("name"=>"我的2005", "price"=>20.00, "author"=>"wang"),
        array("name"=>"家庭烹饪技术", "price"=>18.23, "author"=>"zhang"),
        array("name"=>"西方哲学史", "price"=>34.99, "author"=>"zhou"),
        array("name"=>"三侠五义", "price"=>11.45, "author"=>"wu"),
        array("name"=>"象棋23式", "price"=>22.50, "author"=>"bao"),
        );
    /***************************************************************
    compare_*():
    输入：两个数组$array1、$array2;
    输出：对两个数组*下标的元素进行比较的结果，正数、0或者负数
```

```
    **********************************************************/
    //compare_name
    function compare_name($array1, $array2) {
        return strcmp($array1[name], $array2[name]);
    }
    //compare_price
    function compare_price($array1, $array2) {
        return ($array1[price]-$array2[price]);
    }
    //compare_author
    function compare_author($array1, $array2) {
        return strcmp($array1[author], $array2[author]);
    }
    //在页面上显示图书列表
    function show_books(&$books_array) {
        if(count($books_array)) {
            foreach($books_array as $key => $value) {
                echo "<tr><td>$key</td><td>书 名：$value[name]<td></tr>";
                echo "<tr><td></td><td>价 格：$value[price]元<td></tr>";
                echo "<tr><td></td><td>作 者：$value[author]<td></tr>";
            }//foreach
        }//if
    }//show_books
?>
<body>
<?php
    echo "<h2>本书房有书".count($books_array)."本</h2>";
    switch($_POST["by_what"]) {
        case "by_price":
            echo "按价格排序"; break;
        case "by_name":
            echo "按书名排序"; break;
        case "by_author":
            echo "按作者排序"; break;
    }
?>
    <table width="600" border=1>
        <tr>
            <td width="10%">序号</td>
            <td width="90%">图书信息</td>
        </tr>
<?php
    switch($_POST["by_what"]) {
        case "by_price":
            usort($books_array,"compare_price"); break;
        case "by_name":
            usort($books_array,"compare_name"); break;
        case "by_author":
            usort($books_array,"compare_author"); break;
    }
```

```
    show_books($books_array);
?>
    </table>

<form action="<?php echo $PHP_SELF; ?>" method="post">
    请选择排序方式：
    <select name="by_what">
        <option disable>请选择...</option>
        <option value="by_name">书名</option>
        <option value="by_price">价格</option>
        <option value="by_author">作者</option>
    </select>
    <input type="submit" name="ok" value="显示">
</form>

</body>
</html>
```

在上述代码中，使用了 PHP 预定义的变量$PHP_SELF，表示当前文件的绝对路径，包括文件名。还用到了$_POST，它用于获取 HTML 中 FORM 表单里面的信息。

(2) 将代码保存在网站根目录下面的文件夹 ch5 中，文件名为 book_list.php。

(3) 在浏览器的地址栏中输入"http://localhost/ch5/book_list.php"，其功能为按照一定的排列顺序显示我的书房中所有的图书，如图 5-14 所示。

(4) 选择按价格排序后，结果如图 5-15 所示。

图 5-14 我的书房之图书列表

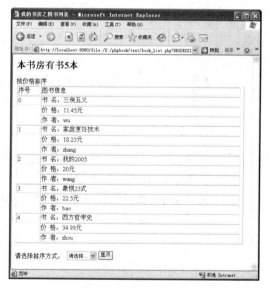

图 5-15 按价格排序后

4. 实训素材

示例文件为下载资源中的"\案例文件\项目 5\上机实训\book_list.php"。

习　题

1. 填空题

(1) 与函数 explode()相比，_____函数一次只从字符串中取出一些片段(称为令牌)。

(2) 正则表达式是一种描述_____的方法，本章前面部分所介绍的字符串匹配也是一种正则表达式。

(3) 由于相关数组的索引不是数字，所以无法用 for 循环语句来遍历相关数组，但是，可以用_____或_____来遍历相关的数组。

(4) 字符串的整理函数有_____、_____和_____。

(5) PHP 支持两种风格的正则表达式，即_____和_____。

2. 选择题

(1) 数组$b 将被附加到$a 中，但任何关键字冲突的元素将不会被添加的是(　　　)。

　　A. $a+$b　　　　　B. $a==$b　　　　　C. $a===$b　　　　　　D. $a!=$b

(2) 一维数组排序是非常简单的，对于数字索引数组，可以使用(　　)函数。

　　A. sort()　　　　　B. asort()　　　　　C. ksort()　　　　　　D. list()

(3) 在正则表达式中，使用两个特殊字符代替，符号(　　)表示这个模式可以被重复 0 次或者更多次。

　　A. *　　　　　　　B. +　　　　　　　C. /　　　　　　　　D. -

(4) 在正则表达式中有两个特殊字符，符号(　　)表示这个模式可以被重复 1 次或更多次。

　　A. *　　　　　　　B. +　　　　　　　C. /　　　　　　　　D. -

(5) 数组$bookinfo 指定了一个默认的数字索引，第一个元素索引号为(　　　)。

　　A. 0　　　　　　　B. 1　　　　　　　C. 2　　　　　　　　D. 3

3. 问答题

(1) 简述如何进行多维数组排序。

(2) 简述如何进行字符串的比较操作。

(3) 试应用 substr()函数编写代码读取"one world one dream!"的首尾字母。

(4) 试应用 split()函数编写代码，分割电子邮件 microsoft@microsoft.com。

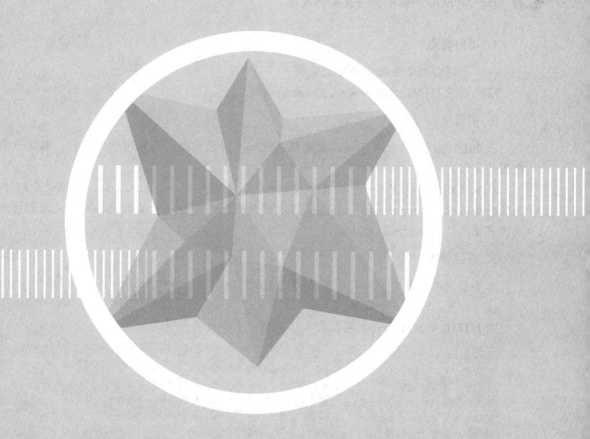

项目 6

函数及代码复用

1. 项目要点

(1) 通过引用变量改变外部变量值。

(2) 建立 HTML 文件并测试 include()函数。

2. 引言

在 PHP 中，可以使用不同函数来解决代码重用的问题。具体用到的函数，取决于需要重用的内容。

在本项目中，将通过一个项目导入、两个任务实施、一个上机实训，向读者介绍 PHP 函数的编写规则、require()和 include()函数的使用，以及自定义函数的编写，使读者对代码段的可重用性有更加深刻的认识。

3. 项目导入

乐小君使用表单变量来实现页面的提交和处理，具体操作步骤如下。

(1) 首先，设计一个表单。

用 HTML 语言设计一个包含表单的页面，主要代码如下：

```
<H2>请输入: </H2>
<form action="confirm.php" method="post">
姓名:<input type="text" name="User[name]"><br>
性别: 男<input type="radio" name="User[sex]" value="男性">
女<input type="radio" name="User[sex]" value="女性"><br>
邮箱<input type="text"name="User[email]"><br>
<input type="submit" value="提交">
</form>
```

运行结果如图 6-1 所示。

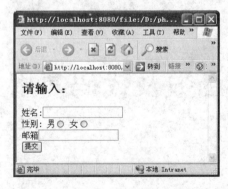

图 6-1 显示表单

😊 **知识链接:** 代码中的第 2 行指明将表单用 POST 方法提交给一个名为 confirm.php 的文件。这样，当用户单击那个"提交"按钮时，就开始执行 confirm.php 中的脚本，同时，系统会自动地在这个脚本里生成表单中包含的所有变量。在上述表单中，将生成一个数组$User，其下标分别为 name、sex 和 email。在 confirm.php 脚本中，我们就可以直接使用这些变量了。

（2） 然后设计 confirm.php 文件中的 PHP 脚本。代码如下：

```
<H3>显示信息如下：</H3>
<?php
   $User = $_POST['User'];
   echo "姓名：$User[name]<br>\n";
   echo "性别：$User[sex]<br>\n";
   echo "邮箱：$User[email]<br>\n";
?>
```

填好表单后，单击"提交"按钮，就连接到 confirm.php，运行结果如图 6-2 所示。

图 6-2 提交表单后显示的信息

由此可以看出，confirm.php 的确接收到了来自 HTML 表单的变量，而且可以像使用本页生成的变量一样，方便地使用这些变量。

4. 项目分析

PHP 能接收外来的变量，这是 PHP 与外界通信的一个手段。开发者只要把 php.ini 文件中的 track_vars 项打开(默认时就是 on 的)，然后直接使用变量名，就可以调用外来的 PHP 变量了。

5. 能力目标

（1） 掌握 PHP 函数的编写规则。
（2） 掌握 PHP 变量的作用域。

6. 知识目标

（1） 学习局部变量。
（2） 学习全局变量。

任务一：通过引用变量改变外部变量值

所谓函数，就是将一些重复的程序处理过程嵌入在一个已命名的代码块中，然后在需要时来调用它，这个代码块就称为函数。一般来说，函数有零个、一个或者多个的参数，根据这些参数，执行一定的操作后，返回结果值或完成操作。通过使用函数，可以节省代码编写时间，减少代码中的错误，也有利于代码复用。

知识储备

1. PHP 函数的编写规则

PHP 函数用关键字 function 语句来声明，其后面跟随函数名称和必要的参数，参数出现在括号中，多个参数之间要用逗号来分隔。括号后面是函数体，函数体必须包含在一对花括号中。具体格式如下：

```
function function name(parameters)
{
    body of function
}
```

例如，编写一个计算长方体体积的函数：

```
function volume($length1, $length2, $height)
{
    return $length1*$length2*$height;
}
```

函数的返回值由函数体中的 return 语句给出。当程序执行遇到 return 语句时，函数就停止执行，整个程序回到调用函数的那一行，并用函数的返回值来替换原来的函数调用。

【例 6-1】举例说明函数的定义。

① 新建一个记事本文件，编写代码如下：

```
<?php
copyright();
function copyright()
{
    echo "<center>Copyright(C):LANMO </center>";
    echo "<br>";
    echo "<center>版权所有: LANMO  留言: lanmo@myweb.com </center>";
}
?>
```

这段代码的功能是创建一个可复用的版权声明。

② 将代码保存在网站根目录下面的文件夹 ch6 中(先在网站根目录下面建立一个 ch6 文件夹)，文件名为 test_function.php。

③ 在浏览器的地址栏中输入"http://localhost/ch6/test_function.php"，结果如图 6-3 所示。

2. PHP 变量的作用域

就像大部分结构化程序一样，每个变量都有其作用域，即有效范围。根据有效范围的不同，变量可以划分为局部变量和全局变量两种。

(1) 使用局部变量。

局部变量是在函数内部定义的变量，其作用域是所在的函数。也就是说，该变量仅对函数(包括嵌套定义的函数)中的代码是可见的，函数外的代码不能访问它。另外，在默认情况下，不能从函数内部访问在函数外部定义的变量。

图 6-3　版权声明

例如，下面的 Sum 函数更新了一个局部变量$b，而不是全局变量$b：

```php
<?php
    $a = 1;    // 全局变量
    $b = 2;    // 全局变量
    function Sum()  // 定义 Sum 函数，求两个变量的和
    {
        $b = $a + $b;  //将最后结果赋值给$b
    }
    Sum();
    echo $b;   // 调用 Sum 函数后，再输出$b 的值
?>
```

程序输出结果是 2 而不是 3。这是因为，在 Sum()函数内，&a、&b 与我们在外面定义的两个全局变量没有什么关系，也就是全局变量在函数内部不可见，所以全局变量$b 的值并没有改变，还是 2。

(2) 使用全局变量。

在任何函数之外定义的变量，其作用域是整个 PHP 文件，但在用户自定义函数内部就不再可用。若要使全局变量在函数中也有效，就要用到$GLOBALS 数组或是使用 global 关键字进行声明。

下面的代码是利用 global 关键字重写上述代码，允许它访问全局变量$a 和$b：

```php
<?php
    $a = 1; // 全局变量
    $b = 2; // 全局变量
    function Sum()
    {
        global $a;
        global $b; //在函数里面采用 global 进行全局变量声明
        $b = $a + $b;
    }
    Sum();
    echo $b;
?>
```

程序输出结果为 3。这是因为，在 Sum 函数中用 global 关键字对全局变量$a 和$b 进行了声明。

下面的代码使用特殊的 PHP 自定义数组$GLOBALS，通过$GLOBALS["变量名称"]将需要的全局变量取出，使 Sum 函数可以访问全局变量$a 和$b：

```php
<?php
    $a = 1; // 全局变量
    $b = 2; // 全局变量
    function Sum()
    {
        $GLOBALS["b"] = $GLOBALS["a"] + $GLOBALS["b"]; //别忘了括号里的双引号
    }
    Sum();
    echo $b;
?>
```

程序输出结果仍为 3。这种方法与用 global 关键字访问全局变量相比，比较麻烦。

下面再通过几个例子来说明这些规则。

【例 6-2】测试局部变量。

① 新建一个记事本文件，编写代码如下：

```php
<?php
evaluate();
echo $data1;
function evaluate()
{
    $data1 = 100;
}
?>
```

这段代码的功能，是测试变量作用域，函数内部的$data1 变量是局部变量。

② 将代码保存在网站根目录下面的文件夹 ch6 中，文件名为 test_areaRole1.php。

③ 在浏览器的地址栏中输入"http://localhost/ch6/test_areaRole1.php"，结果如图 6-4 所示。

图 6-4　测试局部变量

【**例 6-3**】测试全局变量作用域。

① 新建一个记事本文件，编写代码如下：

```php
<?php
$data1 = 0;
evaluate($data1);
echo "在函数外部的值为";
echo $data1;
function evaluate($data1)
{
    $data1 = 100;
    echo "在函数内部的值为";
    echo $data1;
    echo "<br>";
}
?>
```

这段代码的功能也是测试全局变量的作用域。

② 将代码保存在网站根目录下面的文件夹 ch6 中，文件名 test_areaRole2.php。

③ 在浏览器的地址栏中输入"http://localhost/ch6/test_areaRole2.php"，结果如图 6-5 所示。

图 6-5　测试全局变量的作用域

🌐 **知识链接：** 在这两个例子中，函数外部的$data1 变量是全局变量。为什么返回外部全局变量$data1 的结果是 0？这是因为，调用函数 evaluate 时，它内部的变量$data1 是作为一个新的局部变量被创建的，其值被赋值成 100，所以$data1 在函数内部的值是 100，直到函数结束，然后程序返回到调用它的代码。在这段代码中，外部全局变量$data1 是一个不同的变量，具有全局作用域，默认无法在函数内部访问，所以它的值没有改变。

如果想利用函数改变全局变量$data1 的值，在传递参数的时候，就不能使用值传递，而需要使用引用传递方式传递。下面分别介绍这两种传递方式。

● 值传递：这种方式下(不使用引用操作符&)，当传递参数时，将创建一个该传入变量的副本，也就是原来那个变量的拷贝。虽然副本与原变量开始的值一样，但是，它们的存储地址是不一样的。这样，函数操作副本的结果，对原变量是没有影响的。

- 引用传递：这种方式下，在参数传递给函数时，不再创建变量的副本，而是直接操作外部存储变量的内存地址。通过在函数定义的参数名前面加一个地址符(&)来指定参数的引用传递。

任务实践

通过引用来改变外部变量值。编写程序，具体操作步骤如下。

(1) 新建一个记事本文件，编写代码如下：

```php
<?php
$data1 = 0;
evaluate($data1);
echo "在函数外部的值为";
echo $data1;
function evaluate(&$data1)
{
    $data1 = 100;
    echo "在函数内部的值为";
    echo $data1;
    echo "<br>";
}
?>
```

这段代码的功能，是测试通过引用来改变变量的作用域。

(2) 将代码保存在网站根目录下面的文件夹 ch6 中，文件名为 test_areaRole3.php。

(3) 在浏览器的地址栏中输入"http://localhost/ch6/test_areaRole3.php"，结果如图 6-6 所示。

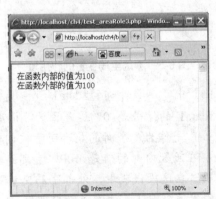

图 6-6 测试引用变量的作用域

🐌 **拓展提高：** 在这段代码中，变量$data1 通过引用传递给函数，直接操作外部的全局$data1，而不会再创建副本变量，所以，内部和外部返回$data1 的结果都是 100。

任务二：建立 HTML 文件并测试 include()函数

知识储备

PHP 提供了两种包含外部文件的函数：include()函数和 require()函数。

【例 6-4】使用 require()函数包含版权声明文件，步骤如下。

① 新建一个记事本文件，编写代码如下：

```
<!DOCTYPE html PUBLIC "-//W3C//DTD XHTML 1.0 Transitional//EN"
 "http://www.w3.org/TR/xhtml1/DTD/xhtml1-transitional.dtd">
<html xmlns="http://www.w3.org/1999/xhtml">
<head>
<meta http-equiv="Content-Type" content="text/html; charset=gb2312" />
<title>无标题文档</title>
</head>

<body>
<!--下面用 HTML 语言创建一个表，用于格式输出数据-->
<table width="80%" border="0" align="center">
  <tr>
    <th width="44%" scope="col">书籍名称</th>
    <th width="56%" scope="col">价格</th>
  </tr>
  <tr>
    <td align="center" valign="middle">MFC</td>
    <td align="center" valign="middle">78</td>
  </tr>
  <tr>
    <td align="center" valign="middle">VC++</td>
    <td align="center" valign="middle">56</td>
  </tr>
  <tr>
    <td align="center" valign="middle">JAVA</td>
    <td align="center" valign="middle">56</td>
  </tr>
  <tr>
    <td align="center" valign="middle">PHP</td>
    <td align="center" valign="middle">56</td>
  </tr>
  <tr>
    <td align="center" valign="middle">VC.NET</td>
    <td align="center" valign="middle">70</td>
  </tr>
</table>
<br><br><br>
<hr>
```

```php
<?php
    require("test_function.php");    //利用 require()函数包括页面
?>
</body>
</html>
```

这段代码的功能是建立一个书籍的价格表，并通过 require 函数实现版权信息包含。

② 将代码保存在网站根目录下面的文件夹 ch6 中，文件名为 test_ require.php。

③ 然后在浏览器的地址栏中输入"http://localhost/ch6/test_require.php"，将会出现如图 6-7 所示的运行结果。

图 6-7   书籍的价格表(1)

【例 6-5】使用 include()函数包含版权声明文件，步骤如下。

① 新建一个记事本文件，编写代码如下：

```html
<!DOCTYPE html PUBLIC "-//W3C//DTD XHTML 1.0 Transitional//EN"
  "http://www.w3.org/TR/xhtml1/DTD/xhtml1-transitional.dtd">
<html xmlns="http://www.w3.org/1999/xhtml">
<head>
<meta http-equiv="Content-Type" content="text/html; charset=gb2312" />
<title>include()</title>
</head>
<?php
    include("test_require.php");
?>
</html>
```

这段代码的功能是建立一个书籍的价格表，并通过 include 函数实现版权信息包含。

② 将代码保存在网站根目录下面的文件夹 ch6 中，文件名为 test_include.php。

③ 然后在浏览器的地址栏中输入"http://localhost/ch6/test_include.php"，将会出现如图 6-8 所示的运行结果。

图 6-8　书籍的价格表(2)

从上面两个例子可以看出，include()函数和 require()函数的作用都是将一个文件包含进来。但 include()函数和 require()函数又有区别：include()函数可以用在循环结构中，并且可以执行多次，也可以用在条件语句中，当条件为假时不执行。在 PHP 的旧版本中，require()函数用在循环结构中可以执行，但是它只执行一次；当 require()函数用在条件语句中时，就算条件为假，它也会执行一次。但是，在新版本中，include()函数和 require()函数的用法几乎没有什么区别了。require()函数也可以用在循环结构中，可以执行多次，也可以用在条件语句中，当条件为假时不执行。

不管使用 include()函数还是 require()函数来包含文件，解析程序都将退出 PHP 模式，并在目标文件一开始就进入 HTML 模式中。

任务实践

建立一个 HTML 文件并测试 include()函数，步骤如下。

(1) 新建一个记事本文件，编写代码如下：

```
<!DOCTYPE html PUBLIC "-//W3C//DTD XHTML 1.0 Transitional//EN"
 "http://www.w3.org/TR/xhtml1/DTD/xhtml1-transitional.dtd">
<html xmlns="http://www.w3.org/1999/xhtml">
<head>
<meta http-equiv="Content-Type" content="text/html; charset=gb2312" />
<title>无标题文档</title>
</head>
<body>
<table width="80%" border="0" align="center">
   <tr>
      <th width="44%" scope="col">书籍名称</th>
      <th width="56%" scope="col">价格</th>
   </tr>
   <tr>
      <td align="center" valign="middle">PHP</td>
      <td align="center" valign="middle">56</td>
```

```
    </tr>
    <tr>
        <td align="center" valign="middle">VC.NET</td>
        <td align="center" valign="middle">70</td>
    </tr>
</table>
</body>
</html>
```

这段代码的功能是建立一个书籍的价格表。

(2) 编写完以上代码，将其以 table.html 为文件名，保存在网站根目录下面的文件夹 ch6 中。

(3) 新建一个记事本文件，编写代码如下：

```
<!DOCTYPE html PUBLIC "-//W3C//DTD XHTML 1.0 Transitional//EN"
  "http://www.w3.org/TR/xhtml1/DTD/xhtml1-transitional.dtd">
<html xmlns="http://www.w3.org/1999/xhtml">
<head>
<meta http-equiv="Content-Type" content="text/html; charset=gb2312" />
<title>无标题文档</title>
</head>
<body>
<table width="80%" border="0" align="center">
  <tr>
    <th width="44%" scope="col">书籍名称</th>
    <th width="56%" scope="col">价格</th>
  </tr>
  <tr>
    <td align="center" valign="middle">AAAA</td>
    <td align="center" valign="middle">20</td>
  </tr>
  <tr>
    <td align="center" valign="middle">FFF</td>
    <td align="center" valign="middle">20</td>
  </tr>
  <tr>
    <td align="center" valign="middle">SSSS</td>
    <td align="center" valign="middle">20</td>
  </tr>
</table>
</body>
</html>
```

这段代码的功能建立另外一个书籍的价格表。

(4) 将代码保存在网站根目录下面的文件夹 ch6 中，文件名为 table2.html。

(5) 新建一个记事本文件，编写代码如下：

```
<!DOCTYPE html PUBLIC "-//W3C//DTD XHTML 1.0 Transitional//EN"
  "http://www.w3.org/TR/xhtml1/DTD/xhtml1-transitional.dtd">
<html xmlns="http://www.w3.org/1999/xhtml">
```

```
<head>
<meta http-equiv="Content-Type" content="text/html; charset=gb2312" />
<title>include2()</title>
</head>
<?php
    if(false)
        include("table2.html");
    for($i=0; $i<4; $i++)
        include("table.html");
?>
</html>
```

这段代码的功能是使用 include 包含语句建立一个书籍的价格表。

(6) 将代码保存在网站根目录下面的文件夹 ch6 中，文件名为 test_include2.php。

(7) 然后在浏览器的地址栏中输入"http://localhost/ch6/test_include2.php"，如图 6-9 所示。

图 6-9 书籍的价格表(3)

(8) 新建一个记事本文件，编写代码如下：

```
<!DOCTYPE html PUBLIC "-//W3C//DTD XHTML 1.0 Transitional//EN"
  "http://www.w3.org/TR/xhtml1/DTD/xhtml1-transitional.dtd">
<html xmlns="http://www.w3.org/1999/xhtml">
<head>
<meta http-equiv="Content-Type" content="text/html; charset=gb2312" />
<title>require3()</title>
</head>
<?php
    if(false)
        require("table2.html");
    for($i=0; $i<4; $i++)
        require("table.html");
?>
</html>
```

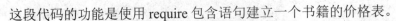

这段代码的功能是使用 require 包含语句建立一个书籍的价格表。

(9) 将代码保存在网站根目录下面的文件夹 ch6 中，文件名为 test_require3.php。

(10) 在浏览器的地址栏中输入"http://localhost/ch6/test_require3.php"，结果如图 6-10 所示。

图 6-10　书籍的价格表(4)

上机实训：制作网上书店会员申请表

1. 实训背景

乐小君是飞扬科技公司的 IT 工作人员，接到任务，要求制作网上书店会员申请表，可以输入姓名、电话、邮箱等信息。

2. 实训内容和要求

网上书店会员申请作为网站的一个小模块，由两部分页面构成：第一部分 HTML 页面是用于接受申请用户输入信息的前台界面，由于这个界面只需要显示一些 HTML 元素，用于指导用户输入信息，无需程序代码，因此采取 HTML 文档页面，这部分只有一个文件，文件名为 applyTable.html；第二部分是 PHP 页面，用于接受并处理用户信息的后台处理页面，由于需要处理前台数据，因此采用 PHP 页面，这个页面的作用是验证数据的有效性，通过验证后，显示用户的注册信息。

3. 实训步骤

(1) 建立申请表的 HTML 文档。

建立申请表的 HTML 文档的具体操作步骤如下。

① 新建一个记事本文件，编写代码如下：

```
<!DOCTYPE html PUBLIC "-//W3C//DTD XHTML 1.0 Transitional//EN"
 "http://www.w3.org/TR/xhtml1/DTD/xhtml1-transitional.dtd">


<html xmlns="http://www.w3.org/1999/xhtml">
<head>
```

```html
<meta http-equiv="Content-Type" content="text/html; charset=gb2312" />
<title>网上书店会员申请表</title>
</head>

<body bgcolor="#006655">
<form id="applyform" name="applyform" method="post" action="receive.php">
  <table width="80%" border="0" align="center">
    <tr>
      <th colspan="2" align="center" valign="middle" scope="col">
        <strong>网上书店会员申请表</strong></th>
    </tr>
    <tr>
      <td width="39%" align="left" valign="middle">1.账号资料</td>
      <td width="61%"> </td>
    </tr>
    <tr>
      <td align="right" valign="middle">使用账号：</td>
      <td align="left" valign="middle"><label>
        <input name="strID" type="text" id="strID" size="20" />
      </label></td>
    </tr>
    <tr>
      <td align="right" valign="middle">密码：</td>
      <td align="left" valign="middle"><label>
        <input name="password1" type="password" id="password1" size="20" />
      </label></td>
    </tr>
    <tr>
      <td align="right" valign="middle">确认密码：</td>
      <td align="left" valign="middle"><label>
        <input name="password2" type="password" id="password2" size="20" />
      </label></td>
    </tr>
    <tr>
      <td align="left" valign="middle">2.个人资料</td>
      <td align="left" valign="middle"> </td>
    </tr>
    <tr>
      <td align="right" valign="middle">真实姓名：</td>
      <td align="left" valign="middle"><label>
        <input name="name" type="text" id="name" size="20" />
      </label></td>
    </tr>
    <tr align="right" valign="middle">
    <td>性别：</td>
    <td align="left" valign="middle">
    <label>
      男<input name="radiobutton" type="radio" value="nan"
          checked="checked" />
      女<input type="radio" name="radiobutton" value="nv" />
```

```
      </label></td>
   </tr>
   <tr>
     <td align="right" valign="middle">电子邮件: </td>
     <td align="left" valign="middle">
     <label>
       <input name="email" type="text" id="email" size="40" />
     </label></td>
   </tr>
   <tr>
     <td align="right" valign="middle">联系电话: </td>
     <td align="left" valign="middle">
     <label>
       <input name="phone" type="text" id="phone" size="20" />
     </label></td>
   </tr>
   <tr>
     <td align="right" valign="middle">住址: </td>
     <td align="left" valign="middle">
     <label>
       <input name="address" type="text" id="address" size="40" />
     </label></td>
   </tr>
   <tr>
     <td align="right" valign="middle"> </td>
     <td align="left" valign="middle"> </td>
   </tr>
   <tr>
     <td colspan="2" align="center" valign="middle">
     <label>
     <input name="applySubmit" type="submit" id="applySubmit" value="提交" />
     </label>
     <label>
     <input name="applyreset" type="reset" id="applyreset"
       value="重置" />
     </label></td>
   </tr>
 </table>
 <p>
   <label></label>
 </p>
</form>
</body>
</html>
```

这段代码的功能是创建会员申请表。

② 将代码保存在网站根目录下面的文件夹 ch6 中，文件名为 applyTable.html。

③ 在浏览器的地址栏中输入"http://localhost/ch6/applyTable.html"，结果如图 6-11 所示。

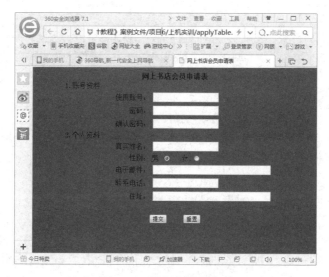

图 6-11　网上会员申请表

（2）建立接收处理文件。

建立接收处理文件的具体操作步骤如下。

① 新建一个记事本文件，编写代码如下：

```
<!DOCTYPE html PUBLIC "-//W3C//DTD XHTML 1.0 Transitional//EN"
  "http://www.w3.org/TR/xhtml1/DTD/xhtml1-transitional.dtd">
<html xmlns="http://www.w3.org/1999/xhtml">
<head>
<meta http-equiv="Content-Type" content="text/html; charset=gb2312" />
<title>网上会员申请表</title>
</head>
<body bgcolor="#006655">
<?php
    /* 这块代码用于取得前台页面传入的信息 */
    $strID = $_POST['strID'];
    $password1 = $_POST['password1'];
    $password2 = $_POST['password2'];
    $name = $_POST['name'];
    $sex = $_POST['sex'];
    $email = $_POST['email'];
    $phone = $_POST['phone'];
    $address = $_POST['address'];
?>
 <table width="80%" border="0" align="center">
  <tr>
    <th colspan="2" align="center" valign="middle" scope="col">
    <strong>您的会员资料</strong></th>
  </tr>
  <tr>
    <td width="39%" align="left" valign="middle">1.账号资料</td>
    <td width="61%"> </td>
  </tr>
```

```html
<tr>
  <td align="right" valign="middle">使用账号：</td>
  <td align="left" valign="middle"><label><?php echo $strID;?></label></td>
</tr>
<tr>
  <td align="right" valign="middle">密码：</td>
  <td align="left" valign="middle">
    <label><?php echo $password1;?> </label></td>
</tr>
<tr>
  <td align="left" valign="middle">2.个人资料</td>
  <td align="left" valign="middle"> </td>
</tr>
<tr>
  <td align="right" valign="middle">真实姓名：</td>
  <td align="left" valign="middle"><label><?php echo $name;?></label></td>
</tr>
<tr align="right" valign="middle">
  <td>性别：</td>
  <td align="left" valign="middle"><label><?php echo $sex;?></label></td>
</tr>
<tr>
  <td align="right" valign="middle">电子邮件：</td>
  <td align="left" valign="middle"><label><?php echo $email;?></label></td>
</tr>
<tr>
  <td align="right" valign="middle">联系电话：</td>
  <td align="left" valign="middle"><label><?php echo $phone;?></label></td>
</tr>
<tr>
  <td align="right" valign="middle">住址：</td>
  <td align="left" valign="middle">
    <label><?php echo $address;?> </label></td>
</tr>
<tr>
  <td align="right" valign="middle"> </td>
  <td align="left" valign="middle"> </td>
</tr>
<tr>
  <td colspan="2" align="center" valign="middle">
    <label></label><label></label></td>
</tr>
</table>
<p>
  <label></label>
</p>
</body>
</html>
```

这段代码的功能是处理会员资料。

②　将代码保存在网站根目录下面的文件夹 ch6 中，文件名为 processApply.php。

③　在浏览器的地址栏中输入"http://localhost/ch6/applyTable.html"，结果如图 6-12 所示，按照图中所示输入相关的内容。

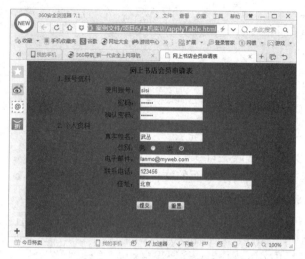

图 6-12　网上会员申请表的填写

④　单击"提交"按钮后，结果如图 6-13 所示。

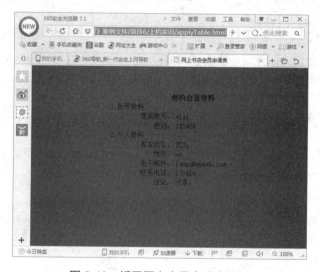

图 6-13　返回网上会员申请表资料

可以测试一下，当输入内容为空时提交，此程序将没有任何提示。当输入的密码和确认密码不相同时，此程序也没有任何提示。

但对于实际使用的会员申请填写表来说，一般都希望对于输入的内容进行验证。这就需要对此程序做进一步的修改。

在接下来的步骤中，将使用函数来检查两次输入的密码是否相同，并对两次输入的密码不同的情况，给出特殊的处理。

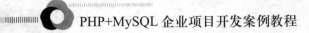

(3) 对输入的密码进行初步验证。

对输入的密码进行初步验证的具体操作步骤如下。

① 新建一个记事本文件，编写代码如下：

```php
<?php
function checkPassword($password1, $password2)
{
    if(!$password1) return false;
    if($password1 == $password2)
        return true;
}
?>
```

这段代码的功能是建立密码验证函数。

② 将代码保存在网站根目录下面的文件夹 ch6 中，文件名为 commonFunction.php。

③ 修改 processApply.php，编写代码如下：

```php
<!DOCTYPE html PUBLIC "-//W3C//DTD XHTML 1.0 Transitional//EN"
  "http://www.w3.org/TR/xhtml1/DTD/xhtml1-transitional.dtd">
<html xmlns="http://www.w3.org/1999/xhtml">
<head>
<meta http-equiv="Content-Type" content="text/html; charset=gb2312" />
<title>网上会员申请表</title>
</head>
<body bgcolor="#006655">
<?php
    include("commonFunction.php");     //引入验证密码的函数
    $strID = $_POST['strID'];
    $password1 = $_POST['password1'];
    $password2 = $_POST['password2'];
    $name = $_POST['name'];
    $sex = $_POST['sex'];
    $email = $_POST['email'];
    $phone = $_POST['phone'];
    $address = $_POST['address'];
    if(checkpassword($password1, $password2)) $PSWIsRight=true;
      //调用函数，验证密码的有效性
    if($PSWIsRight)    //根据验证结果，输出信息页面或是错误页面
    {
?>
  <table width="80%" border="0" align="center">
    <tr>
      <th colspan="2" align="center" valign="middle" scope="col">
        <strong>您的会员资料</strong></th>
    </tr>
    <tr>
      <td width="39%" align="left" valign="middle">1.账号资料</td>
      <td width="61%"> </td>
    </tr>
    <tr>
```

```
      <td align="right" valign="middle">使用账号: </td>
      <td align="left" valign="middle"><label><?php echo $strID;?></label></td>
    </tr>
    <tr>
      <td align="right" valign="middle">密码: </td>
      <td align="left" valign="middle">
        <label><?php echo $password1;?> </label></td>
    </tr>
    <tr>
      <td align="left" valign="middle">2.个人资料</td>
      <td align="left" valign="middle"> </td>
    </tr>
    <tr>
      <td align="right" valign="middle">真实姓名: </td>
      <td align="left" valign="middle"><label><?php echo $name;?></label></td>
    </tr>
    <tr align="right" valign="middle">
      <td>性别: </td>
      <td align="left" valign="middle">
        <label><?php echo $sex;?> </label></td>
    </tr>
    <tr>
      <td align="right" valign="middle">电子邮件: </td>
      <td align="left" valign="middle"><label><?php echo $email;?></label></td>
    </tr>
    <tr>
      <td align="right" valign="middle">联系电话: </td>
      <td align="left" valign="middle"><label><?php echo $phone;?></label></td>
    </tr>
    <tr>
      <td align="right" valign="middle">住址: </td>
      <td align="left" valign="middle"><label><?php echo $address;?></label></td>
    </tr>
    <tr>
      <td align="right" valign="middle"> </td>
      <td align="left" valign="middle"> </td>
    </tr>
    <tr>
      <td colspan="2" align="center" valign="middle">
        <label></label><label></label></td>
    </tr>
  </table>
  <p>
    <label></label>
  </p>
<?php
    }
    else{
       echo "两次输入密码不同";
    }
```

```
?>
</body>
</html>
```

这段代码的功能是处理会员资料。

④ 在浏览器的地址栏中输入"http://localhost/ch6/applyTable.html",结果如图 6-12 所示。输入会员资料，输入不同的密码进行测试，显示结果如图 6-14 所示。

图 6-14　验证两次密码输入

上面验证了两次输入的密码是否相同。

但是，如果还希望申请会员的人能留下正确的联系方式，就应该验证输入的邮件地址是否是一个有效的地址。下面就对邮件的格式进行验证。

(4) 对邮件地址的格式进行验证。

对邮件地址的格式进行验证的具体步骤如下。

① 新建一个记事本文件，编写代码如下：

```php
<?php
function check_Email($address)
{
    if(ereg('^[a-zA-Z0-9_\.\-]@[a-zA-Z0-9\-]\.[a-zA-Z0-9\-\.]$',$address))
        return true;
    else
        return false;
}
?>
```

这段代码的功能，是建立检查邮件地址格式的函数。

② 将这段代码以 commonFunction1.php 为文件名，保存在网站根目录下面的 ch6 文件夹中。

③ 修改 processApply.php，编写代码如下：

```
<!DOCTYPE html PUBLIC "-//W3C//DTD XHTML 1.0 Transitional//EN"
 "http://www.w3.org/TR/xhtml1/DTD/xhtml1-transitional.dtd">
<html xmlns="http://www.w3.org/1999/xhtml">
<head>
<meta http-equiv="Content-Type" content="text/html; charset=gb2312" />
<title>网上会员申请表</title>
</head>
<body bgcolor="#006655">
<?php
    include("commonFunction.php");      //引入验证密码的函数
    include("commonFunction1.php");      //引入验证邮件格式的函数
    $strID = $_POST['strID'];
    $password1 = $_POST['password1'];
    $password2 = $_POST['password2'];
    $name = $_POST['name'];
    $sex = $_POST['sex'];
    $email = $_POST['email'];
    $phone = $_POST['phone'];
    $address = $_POST['address'];
    if(checkpassword($password1, $password2))  //验证密码的有效性
        $PSWIsRight = true;
    if(check_Email($email)) $EmailRight=true;          //验证邮件格式的有效性
    if($PSWIsRight) {                                  //根据验证结果显示相应的页面
        if($EmailRight)
        {
?>
  <table width="80%" border="0" align="center">
    <tr>
      <th colspan="2" align="center" valign="middle" scope="col">
      <strong>您的会员资料</strong></th>
    </tr>
    <tr>
      <td width="39%" align="left" valign="middle">1.账号资料</td>
      <td width="61%"> </td>
    </tr>
    <tr>
      <td align="right" valign="middle">使用账号：</td>
      <td align="left" valign="middle"><label><?php echo $strID;?></label></td>
    </tr>
    <tr>
      <td align="right" valign="middle">密码：</td>
      <td align="left" valign="middle">
        <label><?php echo $password1;?> </label></td>
    </tr>
    <tr>
      <td align="left" valign="middle">2.个人资料</td>
      <td align="left" valign="middle"> </td>
    </tr>
```

```
  <tr>
    <td align="right" valign="middle">真实姓名: </td>
    <td align="left" valign="middle"><label><?php echo $name;?></label></td>
  </tr>
  <tr align="right" valign="middle">
    <td>性别: </td>
    <td align="left" valign="middle"><label><?php echo $sex;?></label></td>
  </tr>
  <tr>
    <td align="right" valign="middle">电子邮件: </td>
    <td align="left" valign="middle">
      <label><?php echo $email;?> </label></td>
  </tr>
  <tr>
    <td align="right" valign="middle">联系电话: </td>
    <td align="left" valign="middle"><label><?php echo $phone;?></label></td>
  </tr>
  <tr>
    <td align="right" valign="middle">住址: </td>
    <td align="left" valign="middle"><label><?php echo $address;?></label></td>
  </tr>
  <tr>
    <td align="right" valign="middle"> </td>
    <td align="left" valign="middle"> </td>
  </tr>
  <tr>
    <td colspan="2" align="center" valign="middle"><label></label>
      <label></label></td>
  </tr>
</table>
<p>
  <label></label>
</p>
<?php
   } else {
       echo "邮件地址格式不正确, 请检查邮件地址";
   }
}
else {
   echo "两次输入密码不同";
}
?>

</body>
</html>
```

这段代码的功能是处理会员资料。

④ 在浏览器的地址栏中输入 "http://localhost/ch6/applyTable.html", 结果如图 6-12 所示。输入会员资料, 输入邮件地址 222, 显示结果如图 6-15 所示。

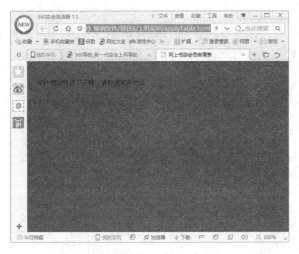

图 6-15   检查了邮件地址格式

上面的步骤检查了两项内容。现在来检查电话号码，希望输入的电话号码全为数字。

(5)   对电话号码格式进行验证。

对电话号码格式进行验证的具体操作步骤如下。

①   新建一个记事本文件，编写代码如下：

```php
<?php
function check_phone($phone)
{
    if(ereg('^[0-9]$',$phone)) return true;
    else return false;
}
?>
```

这段代码的功能是建立检查电话号码格式的函数。

②   将代码保存在网站根目录下面的文件夹 ch6 中，文件名为 commonFunction11.php。

③   修改 processApply.php，编写代码如下：

```php
<head>
<meta http-equiv="Content-Type" content="text/html; charset=gb2312" />
<title>网上会员申请表</title>
</head>
<body bgcolor="#006655">
<?php
    include("commonFunction.php");      //引入验证密码的函数
    include("commonFunction1.php");     //引入验证邮件格式的函数
    include("commonFunction11.php");    //引入验证电话格式的函数
    $strID = $_POST['strID'];
    $password1 = $_POST['password1'];
    $password2 = $_POST['password2'];
    $name = $_POST['name'];
    $sex = $_POST['sex'];
    $email = $_POST['email'];
    $phone = $_POST['phone'];
```

```
        $address = $_POST['address'];
        if(checkpassword($password1,$password2))   //验证密码的有效性
            $PSWIsRight = true;
        if(check_Email($email)) $EmailRight=true;         //验证邮件格式的有效性
        if(check_phone($phone)) $phoneRight=true;         //验证电话号码格式的有效性
        if($PSWIsRight) {                                  //根据验证结果显示相应页面
            if($EmailRight) {
                if($phoneRight) {
?>
 <table width="80%" border="0" align="center">
   <tr>
     <th colspan="2" align="center" valign="middle" scope="col">
       <strong>您的会员资料</strong></th>
   </tr>
   <tr>
     <td width="39%" align="left" valign="middle">1.账号资料</td>
     <td width="61%"> </td>
   </tr>
   <tr>
     <td align="right" valign="middle">使用账号: </td>
     <td align="left" valign="middle"><label><?php echo $strID;?></label></td>
   </tr>
   <tr>
     <td align="right" valign="middle">密码: </td>
     <td align="left" valign="middle">
       <label><?php echo $password1;?></label></td>
   </tr>
   <tr>
     <td align="left" valign="middle">2.个人资料</td>
     <td align="left" valign="middle"> </td>
   </tr>
   <tr>
     <td align="right" valign="middle">真实姓名: </td>
     <td align="left" valign="middle"><label><?php echo $name;?></label></td>
   </tr>
   <tr align="right" valign="middle">
     <td>性别: </td>
     <td align="left" valign="middle"><label><?php echo $sex;?></label></td>
   </tr>
   <tr>
     <td align="right" valign="middle">电子邮件: </td>
     <td align="left" valign="middle"><label><?php echo $email;?></label></td>
   </tr>
   <tr>
     <td align="right" valign="middle">联系电话: </td>
     <td align="left" valign="middle"><label><?php echo $phone;?></label></td>
   </tr>
   <tr>
     <td align="right" valign="middle">住址: </td>
     <td align="left" valign="middle"><label><?php echo $address;?></label></td>
```

```
    </tr>
    <tr>
      <td align="right" valign="middle"> </td>
      <td align="left" valign="middle"> </td>
    </tr>
    <tr>
      <td colspan="2" align="center" valign="middle">
        <label></label><label></label></td>
    </tr>
  </table>
  <p>
    <label></label>
  </p>
<?php
        }
        else {
            echo "电话号码格式不对，请检查。";
        }
    }
    else {
        echo "邮件地址格式不正确，请检查邮件地址";
    }
  }
  else {
    echo "两次输入密码不同";
  }
?>
</body>
</html>
```

这段代码的功能是处理会员资料。

(6) 在浏览器的地址栏中输入"http://localhost/ch6/applyTable.html"，结果如图 6-12 所示。输入会员资料，并输入电话 ww222，显示结果如图 6-16 所示。

图 6-16　检查了电话号码的格式

习 题

1. 选择题

(1) $b 将被附加到$a 中，以下(　　　)包含关键字冲突的元素，将不会被添加。

  A. $a+$b   B. $a==$b

  C. $a===$b   D. $a!=$b

(2) 下面代码的输出为(　　　)。

```php
<?php
$data1 = 0;
evaluate($data1);
echo "在函数外部的值为";
echo $data1;
function evaluate($data1)
{
    $data1 = 100;
    echo "在函数内部的值为";
    echo $data1;
    echo "<br>";
}
?>
```

  A. 内部值 100，外部值 0   B. 内部值 100，外部值 100

  C. 内部值 0，外部值 0   D. 内部值 0，外部值 100

(3) PHP 提供了包含外部文件的函数(　　　)。

  A. require   B. include

  C. header   D. index

(4) 下列代码可以对(　　　)进行验证。

```php
<?php
function check_phone($phone)
{
    if(ereg('^[0-9]$',$phone)) return true;
    else return false;
}
?>
```

  A. 邮件地址   B. 用户名

  C. 密码   D. 电话

(5) PHP 函数用关键字(　　　)语句来声明。

  A. require   B. function

  C. include   D. index

2. 填空题

(1) 函数的返回值由函数体中的_____语句决定。

(2) 关键字＿＿＿＿＿可以用来指定一个在函数中定义、具有全局作用域的变量。

(3) 在函数外部声明的变量，它的作用域是从声明它的那条语句开始到文件末尾，这样的变量叫＿＿＿＿＿变量。

3. 问答题

(1) 简述 PHP 函数有哪些编写规则。

(2) 试使用 require()函数包含版权声明文件。

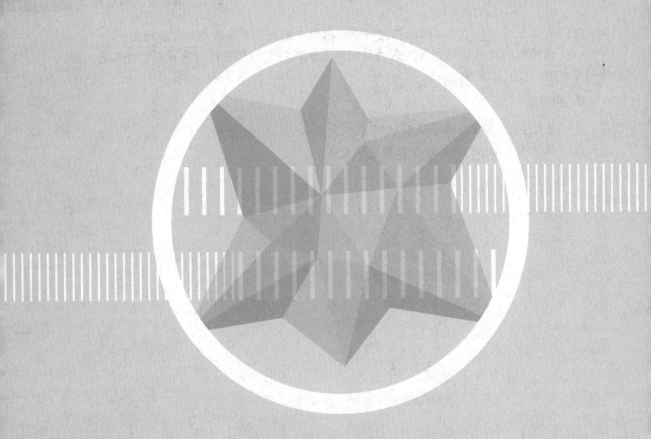

项目 7

Session 和 Cookie

1. 项目要点

(1)　在客户端设置 Cookie 的使用级别。

(2)　建立、销毁会话。

2. 引言

Session 指用户在浏览某个网站时，从进入网站到浏览器关闭所经过的这段时间内服务器对这个用户的信息记录的集合。Cookie 是一种在远程浏览器端存储数据并以此来跟踪和识别用户的机制。就存储位置而言，Session 存在于服务器端，Cookie 存在于客户端。

在本项目中，我们将通过一个项目导入、两个任务实施、一个上机实训，向读者介绍 PHP 的 Session 和 Cookie 的基础知识，以及 HTTP 协议、Session 与 Cookie 的区别，还有如何通过 PHP 控制 Session 会话，为后面的深入学习打下坚实的基础。

3. 项目导入

张洁利用 session_name 函数获得会话名称，代码如下：

```php
<?php
$user = "value1";
if(isset($user)) {
    session_name($user);
}
echo "现在的 session 是".session_name()."\n";
?>
```

4. 项目分析

上述代码的功能，使用 isset 函数判断变量是否被设置，如果被设置了，就将其值注册到 Session 中。

5. 能力目标

(1)　掌握如何通过 PHP 设置 Cookie。

(2)　掌握创建会话、销毁会话的方法。

6. 知识目标

(1)　学习 Session 的应用。

(2)　学习 Cookie 的应用。

任务一：在客户端设置 Cookie 的使用级别

网络间的信息传输离不开 HTTP 协议，Session 和 Cookie 也与 HTTP 协议相关，为了理解 Session 和 Cookie，我们先看一下 HTTP 协议。

1. HTTP 协议

HTTP(超文本传输协议)是一个应用层的面向对象的协议,是从客户端/服务器模型发展起来的。客户端/服务器的模型是:客户端向服务器提出请求,服务器根据客户端的请求,完成处理并给出响应。

在使用浏览器访问某一 Web 网站时,浏览器就是客户端程序,它与 Web 网站服务器之间就是遵循 HTTP 协议通信的。

HTTP 协议主要有以下 5 个特点:

● 支持客户端/服务器模型。

● 简洁快速。客户端向服务器请求服务时,只须提供请求方法和路径。常用的请求方法有 GET、POST。现在使用的 HTTP 协议版本在持续连接操作机制中实现了流水机制,即客户端在向服务器发出多个请求时,可用流水机制加快速度。流水机制是指连续发送多个请求并等到这些请求发送完毕,再等待响应,这样就节省了单独请求对响应的等待时间,以便加快浏览速度。

● 灵活。HTTP 允许传输任意类型的数据对象。

● 无连接。无连接的含义是限制每次连接只处理一个请求,服务器处理完客户的请求,并收到客户的应答后,随即断开连接。

● 无状态。无状态是指协议对于事务处理没有记忆能力。

2. 什么是 Session

浏览器遵循 HTTP 协议,而 HTTP 协议又是无状态的,即 HTTP 协议无法记录用户的 ID 账号和密码,更无法记录用户经常上哪些网站、有什么爱好等。

但是,一般的网站需要用户先登录。比如购书网,用户只有登录之后,才能确定用户是否为会员用户,以及会员等级等。相关信息需要存储一定时间。Session 和 Cookie 的出现,就可以解决这种问题。

Session(中文译为"会话")的含义是完成一件事,从开始到结束的一系列动作和消息。比如要在一个购书网站上购书,那么,从登录该网站,到选购书籍,再到结账,最后退出,这样一个网上购书的过程,就可以称为一个 Session。

Session 控制的思想,是指能够在网站中根据一个 Session 跟踪用户。如果可以做到这点,就可以很容易地做到对用户登录的支持,并根据其授权级别和个人喜好显示相应的内容,也可以根据 Session 控制,记录该用户的行为,还可以实现购物车。

PHP 中的 Session 是通过唯一的 Session ID 来驱动的,Session ID 是一个加密的随机数值,由 PHP 生成,在 Session 的生命周期中,都会保存在客户端(用户机器的 Cookie)中,或者通过 URL 在网络上传递。

Session ID 就像一把钥匙,是客户端唯一可见的信息,它允许注册一些特定的变量,因此也叫 Session 变量。

默认情况下,Session 变量保存在服务器的普通文件中。

3. 什么是 Cookie

按照 Netscape 官方文档中的定义，Cookie 是在 HTTP 协议下，服务器或脚本可以维护客户工作站上信息的一种方式。Cookie 是由 Web 服务器保存在用户浏览器上的小文本文件，它包含了访问用户的信息(如用户账号、密码和用户访问次数等)。它是与 Session 不同的解决方法，也解决了在多个事务之间保持状态的问题，同时可以保持一个整洁的 URL；它可以以脚本形式在客户端机器上保存，可以通过发送一个包含特定数据并且具有如下格式的 HTTP 标题头，在用户端的电脑上设置一个 Cookie：

```
Set-Cookie:Cookie_Name=MyFirstCookie;[expires=DATE;][path=PATH;]
[domain=DAMAIN_NAME;][secure]
```

以上代码将创建一个名为 Cookie_Name、值为 MyFirstCookie 的 Cookie。方括号[]内的参数都是可选的，参数 expires 域设置 Cookie 的失效日期，如果不设置，并且也没有手动删除，Cookie 将永远有效；path 和 domain 域合起来指定 URL 或者与 Cookie 相关的 URL；secure 关键字的意思，是在普通的 HTTP 连接中不发送 Cookie。

4. Session 和 Cookie 的区别

Session 在服务器端保存客户状态，只要不关闭浏览器，就可以一直保存该用户的信息，通常保存的是用户登录信息等。而 Cookie 将信息保存在客户端，它是写入文件的。

Session 的实现中采用了 Cookie 技术，首先在客户端保存一个包含 Session ID 的 Cookie，在服务器端保存其他的 Session 变量，比如 Session Name。当用户请求服务时，会把 Session ID 一起发送到服务器端。通过 Session ID 提取保存在服务器端的变量，就能够识别用户。当然，如果客户端禁用 Cookie，此时 Session 就会失效。

这里举个例子来说明 Session 和 Cookie 的关系。

一家书店对购书总额达到 2000 元以上的顾客在以后购书时给予 9 折优惠。可是，一次性购买 2000 元图书的读者很少，为了记录顾客的消费金额，提供以下 3 种方案：

- 书店店员记录每位顾客的消费金额(要求店员记性极好)，只要顾客来买书，店员就知道顾客以前的消费金额。这种方案就要求协议本身支持状态。
- 发给顾客一张消费卡，卡上记录着顾客每次的消费金额。顾客每次买书时出示这张卡片，那么店员就可以通过这张卡片来判断是否给予顾客优惠。这种方案就是在客户端保持状态信息。
- 发给顾客一张会员卡，这张卡只记录会员卡号，店员在店里的记录簿上记录该卡号和该顾客的消费信息。每次消费时，顾客出示会员卡，店员在店里的记录簿上找到该卡号对应的记录，来判断是否给予优惠并且添加此次消费信息。这种做法就是在服务器端保持状态。但是，客户端在请求服务时，要提供正确的 ID。

第一种方案因为协议本身不支持(HTTP 无状态)，所以无法实行。第二种方案中的消费卡就相当于 Cookie，所有消费数据都记录在卡片上是不安全的(可修改卡片)，也容易丢失。而第三种方案，顾客除了会员卡号，就没有其他信息了，这应该是比较安全的，但顾客自己必须知道这个会员号，也就是客户端(Cookie 中)必须有存储。

任务实践

在 IE 10 浏览器中，Cookie 的设置级别有 6 种，分别是接受所有 Cookie、低、中、中上、高、阻止所有 Cookie。这 6 种级别在 IE 设置中都有相应的解释，用户可以根据自己的需要进行设置。具体设置步骤如下。

(1) 打开 IE 网页，选择"工具"→"Internet 选项"菜单命令，如图 7-1 所示。

图 7-1　IE 浏览器的"工具"→"Internet 选项"菜单命令

(2) 系统弹出如图 7-2 所示的"Internet 属性"对话框，选择"隐私"选项卡。

(3) 可以通过调整滑动条来设置是否允许 Cookie，比如将滑动条置为接受所有 Cookie 时，就允许所有的 Cookie，当置为阻止所有 Cookie 时，就会完全限制 Cookie 的使用，此时，有些 Session 就失效了。可以调整为阻止所有 Cookie，然后登录某个网站来测试一下，如图 7-3 所示。

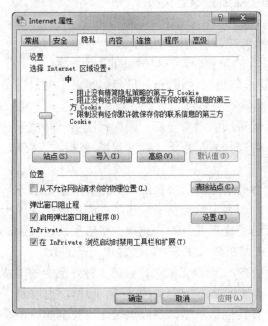

图 7-2　"Internet 属性"对话框

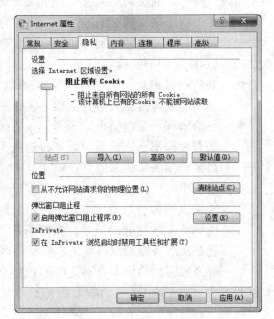

图 7-3　设置 Cookie 的使用级别

任务二：建立、销毁会话

知识储备

1. 通过 PHP 设置 Cookie

在使用 Cookie 前，必须设置 Cookie。在 PHP 中，可以使用函数 SetCookie()手动设置 Cookie。因为 Cookie 是 HTTP 协议头的一部分，用于浏览器与服务器之间传递信息，所以必须在 HTTP 文本内容输出之前调用 SetCookie 函数。

SetCookie 的函数原型为：

```
Bool SetCookie(string name[, string value[, int expire[, string path[,
 string domain[, int secure]]]]])
```

其中，除 name 外，其他所有的参数都是可选的，也可以用空的字符串表示未设置。

- value：用来指定 Cookie 的值。
- path：用来指定 Cookie 被发送到服务器的哪一个目录下。
- domain：用来在浏览器端对 Cookie 的发送目的地进行限制。
- expire：用来指定 Cookie 的有效时间，它是一个标准的 Unix 时间标记，可以用 time()或者 mktime()函数取得(以秒为单位)。
- secure：用来表示此 Cookie 是否通过加密的 HTTPS(Secure Hypertext Transfer Protocol，安全超文本协议)协议在网络上传输。

简单的 Cookie 设置示例：

```
SetCookie('MyFirstCookie', 'hello');
```

带有失效时间的 Cookie 设置示例：

```
SetCookie('MyFirstCookie', 'hello', time()+3600);
```

带有全部参数的 Cookie 设置示例：

```
SetCookie('MyFirstCookie','hello',time()+3600,'/myweb','.book.com',1);
```

如果要设置同名的多个 Cookie，就要使用数组，方法如下：

```
SetCookie("CookieArray[]", "value0");
SetCookie("CookieArray[]", "value1");
```

或者：

```
SetCookie("CookieArray[0]", "value0");
SetCookie("CookieArray[1]", "value1");
```

知识链接：　注意，在同一个页面中，如果要删除一个 Cookie，再写入一个 Cookie，则必须先写入语句，再写删除语句。Cookie 是面向路径的，在一个目录页面里面设置的 Cookie，在另一个目录的页面中是看不到的。

2. 在 Session 中使用 Cookie

使用 PHP 会话时，不必手动设置 Cookie，可以使用 Session 函数完成这个功能，相关函数包括 session_get_cookie_params()和 session_set_cookie_params()，前者可以用来查看 Session 控制设置的 Cookie 内容，它返回一个包含元素 lifetime、path、domain 和 secure 的相关数组；后者可以用来设置 Cookie 的参数。想了解更多的内容，可以查看网址 http://wp.netscape.com/newsref/std/cookie_spec.html。

在默认情况下，PHP 在 Session 中使用 Cookie，PHP 对 Cookie 的接收和处理是完全自动的，与处理 form 变量一样。比如设置一个名为 MyFirstCookie 的 Cookie 变量，PHP 会自动地从服务器接收的 HTTP 头里把它分析出来，形成一个变量$MyFirstCookie，这个变量的值就是 Cookie 的值。对于数组也同样适用。也可以通过 PHP 的全局变量 $HTTP_COOKIE_VARS 数组得到 Cookie 变量的值。例如：

```
echo $MyFirstCookie;
echo $CookieArray[0];
echo $HTTP_COOKIE_VARS["MyFirstCookie"];
echo count($CookieArray);
```

要删除一个已经存在的 Cookie，可以调用只带有 name 参数的 SetCookie，那么，这个 name 的 Cookie 就被删除了。也可以设置 Cookie 的失效时间为 time()或者 time()-1，则这个 Cookie 在这个页面浏览完后就失效了。

3. 实现会话

使用 Session 的基本步骤如下。

① 开始一个 Session。
② 注册 Session 变量。
③ 使用 Session 变量。
④ 注销变量并销毁 Session。

这些步骤不一定要在同一个脚本中发生，可以在多个脚本中发生。下面分别介绍这几个步骤。

(1) 开始一个 Session。

第一种方法，就是以调用 session_start()函数开始一段脚本：

```
Session_start();
```

该函数会检查是否有一个 sessionID 存在，如果不存在，则会创建一个 sessionID，并且可以通过超级全局数组$_SESSION 来访问这个 sessionID；如果已经存在，则载入这个 Session 变量。

第二种方法是使用 php.ini 文件中的 Session.auto_start 选项，将 PHP 设置成当有用户访问网站的时候就自动启动一个 Session，不过这样就无法使用对象作为 Session 变量了。

(2) 注册一个 Session 变量。

可以使用$_SESSION 创建一个 Session 变量：

```
$_SESSION['mycookie'] = 5;
```

以上代码将记录该变量名称，并跟踪该变量值，直到 Session 结束或者手动注销它。

（3）使用 Session 变量。

要使用一个 Session 变量，必须使用 session_start()函数先激活一个 Session，这样就可以通过$_SESSION 全局数组访问这个变量了。

当使用对象作为 Session 变量时，在调用 session_start()函数重新载入 Session 变量之前，必须包含该类对象的定义，否则 PHP 无法构建该 Session 对象。

相反，在检查是否已经设置 Session 变量时，必须考虑安全问题，因为变量可以通过GET 或者 POST 设置。通过检查$_SESSION 数组来确定一个变量是否已经注册过。

（4）注销变量与销毁 Session。

当使用完一个 Session 变量后，应该将其销毁。可以通过注销数组$_SESSION 的适当元素，直接注销该变量，例如：

```
unset($_SESSION['mycookie']);
```

如果要一次销毁所有的 Session，不能用销毁整个数组$_SESSION 的方法，否则会禁止使用 Session 功能，可以使用如下代码：

```
$_SESSION = array();
```

消除了所有变量之后，还应该销毁 sessionID，使用如下代码：

```
$session_destroy();
```

这样就清除了 sessionID。

4. Session 的常用函数

Session 的常用函数共有 11 个，下面分别进行介绍。

（1）session_start 函数，用来启用一个 Session，如果用户已经在一个 Session 之中，则连接上原来的 Session。函数原型如下：

```
boolean session_start(void);
```

返回值：布尔值。

（2）session_destroy 函数，用来结束一个 Session。函数原型如下：

```
boolean session_destroy(void);
```

返回值：布尔值。

（3）session_name 函数，存取当前 Session 的名称。此函数可获取或者重新配置当前的Session 名称。如果没有参数 name，则表示获取当前的 Session 名称，加上参数 name 则表示将 Session 名称设为参数 name。函数原型如下：

```
string session_name([string name]);
```

返回值：字符串。

下面举例说明如何利用 session_name 函数存取 Session 变量：

```
<?php
$user = "value1";
```

```
if(isset($user)) {
    session_name($user);
}
echo "现在的 Session 是".session_name()."\n";
?>
```

(4) session_module_name 函数，存取当前 Session 模块。此函数可获取或者重新配置当前的 Session 的模块。如果没有参数 module，则表示获取当前的 Session 模块，加上参数 module，则表示将 Session 模块设为参数 module。函数原型如下：

```
string session_module_name([string module]);
```

返回值：字符串。

(5) session_sava_path 函数，存取当前 Session 的路径。此函数可获取或者重新配置目前存放 Session 的路径。若无参数 path，则表示获取当前的 Session 的路径目录名，加上参数 path 则表示将 Session 存在新的 path 上。函数原型如下：

```
string session_save_path([string path]);
```

返回值：字符串。

(6) session_id 函数，存取当前 Session 的 ID。此函数可获取或者重新配置当前存放 Session 的 ID。若无参数 id，则表示获取当前的 Session 的 ID，加上参数则表示将 Session 的 ID 设成新指定的 ID。函数原型如下：

```
string session_id([string id]);
```

返回值：字符串。

(7) session_register 函数，注册新的 Session 变量。此函数在全局变量中增加一个变量到当前的 Session 中。参数 name 即为要加入的变量名。成功则返回 true。函数原型如下：

```
boolean session_register(string name);
```

返回值：布尔值。

(8) session_unregister 函数，删除已注册变量。此函数可以在当前的 Session 中删除全域变量上的变量。参数 name 即为要删除的变量名。成功则返回 true。函数原型如下：

```
boolean session_unregister(string name);
```

返回值：布尔值。

(9) session_is_registered 函数，检查变量是否已注册。此函数可检查当前的 Session 中是否已有指定的变量注册。参数 name 即为要检查的变量名。成功则返回 true。函数原型如下：

```
boolean session_is_registered(string name);
```

返回值：布尔值。

(10) session_decode 函数，Session 数据解码。此函数可将 Session 数据解码。参数 data 即为要解码的数据。成功则返回 true。函数原型如下：

```
boolean session_decode(string data);
```

返回值：布尔值。

(11) session_encode 函数，Session 数据编码。此函数可将 Session 数据编码，编码以 Zend 引擎做 hash 编码。此函数没有参数。成功则返回 true。函数原型如下：

```
boolean session_encode(void);
```

返回值：布尔值。

5. 会话控制及应用

在 PHP 的配置文件 php.ini 中有一组 Session 配置选项，可以利用这些选项来配置 PHP。一些相关的选项及其描述如表 7-1 所示。

表 7-1   Session 配置选项

选 项 名	默 认	效 果
Session.auto_start	0(被禁用)	自动启动会话
Session.cache_expire	180	为缓存中的 Session 页设置当前时间，精确到分钟
Session.cookie_domain	none	指定会话 Cookie 中的域
Session.cookie_lifetime	0	CookiesessionID 将在用户的机器上延续多久。默认值 0 表示延续到浏览器关闭
Session.cookie_path	/	在会话 Cookie 中要设置的路径
Session.name	PHPSESSID	Session 的名称，在用户系统中用作 Session 名
Session.save_handle	Files	定义 Session 数据保存的地方
Session.save_path	/tmp	Session 数据存储的路径
Session.use_cookies	1(允许使用)	配置在客户端使用 Cookie 的 Session

任务实践

建立会话、销毁会话的具体操作步骤如下。

1. 建立一个会话

建立一个会话的代码如下：

```php
<?php
   session_start();
   echo "This is my first dialog,Welcome!".'<br />';
   $_SESSION['mycookie'] = "I love Cookie!";
   echo 'The Value of $_SESSION[\'mycookie\'] is '
     .$_SESSION['mycookie'].'<br />';
?>
<a href="test_secondpage.php">下一页</a>
```

2. 销毁一个会话

销毁一个会话的代码如下：

```
<?php
   session_start();
   echo 'The Value of $_SESSION[\'mycookie\'] is '
      .$_SESSION['mycookie'].'<br \>';
   session_destroy();
?>
<a href="test_Cookie.php">返回首页</a>
```

上机实训：创建会话

1. 实训背景

张洁作为计算机系助教讲师，他接到领导布置的任务，需要使用 PHP 编写一段创建会话的程序。

2. 实训内容和要求

在会话实训中，需要注册一个 Session 变量，并使用这个变量，同时也要求注销已经注册的 Session 变量。

3. 实训步骤

(1) 创建一个 Session 变量。具体操作步骤如下。

① 新建一个记事本文件，编写代码如下：

```
<?php
   session_start();
   echo "This is my first dialog,Welcome!".'<br />';
   $_SESSION['mycookie'] = "I love Cookie!";
   echo 'The Value of $_SESSION[\'mycookie\'] is '
      .$_SESSION['mycookie'].'<br />';
?>
<a href="test_secondpage.php">下一页</a>
```

以上代码使用 session_start()函数启动 Session。语句$_SESSION['mycookie']="I love Cookie!"注册了 Session 变量 mycookie。

② 将代码保存在网站根目录下面的 ch7 文件夹中，文件名为 test_Cookie.php。

③ 然后，在浏览器的地址栏中输入"http://localhost/ch7/test_Cookie.php"，结果如图 7-4 所示。

图 7-4　注册一个 Session 变量

在上面的代码中，语句：

```
<a href="test_secondpage.php">下一页</a>
```

把 Session 变量 mycookie 冻结了，直到再次调用 session_start()后，它才会被载入。

(2) 下面讲述如何使用 Session 变量$_SESSION['mycookie']。

① 新建一个记事本文件，编写代码如下：

```
<?php
   session_start();
   echo 'The Value of $_SESSION[\'mycookie\'] is '
     .$_SESSION['mycookie'].'<br \>';
   unset($_SESSION['mycookie']);
?>
<a href="test_Cookie.php">上一页</a>
<a href="test_Cookie2.php">下一页</a>
```

② 将代码保存在网站根目录下面的文件夹 ch7 中，文件名为 test_Cookie1.php。

③ 然后，在浏览器的地址栏中输入"http://localhost/ch7/test_Cookie1.php"，结果如图 7-5 所示。

图 7-5   使用注册的 Session 变量

从图中可以看出，重新调用 session_start()后，就可以获取 Session 变量 mycookie 了。

(3) 简单 Session 的最后一步是注销已注册的 Session 变量，但是 Session 依然存在，注销的只是 Session 变量。下面举例说明。

① 新建一个记事本文件，编写代码如下：

```
<?php
   session_start();
   echo 'The Value of $_SESSION[\'mycookie\'] is '
     .$_SESSION['mycookie'].'<br \>';
   session_destroy();
?>
<a href="test_Cookie.php">返回首页</a>
```

② 将代码保存在网站根目录下面的文件夹 ch7 中，文件名为 test_Cookie2.php。

③ 然后，在浏览器的地址栏中输入"http://localhost/ch7/test_Cookie2.php"，结果如图 7-6 所示。

图 7-6   注销已注册的 Session 变量

从图 7-6 中可以看出，在注销了 Session 变量$_SESSION['mycookie']以后，这段代码已经无法访问这个 Session 变量了。

4. 实训素材

示例素材文件即下载资源的"\案例文件\项目 7\上机实训\ test_Cookie.php"。

习　　题

1. 填空题

(1) Session 在_____保存客户状态，只要不关闭浏览器，就可以一直保存该用户的信息，通常保存的是用户登录信息等。而 Cookie 将信息保存在_____，它是写入文件的。

(2) Cookic 是 HTTP 协议头的一部分，用于_____和_____之间传递信息，所以必须在 HTTP 文本内容输出之前调用 SetCookie 函数。

(3) session_start()函数会检查是否有一个_____存在，如果不存在，则会创建一个。

(4) 在使用浏览器访问某一 Web 网站时，浏览器就是客户端程序，它与 Web 网站服务器之间就是遵循_____协议的。

(5) Session 控制的思想是指能够在网站中根据一个_____。

2. 选择题

(1) HTTP 是(　　　)。
    A. 互联网会话协议　　　　　　　　　B. 图像传输协议
    C. 超文本传输协议　　　　　　　　　D. 超链接

(2) 使用 Session，必须使用下列哪个函数？(　　　)
    A. session_start()　　　　　　　　　B. session_destroy()
    C. session_name()　　　　　　　　　D. session_unregister()

(3) Cookie 将信息保存在客户端，它是(　　　)文件。
    A. 读出　　　　　　　　　　　　　　B. 写入
    C. 读取　　　　　　　　　　　　　　D. 写进

(4) session_name 函数的返回值为(　　　)。

  A. 数值   B. 布尔值

  C. 文本   D. 字符串

(5) session_start 函数的返回值为(　　　)。

  A. 数值   B. 布尔值

  C. 文本   D. 字符串

3. 问答题

(1) 简述什么是 HTTP。它有哪些特点?

(2) 简述如何通过 PHP 设置 Cookie。

项目 8

调试与异常处理

1. 项目要点

(1) 逻辑错误信息显示。

(2) 错误处理。

(3) 定义异常。

2. 引言

编写出的程序如果出错，就需要进行调试。PHP 拥有较好的调试和错误处理的环境，使用它，可以帮助检测错误，并对错误做出反应。

在本项目中，通过一个项目导入、三个任务实施、一个上机实训，向读者介绍 PHP 的调试及异常处理，使读者可以在程序出错时调试程序，保证程序的顺利执行。

3. 项目导入

莫童利用 set_error_handler 函数处理 PHP 错误信息，代码如下：

```php
<?php
   function test_MyErrorHandle(
     $errnumber, $errstring, $errorfile, $errorline)
   {
     echo "<br /><table bgcolor='#ffcccc'><tr><td>
          <p><strong>ERROR:</strong>$errstring</p>
          <p>the error occurred in line $errorline of file '$errorfile'</p>";
     if($errnumber == E_USER_ERROR)
     {
        echo "<p>This error was fatal,program will be end </p>";
        echo "</td></tr></table>"; exit;
     }
     echo "</td></tr></table>";
   }
   set_error_handler('test_MyErrorHandle');
   trigger_error("This is the user notice", E_USER_NOTICE);
   fopen('testfile', 'rw');
   trigger_error("This computer is simple red", E_USER_WARNING);
   include('testfile');
   trigger_error(
     'This computer will self destruct in 15 seconds', E_USER_ERROR);
?>
```

4. 项目分析

上述代码的功能是：自定义错误处理函数，把错误处理设置为 test_MyErrorHandle 函数，当打开远程文件发生 E_USER_WARNING 错误时，会在终端显示 "This computer is simple red" 错误信息。

5. 能力目标

(1) 掌握错误的类型。

(2) 掌握 PHP 错误信息。

6. 知识目标

(1) 学习 PHP 的错误处理。

(2) 学习 PHP 的异常机制。

任务一: 逻辑错误信息显示

PHP 的错误类型可以分为以下 4 类:

● 语法或编译错误。

● 语义或运行时错误。

● 逻辑错误。

● 环境错误。

这 4 种错误类型在很多种编程语言中都会遇到, 最后一种环境错误并不是由程序员引起的, 而是由系统的环境因素引起的, 这是要在编程之前解决的问题。

知识储备

1. 语法或编译错误

每种语言都有它自身的语法, 要编写可以运行的程序, 必须遵循语言规定的语法结构, 否则就无法编译。语法错误一般在程序执行之前的代码分析阶段出现, 在 PHP 中, 要求语句以分号结尾、字符串包含在引号内等。如果不遵守这些规则, 就会出错。PHP 在出错时会给出错误信息, 并指出程序出现了什么错误、哪个文件出错以及在哪个位置出的错。

【例 8-1】一个语法错误的例子。

① 新建一个记事本文件, 编写代码如下:

```php
<?php
    $test = (1+2)*60);
    echo ($test)
?>
```

② 将代码保存在网站根目录下面的 ch8 文件夹中, 文件名为 test_SyntaxError.php。

③ 然后, 在浏览器的地址栏中输入 "http://localhost/ch8/test_SyntaxError.php", 结果如图 8-1 所示。

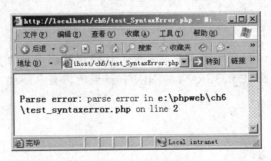

图 8-1　语法错误提示

由提示信息，可以知道错误出在上面代码中的第二行：

```
$test=(1+2)*60);
```

可以看到，分号前面多了一个")"，引起了错误。我们把这个")"去掉，刷新浏览器，可以得到如图 8-2 所示的结果。

图 8-2　修正了语法错误

【例 8-2】PHP 的错误提示信息有时也会存在下面这样的情况。

① 新建一个记事本文件，编写代码如下：

```
<?php
    for($i=0; $i<6; $i++)
        echo "Be careful!".'<br \>'
?>
<INPUT TYPE=TEXT> <br>
<?php } ?>
```

② 将代码保存在网站根目录下面的 ch8 文件夹中，文件名为 test_SyntaxError1.php。

③ 然后在浏览器的地址栏中输入"http://localhost/ch8/test_SyntaxError.php"，结果如图 8-3 所示。

图 8-3　语法错误提示

根据 PHP 的错误提示信息可知，错误出在第 6 行：

```
<?php } ?>
```

单看这一行是完全没有错误的，所以要在前面的程序中寻找错误。可是前面的代码都没有错误，for 循环中由于只有 for 那条语句，所以花括号{}是可以省略的。不过，对于最后一行的"}"，PHP 分析器分析它时，会认为缺少一个配对的花括号，所以才报错。去掉这个花括号，则错误就会消除。

从这个例子中可以看出，PHP 在进行错误分析时，有时候也不是那么精确的，所以不能盲目相信，要通过它的提示信息具体分析，找到正确的错误位置。

2. 语义或运行时的错误

相对于语法错误而言，语义错误是比较难于追踪和定位的，它不能被 PHP 分析器准确地检测到，只有在实际执行 PHP 代码时才产生错误。

【例 8-3】语义错误的例子。

① 新建一个记事本文件，编写代码如下：

```php
<?php
    fopen("test.txt", "f");
?>
```

② 将代码保存在网站根目录下面的 ch8 文件夹中，文件名为 test_SemanticError.php。

③ 在浏览器的地址栏中输入"http://localhost/ch8/test_SemanticError.php"，结果如图 8-4 所示。

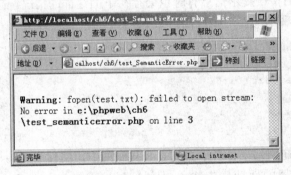

图 8-4 语义错误提示

上面的代码在语法上是完全正确的，所以 PHP 分析器在分析时能通过，不过，在运行时却产生了错误，因为 test.txt 文件不存在或者不在这个目录中，所以运行不能成功。

像这类语义错误，在 PHP 编程中是最常见的一类错误，导致运行时的错误一般涉及以下 5 类：

- 调用不存在的函数。
- 读写函数。
- 与 MySQL 或其他数据库的交互。
- 连接到网络服务。
- 检查输入数据失败。

在这里，我们只介绍其中的两种类型：调用不存在的函数和连接到网络时引起的语义错误。

(1) 调用不存在的函数。

调用不存在的函数的操作是比较容易发生的。

【例 8-4】调用不存在的函数。

① 新建一个记事本文件，编写代码如下：

```php
<?php
    test_list("It is not exist!");
?>
```

②　然后将代码以 test_SemanticError1.php 为文件名，保存在网站根目录下面的 ch8 文件夹中。

③　在浏览器的地址栏中输入"http://localhost/ch8/test_SemanticError1.php"，结果如图 8-5 所示。

图 8-5　调用不存在的函数导致出现错误提示

图 8-5 中的错误提示信息是说，调用了没有定义的函数 test_list()。有时，即使调用的函数正确，但因为所给参数不正确，也会遇到警告和程序无法正确运行的情况。

【例 8-5】函数参数错误。

①　新建一个记事本文件，编写代码如下：

```php
<?php
    current();
?>
```

②　然后将代码以 test_SemanticError2.php 为文件名保存在网站根目录下面的 ch8 文件夹中。

③　在浏览器的地址栏中输入"http://localhost/ch8/test_SemanticError2.php"，结果如图 8-6 所示。

图 8-6　调用函数参数不对的错误提示

(2)　连接到网络引起的语义错误。

当需要编写程序连接到网络上其他机器时，如果有一些无法控制的设备或者软件存在，如端口、防火墙等，就会引起语义错误。

【例 8-6】网络引起的语义错误。

① 新建一个记事本文件，编写代码如下：

```php
<?php
    $test = fsockopen('localhost', '10000');
?>
```

② 然后将代码以 test_SemanticError3.php 为文件名保存在网站根目录下面的 ch8 文件夹中。

③ 在浏览器的地址栏中输入"http://localhost/ch8/test_SemanticError3.php"，结果如图 8-7 所示。

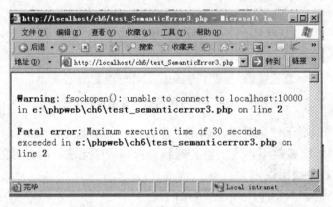

图 8-7　访问网络导致错误信息提示

由于本机 10000 端口已经被其他程序占用，因此图中错误信息提示无法访问本机的 10000 端口，超过了连接时间。

拓展提高：　在解决语义错误或者运行过程中的错误时，应该有一定程度的预见性，不仅要检查所有可能的错误类型，然后解决，也需要仔细监测和模拟可能出现的每一类运行时的错误。

3. 逻辑错误

在 PHP 的 4 类错误中，最难跟踪的错误就是逻辑错误，从字面上可以理解到，这种错误的代码在语义和语法上都没有错误，但是，最后却会输出不是编程者希望的结果。由于在 PHP 分析和运行时，这些程序不会产生任何出错信息，所以调试起来很困难。如果一些有逻辑错误的小程序在一个大的程序代码中，可能会向调用这些模块的程序传递一些错误的信息，导致最终的程序得不到正确的结果。

4. 环境错误

当把语法错误、语义错误和逻辑错误一一排除后，如果程序依然有错误，这时，就需要考虑程序的环境错误了，因为环境错误不受 PHP 的控制。

任务实践

编写逻辑错误程序，具体操作步骤如下。

(1) 新建一个记事本文件，编写代码如下：

```php
<?php
    $bookinfo = array("PHP", "Java", "C++");
    for($i=0; $i<count($bookinfo); $i++)
    {
        if($bookinfo[$i] == "Java")
        {
            unset($bookinfo[$i]);
        }
        echo("$i:$bookinfo[$i] <br>");
    }
?>
```

(2) 然后将代码以 test_LogitechError.php 为文件名保存在网站根目录下面的 ch8 文件夹中。

(3) 在浏览器的地址栏中输入"http://localhost/ch8/test_LogitechError.php"，将会出现如图 8-8 所示的页面。

图 8-8　有逻辑错误时的信息显示

上面这段代码从分析、运行到显示结果都没有问题，但是，仔细分析这段代码，编程者的意图是从数组中删除第二个元素，把剩下的元素输出。而在此程序中，当循环走了两次之后，就停止了，第三个元素就不可能输出了，违背了编程者的意图，出现逻辑错误。

任务二：错误处理

PHP 的错误信息可以提供许多有用的信息，一般按照如下的格式输出错误信息：

```
Error Level: Error message in File Name on lines#
```

例如，在例 8-4 的语义错误中，可以看到如图 8-5 所示错误信息。从错误信息中可以得知如下问题：这个错误是致命的，错误是由于调用了未定义的函数 test_list()，出错的地方在 e:\phpWeb\ch8\test_semanticerror1.php 文件的第二行。为了能够准确地从 PHP 的错误提示信息中调试程序，下面介绍一下错误级别及其设置。

1. PHP 的错误级别

PHP 根据程序错误的严重程度来决定错误的级别，并根据错误的级别做出反应。错误级别是通过一些预定义的常量来设置的，如表 8-1 所示。

表 8-1 错误报告常量

值	名　称	定　义
1	ERROR	报告运行时的致命错误
2	E_WARNING	报告运行时的非致命错误
4	E_PARSE	报告解析错误
8	E_NOTICE	报告通告、注意，表示所做的事情可能是错误的
16	E_CORE_ERROR	报告 PHP 引擎启动失败
32	E_CORE_WAENING	报告 PHP 引擎启动时非致命失败
64	E_COMPILE_ERROR	报告编译错误
128	E_COMPILE_WARNING	报告编译时出现的非致命错误
256	E_USER_ERROR	报告用户触发的错误
512	E_ERROR_WARNING	报告用户触发的警告
624	E_USER_NOTICE	报告用户触发的通告
2047	E_ALL	报告所有的错误和警告
2048	E_STRICT	报告不赞成的用法和不推荐的行为；不包括在 E_ALL 中，但对代码重构很有帮助

由以上报告常量可以看出，PHP 的错误级别在类型上大体可以分为 4 类：致命错误、非致命错误、警告和通告，下面分别介绍这 4 种错误。

(1) 致命错误。

致命错误是由 PHP 无法处理的语义错误或者环境因素引起的错误，会导致程序立即停止。在前面遇到的语义错误中，调用不存在的函数所引起的错误就是这类错误。

【例 8-7】致命错误举例。

① 新建一个记事本文件，编写代码如下：

```php
<?php
    testerroelevel("hello!");
?>
```

② 将代码保存在网站根目录下面的 ch8 文件夹中，文件名为 test_ErrorLevel.php。

③ 然后在浏览器的地址栏中，输入 "http://localhost/ch8/test_ErrorLevel.php"，结果如图 8-9 所示。

图 8-9 错误类型信息

图 8-9 中，Fatal error 代表致命的错误。

(2) 非致命错误。

非致命的错误一般都是在分析阶段遇到的，是由代码的语法错误引起的。PHP 在执行程序时，把程序编译成一种中间代码，然后再去执行，所以在 PHP 执行代码之前，这些错误就会被检测到。

【例 8-8】非致命的错误实例。

① 新建一个记事本文件，编写代码如下：

```php
<?php
    echo "hello!".'<br />';
    echo "hello!".'<br />';
    echi "hello.'<br />';
?>
```

② 将代码保存在网站根目录下面的 ch8 文件夹中，文件名为 test_ErrorLevel1.php。

③ 然后在浏览器的地址栏中输入"http://localhost/ch8/test_ErrorLevel1.php"，结果如图 8-10 所示。

图 8-10 错误类型信息提示

图 8-10 中，Parse error 是解析错误的意思，这是一种非致命的错误。

(3) 警告。

在 PHP 中，如果遇到警告，PHP 会尝试继续执行程序，当警告的程度已经让程序无法执行时，程序就会停止。

【例 8-9】PHP 警告示例。

① 新建一个记事本文件，编写代码如下：

```php
<?php
    $test = @fsockopen('localhost', 6000, &$errorno, &$errorstr);
    if(!$test)
        echo "ERROR:$errorno:$errorstr";
?>
```

② 将代码保存在网站根目录下面的 ch8 文件夹中，文件名为 test_ErrorLevel2.php。

③ 在浏览器的地址栏中输入"http://localhost/ch8/test_ErrorLevel2php"，结果如图 8-11 所示。

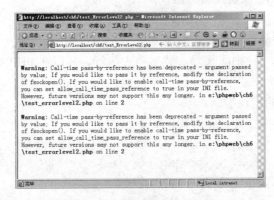

图 8-11　错误类型信息提示

图 8-11 中的提示信息就是警告信息，程序因此停止执行。

(4) 通告。

通告一般提示相对小的错误，如没有初始化变量。不过，默认情况下，通告是不会显示到浏览器上的。这并不是希望的，因为这样可能会导致一些不可发现的逻辑错误。

2. 设置错误报告的级别

在 PHP 中，可以用 error_reporting()函数来设定哪些错误信息可以被显示到浏览器上，此函数原型为：

```
int error_reporting(int [level]);
```

根据表 8-1 中各种错误级别对应的值，可以设定想要显示的错误类型信息。例如，如果想把通告信息显示在浏览器上，可以这样调用 error_reporting()函数：

```
error_reporting(8);
```

【例 8-10】PHP 错误级别示例。

① 新建一个记事本文件，编写代码如下：

```php
<?php
    echo ($x*$b);
    echo ($x*6);
?>
```

② 将代码保存在网站根目录下面的 ch8 文件夹中，文件名为 test_ErrorLevel3.php。

③ 然后在浏览器的地址栏中输入"http://localhost/ch8/test_ErrorLevel3.php"，结果如图 8-12 所示。

图 8-12　设定错误显示

如果在代码中加入 error_reporting(624)，再重复以上动作，会得到如图 8-13 所示的输出结果。

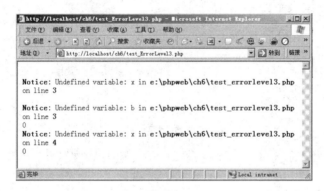

图 8-13　显示通告

根据提示信息，上面的程序中没有定义变量 x 和变量 b，所以在显示通告时出现上面的信息。如果想要修改所有 PHP 页面中的错误信息显示，可以修改 php.ini 文件中的 error_reporting 指令的值。当把值设为 15 时，所有的致命错误、非致命错误、警告和通告信息都将在浏览器中输出。

3. PHP 的错误处理

在 PHP 中，大部分函数如果返回 0，则表示有错误发生，可以提供自己的错误处理程序来捕获错误。在用户级别的错误、警告和通告发生时，可以用 set_error_handle()函数。

任务实践

编写程序，演示自定义错误函数的定义和错误处理函数 set_error_handle()的使用方法，具体操作步骤如下。

(1) 新建一个记事本文件，编写代码如下：

```php
<?php
    //Name:test_ErrorHandle
    //Author:your
    //Date:2006/11/18
```

```
//test_MyErrorHandle():my error handler function
function test_MyErrorHandle(
  $errnumber, $errstring, $errorfile, $errorline)
{
    echo "<br /><table bgcolor='#ffcccc'><tr><td>
        <p><strong>ERROR:</strong>$errstring</p>
        <p>the error occurred in line $errorline of file '$errorfile'</p>";
    if($errnumber == E_USER_ERROR)
    {
        echo "<p>This error was fatal,program will be end </p>";
        echo "</td></tr></table>";
        exit;
    }
    echo "</td></tr></table>";
}
//set the error handler
set_error_handler('test_MyErrorHandle');

//define my error infomation
trigger_error("This is the user notice", E_USER_NOTICE);
fopen('testfile', 'rw');
trigger_error("This computer is simple red", E_USER_WARNING);
include('testfile');
trigger_error(
  'This computer will self destruct in 15 seconds', E_USER_ERROR);
?>
```

(2) 将代码保存在网站根目录下面的 ch8 文件夹中，文件名为 test_ErrorHandle.php。

(3) 然后在浏览器的地址栏中输入"http://localhost/ch8/test_ErrorHandle.php"，结果如图 8-14 所示。

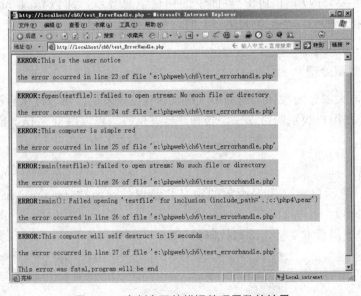

图 8-14　定制自己的错误处理函数的结果

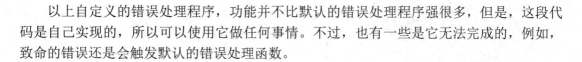

　　以上自定义的错误处理程序，功能并不比默认的错误处理程序强很多，但是，这段代码是自己实现的，所以可以使用它做任何事情。不过，也有一些是它无法完成的，例如，致命的错误还是会触发默认的错误处理函数。

任务三：定 义 异 常

知识储备

1. PHP 的异常机制

　　PHP 的异常机制与 Java、C#等语言的类似，同样是以 try-throw-catch 来捕获异常。其基本思路是代码在 try 代码块被调用执行，如果在 try 代码块中出现某些错误，可以执行一个抛出异常的操作。例如：

```
try
{
   //your code
   throw new Exception('An error has occurred!', 23);
}
```

　　上面代码中，Exception 是 PHP 一个内置的类，它的构造函数需要两个参数，一个错误消息提示和一个错误代号。

　　在 try 代码块之后，还要给出 catch 代码块，例如：

```
catch(exceptionType exception)
{
   //handle exception
}
```

　　传递给 catch 代码块的对象就是 try 代码块中被 throw 语句抛出的对象。

　　PHP 异常处理模块可以在 PHP 内检测(try)、抛出(throw)和捕获(catch)异常。一个 try 至少要有一个与之对应的 catch，定义多个 catch 可以捕获不同的对象。PHP 会按这些 catch 被定义的顺序执行，直到完成最后一个为止。而在这些 catch 内，又可以抛出新的异常。

　　在 Java、C#里的代码会自动抛出异常，但是，在 PHP 中，必须手动抛出这个异常。当一个异常被抛出时，它后面的代码将不会继续执行，而 PHP 就会尝试查找第一个能与之匹配的 catch。如果一个异常都没有捕获，而且又没有做相应的处理，那么 PHP 将会产生一个严重的错误，并且输出未能捕获异常的提示信息。

　　【例 8-11】 下面是抛出一个异常的例子。

　　①　新建一个记事本文件，编写抛出一个异常的代码如下：

```
<?php
try {
   $error = 'Throw this error';
   throw new Exception($error);
   // 从这里开始，try 代码块内的代码将不会被执行
   echo 'Never executed';
```

```
} catch (Exception $e) {
    echo "Caught exception: ". $e->getMessage()."\n";
}
// 继续执行
echo "Hello World";
?>
```

② 将代码保存在网站根目录下面的 ch8 文件夹中，文件名为 test_exception.php。

③ 然后，在浏览器的地址栏中输入"http://localhost/ch8/test_exception.php"，结果如图 8-15 所示。

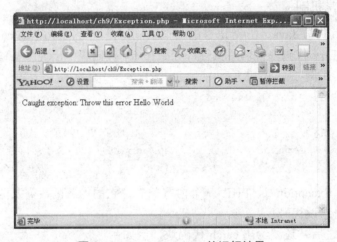

图 8-15　Exception.php 的运行结果

2. 扩展 PHP 内置的异常处理类

PHP 5 内建的异常类主要有以下成员方法。

- _construct()：构造函数，需要一个出错信息和一个可选的整型错误标记作为参数。
- getMessage()：返回给构造函数的消息。
- getCode()：返回传递给构造函数的代码。
- getFile()：返回产生异常的代码的文件的完整路径。
- getLine()：返回产生异常代码的行号。
- getTrace()：跟踪异常每一步传递的路线，存入数组，返回该数组。
- getTraceAsString()：与 getTrace()功能一样，但可以将数组中的元素转换成字符串，并按一定的格式输出。
- _toString()：允许简单地显示 Exception 对象，且给出所有以上方法给出的信息。

可以调用 echo $e 显示以上所有错误信息。

用户可以用自定义的异常处理类来扩展 PHP 内置的异常处理类。

以下的代码是 PHP 的 Exception 类代码，说明了在内置的异常处理类中，哪些属性和方法在子类中是可访问和可继承的：

```
<?php
class Exception
{
```

```
    protected $msg = 'Unknown exception';    // 异常信息
    protected $code = 0;                      // 用户自定义异常代码
    protected $file;                          // 发生异常的文件名
    protected $line;
    function __construct($message = null, $code = 0);
    final function getMessage();              // 返回异常信息
    final function getCode();                 // 返回异常代码
    final function getFile();                 // 返回发生异常的文件名
    final function getLine();                 // 返回发生异常的代码行号
    final function getTrace();                // backtrace()数组
    final function getTraceAsString();        // 已格式化成字符串的 getTrace()信息
    function __toString();                    // 可输出的字符串
}
?>
```

建立一个 Exception 对象后，可以将对象返回，但更好的方法是用 throw 关键字来代替。throw 关键字的作用是抛出异常，例如：

```
throw new Exception("error message", 15);
```

throw 中止脚本的执行，并使相关的 Exception 对象对客户代码可用。

为了进一步处理异常，需要使用 try-catch 语句(包括 try 语句和至少一个 catch 语句)。catch 语句用来处理可能抛出的异常。

如果抛出了一个异常，try 语句中的脚本将会停止执行，然后转向执行 catch 语句中的脚本。如果异常抛出了却没有被捕捉到，就会产生一个致命错误。

如果打算定义自己的异常，必须继承这个类。其中只有__toString 可以重写，因为其他的方法都有 final 关键字，说明子类是没法重写的。

任务实践

编写自定义异常程序，代码如下：

```
<?php
try
{
    throw new mydefined_exception('Exception occurs here!', 15);
}
catch(mydefined_exception $e)
{
    echo $e;
    echo 'Exception: ';
    echo $e->getMessage();
    echo 'in'.$e->getFile();
    echo 'on line';
    echo $e->getLine().'<br/>';
}
class mydefined_exception extends Exception
{
    public function __toString()
```

```
    {
        return "my error message!";
    }
}
?>
```

上机实训：使用 print 调试 PHP 程序

1. 实训背景

莫童是计算机系的助教讲师，为了给学生讲解异常处理知识，他需要编写程序，为授课做实例准备。

2. 实训内容和要求

print 语句可以用来寻找逻辑错误。假设代码想要在浏览器显示通过 GET 请求获取的表单数据，但是出于某种原因，浏览器上没有正确地显示数据，也没有抛出错误信息。要调试这类不抛出错误信息的 Bug，常用的策略是用 print 语句跟踪变量的值。

3. 实训步骤

编写的代码如下所示：

```php
<?php
    $j = "";
    print("GET 获取的值包含：<br>");
    foreach($_GET as $key => $i) {
        print("$key=$j<br>");
    }

    if(isset($_GET['Submit']) && $_GET['Submit']=="OK")
        $j = "结束<br>";
?>

<form method="GET">
    Name: <input name="name"><br>
    Email: <input name="email" size="25"><br>
    <input name="Submit" type="submit" value="  OK  ">
</form>
```

这是一个非常简单的脚本，只是提取 GET 请求中的所有变量，如果有，就把它们显示在浏览器上。还提供了一个表单，用 GET 请求向服务器发送变量以进行测试，代码想在第 5 行输出 GET 数组中的值(代码在变量使用时出现了错误，混淆了 i 和 j)。

显示的运行结果如图 8-16 所示。

当单击 OK 按钮时，发现只有$_GET 请求的键显示在浏览器上，而正确的值都没有显示，如图 8-17 所示，问题出现在哪儿呢？

有两种可能：没有获取到 GET 请求；虽然获取到了 GET 请求，但没有正确显示。

图 8-16 print.php 页面的运行结果

图 8-17 单击 OK 按钮后的运行结果

为了缩小出错的范围，找到错误到底出现在哪儿，可以通过在循环中放入一个 print 语句，检验在 foreach 循环中每个元素里是否确实存在数据，如果存在，则是第二种情况，否则为第一种情况。

加入 print 后的代码如下所示：

```php
<?php
   $j = "";
   print("GET 获取的值包含: <br>");
   foreach($_GET as $key => $i) {
       print("检查数据: " . $_GET[$key] . "<br>");
       print("$key=$j<br>");
   }
   if(isset($_GET['Submit']) && $_GET['Submit']=="OK")
       $j = "结束<br>";
?>
<form method="GET">
   Name: <input name="name"><br>
   Email: <input name="email" size="25"><br>
   <input name="Submit" type="submit" value="  OK  ">
</form>
```

代码在第 5 行处添加了输出语句来检查 GET 数据是否存在。现在，观察浏览器的输出，如图 8-18 所示。

图 8-18　print.php 修改后运行的结果

发现第 5 行的输出语句正确地输出了 GET 数组中的数据，这样就可以判定，Bug 出现在第 6 行，即没有正确地显示这些数据，而不是没有正确读取 GET 数组。

使用 print 语句缩小了 Bug 可能出现的范围后，可以通过观察代码，或者进一步缩小其范围来最终定位 Bug。一般来说，在程序中放的 print 语句越多，把 Bug 的范围缩小到一行的机会就越大。

4. 实训素材

示例文件存储在下载资源的"\案例文件\项目 8\上机实训\"路径中。即 1.php、2.php 文件。

习　　题

1. 填空题

(1) _____函数用来设定哪些错误信息可以被显示到浏览器上。

(2) PHP 的异常机制与 Java、C#等语言的类似，同样是以_____来捕获异常。

(3) 建立一个 Exception 对象后，可以将对象返回，但更好的方法是用_____关键字来代替。

(4) 用户可以用自定义的异常处理类来扩展 PHP 内置的_____。

(5) 在 PHP 中，如果遇到警告，PHP 会尝试继续执行程序，当警告的程度已经让程序无法执行时，程序就会_____。

2. 选择题

(1) PHP 的错误类型有(　　)。

    A. 语法或编译错误　　　　　　　　B. 语义或运行时错误

    C. 逻辑错误　　　　　　　　　　　D. 环境错误

(2) 语义错误是 PHP 编程中常见的一类错误，导致运行时的错误一般包括(　　)。

A. 调用不存在的函数　　　　　　　B. 读写函数

C. 与 MySQL 或其他数据库的交互　D. 连接到网络服务

(3) 在错误报告常量中，(　　)代表报告在运行时的致命错误。

A. ERROR　　　　　　　　　　　　B. E_WARNING

C. E_PARSE　　　　　　　　　　　D. E_NOTICE

(4) 在错误报告常量中，(　　)代表报告运行时的非致命错误。

A. ERROR　　　　　　　　　　　　B. E_WARNING

C. E_PARSE　　　　　　　　　　　D. E_NOTICE

(5) 在错误报告常量中，(　　)代表报告解析错误。

A. ERROR　　　　　　　　　　　　B. E_WARNING

C. E_PARSE　　　　　　　　　　　D. E_NOTICE

项目 9

面向对象的程序设计

1. 项目要点

(1) 编辑长方体页面。

(2) 类转字符串。

2. 引言

在面向对象(Object-oriented)的程序设计中，要接触包括类、实例、封装、类继承以及多态性等知识。

在本项目中，我们将通过一个项目导入、两个任务实施、一个上机实训，向读者介绍在 PHP 中如何使用类。

3. 项目导入

江凡定义一个数据库的连接类 Connect，并创建一个 Connect 对象，来演示类的实例化相关知识。

(1) 新建一个记事本文件，编写如下所示的代码:

```php
<?php
class Connect {
    //Define the properties
    var $host;
    var $user;
    var $password;
    var $DB;        //定义了 4 个属性

    //Define the methods
    function Connect(
      $DB="DB", $host="localhost", $user="sa", $password="password")
    {
        $this->host = $host;
        $this->user = $user;
        $this->password = $password;
        $this->DB = $DB;     //构造函数中为 4 个属性赋值

        echo "$this->host"."<br>";
          //$this 代表了当前实例，$this->host 表示当前实例的$host 属性的值
        echo "$this->user"."<br>";
        echo "$this->password"."<br>";
        echo "$this->DB"."<br>";   //在构造函数中输出 4 个属性
    }
}
$Connect = new Connect();   //最后创建一个实例对象$Connect
?>
```

(2) 将代码保存在网站根目录下面的 ch9 文件夹中，文件名为 Connect.php。

(3) 然后在浏览器的地址栏中输入 "http://localhost/ch9/Connect.php"，程序运行结果如图 9-1 所示。

图 9-1　运行结果

4. 项目分析

在上面的示例中，用 class 定义类，使用 var 关键字进行初始化，并且赋值。

5. 能力目标

(1) 掌握类、继承的定义。

(2) 掌握 PHP 面向对象的特性。

6. 知识目标

(1) 学习构造函数、析构函数。

(2) 学习如何将类转换为字符串。

任务一：编辑长方体页面

　　面向对象编程(Object Oriented Programming，OOP)是一种计算机编程架构。OOP 的一条基本原则，是让计算机程序由单个能够起到子程序作用的单元或对象组合而成。OOP 实现了软件工程的三个目标：重用性、灵活性和扩展性。为了实现整体运算，每个对象都能够接收信息、处理数据和向其他对象发送信息。

　　面向对象的主要概念包括类、对象、抽象、封装和多态。其中类与对象，是一对密切联系、不能分离的东西。类是对象的总概括，对象是类对应的一个实体。

知识储备

1. 生活中面向对象的例子

先来看下面这个例子。

对于鸟类，一般来说，鸟有两只翅膀，两条腿，有羽毛，一般的鸟会飞，会跳。基于鸟类的这些基本特征，可以总结出如图 9-2 所示对于鸟类的描述。

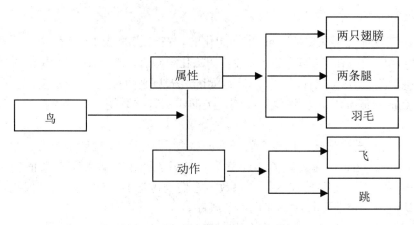

图 9-2   面向对象举例

在这个描述中，鸟是由它的属性和它的动作构成的。这个例子就包含了简单的面向对象思想，把鸟类作为对象，运用面向对象的思维方法去抽象它。

"面向对象"的编程思想，是要将一切事物进行抽象，把相近的或相似对象的属性和操作抽象出来，形成一个类，然后通过类的属性和方法的调用和复用来完成编程过程。

面向对象的编程将复杂繁琐的属性操作细节封装起来，只提供一些公共的简单接口。

2. 类

PHP 中，类用关键字 class 定义，后面写类名称和类的定义部分，类的定义部分包括在花括号中。具体格式如下：

```
class classname
{
    Definition of class
}
```

比如，定义一个数据库连接类：

```php
<?php
class Connect {
    //定义属性
    var $host;
    var $user;
    var $password;
    var $DB;
    //定义方法
    function Connection(
        $DB, $host="localhost", $user="sa", $password="password")
    {
        $this->host = $host;
        $this->user = $user;
        $this->password = $password;
        $this->DB = $DB;
    }
}
```

```
?>
```

在这个类中，变量都是用关键字 var 来初始化的。在一般的 PHP 代码中，不需要用 var 来初始化变量，但是，在类的定义中，必须初始化变量。当然，在初始化的时候也可以赋值。上面类中定义了 4 个属性和一个 Connection 方法(函数)。这个方法实际上是这个类的"构造函数(Constructor)"。构造函数在创建类的实例时被系统自动调用执行。构造函数不是必需的。

在声明 Connect()方法的时候，括号中为函数的参数列表。由于构造函数有参数，所以在实例化对象的时候，也要传递参数值。注意第二、三、四个参数具有默认值，也就是说，在实例化的时候，不一定要传递这三个参数，它们是可选的。通过上面的代码也能看得出来，指定默认值不一定非要按照从左向右的顺序。

$this 代表了当前实例，$this->host 表示当前实例的$host 属性的值。注意，$符号只出现在对象名字前面，其属性名字前面不能出现这个符号。

【例 9-1】类的实例化通常用关键字 new 来完成，下面举例说明。

① 新建一个记事本文件，编写代码如下：

```php
<?php
//定义 sv 类
class sv {
    //定义类属性
    var $length;
    var $height;
    var $breadth;

    function sv($length, $height, $breadth=10)
    {
        $this->length = $length;
        $this->height = $height;
        $this->breadth = $breadth;
    }
    function volume($length, $breadth, $height)
    {
        $volume = $length*$height*$breadth;
        return $volume;
    }
    function area($length, $breadth, $height)
    {
        $area = 2*($length*$height+$height*$breadth+$length*$breadth);
        return $area;
    }

}
?>
```

这段代码的功能是创建一个长方体类。

② 将代码保存在网站根目录下 ch9 文件夹中的 class 文件夹下，文件名为 sv.php。

③ 新建一个记事本文件，编写代码如下：

```
<!DOCTYPE html PUBLIC "-//W3C//DTD XHTML 1.0 Transitional//EN"
  "http://www.w3.org/TR/xhtml1/DTD/xhtml1-transitional.dtd">
<html xmlns="http://www.w3.org/1999/xhtml">
<head>
<meta http-equiv="Content-Type" content="text/html; charset=gb2312" />
<title>欢迎光临我们的网站</title>
</head>
<body>
<p>您好，欢迎光临我们的网站！</p>
<form id="form1" name="form1" method="post" action="test_class1.php">
  <p>我们现在来看一个长方体<img src="1.gif" width="239" height="87" /></p>
  <p>请输入长方体的长：
    <label>
    <input name="length" type="text" id="length" size="20" />
    </label>
  </p>
  <p>请输入长方体的宽：
    <label>
    <input name="breadth" type="text" id="breadth" size="20" />
    </label>
  </p>
  <p>请输入长方体的高：
    <label>
    <input name="height" type="text" id="height" size="20" />
    </label>
  </p>
  <p>
    <label>
    <input type="submit" name="Submit" value="提交" />
    </label>
  </p>
  <p> </p>
</form>
<p> </p>
</body>
</html>
```

这段代码的功能，是创建一个长方体数据提交表单页面。

④ 将代码保存在网站根目录的 ch9 文件夹下，文件名为 test_class2.php。

⑤ 新建一个记事本文件，编写代码如下：

```
<!DOCTYPE html PUBLIC "-//W3C//DTD XHTML 1.0 Transitional//EN"
  "http://www.w3.org/TR/xhtml1/DTD/xhtml1-transitional.dtd">
<html xmlns="http://www.w3.org/1999/xhtml">
<head>
<meta http-equiv="Content-Type" content="text/html; charset=gb2312" />
<title>欢迎光临我们的网站</title>
</head>
<?php
  require("class/sv.php"); //include class sv
```

```
    $mysv = new sv($length, $breadth, $height);

    $length = $_POST["length"];
    $breadth = $_POST["breadth"];
    $height = $_POST["height"];
?>
<body>
<p>您好，欢迎光临我们的网站！</p>
<form id="form1" name="form1" method="post" action="test_class1.php">
  <p><img src="1.gif" width="239" height="87" /></p>
  <p>长方体的体积为：<?=$mysv->volume($length,$breadth,$height);?>
    <label></label>
  </p>
  <p>长方体的面积为：<?=$mysv->area($length,$breadth,$height);?>
    <label></label>
  </p>
  <p> </p>
  <p> </p>
  <p> </p>
</form>
<p> </p>
</body>
</html>
```

这段代码的功能，是接受表单数据并创建长方体的 PHP 页面。

⑥ 将代码保存在网站根目录的 ch9 文件夹下，文件名为 test_class1.php。

⑦ 在浏览器的地址栏中输入"http://localhost/ch9/test_class2.php"，如图 9-3 所示。输入长为 5、宽为 4、高为 3，然后单击"提交"按钮，结果如图 9-4 所示。

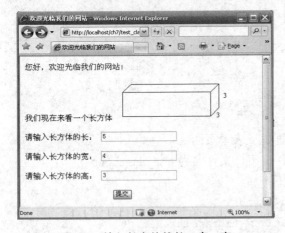

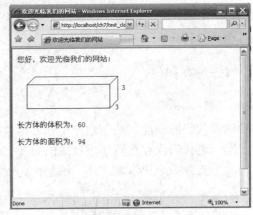

图 9-3　输入长方体的长、宽、高　　　　图 9-4　获得长方体的体积和表面积

📖 **拓展提高：** 在 test_class1.php 中，用 require("class/sv.php");语句将类定义文件 sv.php 包含进来。

3. 继承

继承特性允许复用已有的类，在已有的类的基础上再进行更改。被继承的类叫父类，继承其他类的类叫子类。类的继承使用关键字 extends。下面是 PHP 中的继承规则。

(1) 子类继承父类的所有属性，在此基础上，子类又可以增加自己的属性。

(2) 子类继承父类的所有方法(除构造函数外)，子类可以修改这些方法，也可以增加自己的方法。

4. 重载

当子类中需要用父类中相同的属性和操作时，在子类中再次声明相同的属性和操作也是必要的，这样，可以对父类中的某个属性在子类中赋予新的值，或者给某个操作赋予一个与其父类操作不同的功能，这就叫作重载。

【例 9-2】重载的例子。

① 新建一个记事本文件，编写代码如下：

```php
<?php
class A
{
    var $test = "very large";
    function operation()
    {
        echo "welcome<br />";
        echo "The value of \$test is $this->test<br />";
    }
}
class B extends A
{
    var $test = "perfect";
    function operation()
    {
        echo "welcome back<br />";
        echo "The value of \$test is $this->test<br />";
    }
}
$a = new A();
$a->operation();
$b = new B();
$b->operation();
?>
```

从上面的代码可以看出，类 B 继承了类 A，重载了类 A 中变量 test 的值和函数 operation()，但是，这样并不会影响类 A 的变量和函数的初始定义。

② 编写完以上代码，将其保存在网站根目录下面的 ch9 文件夹中，文件名为 test_OverLoading.php。

③ 然后在浏览器的地址栏中输入"http://localhost/ch9/test_OverLoading.php"，将会显示如图 9-5 所示的信息。

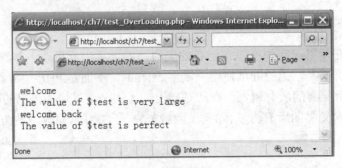

图 9-5   重载输出

在图 9-5 中，前面两行是类 A 的输出结果，后面两行是类 B 的输出结果，验证了前面的结论。在类 B 中，也可以调用类 A 的操作，也可以使用 PHP 中的 parent 关键字：

```php
parent::operation();
```

这样就可以在子类 B 中调用父类 A 中的 operation()函数。

继承可以是多重的，可以声明一个类 C 继承类 B，这样，类 C 就会继承类 B 以及类 B 的父类 A 的所有特性了。

任务实践

编写程序，说明继承的规则和在实际运用中的效果，具体操作步骤如下。

(1) 新建一个记事本文件，编写代码如下：

```php
<?php
require("sv.php");
//定义 wall 类
class wall extends sv
{
    //定义类属性
    var $svNumber;
    var $color;

    function wall($length, $height, $breadth=10, $svNumber, $color)
    {
        $this->length = $length;
        $this->height = $height;
        $this->breadth = $breadth;
        $this->svNumber = $svNumber;
        $this->color = $color;
    }
    function wallVolume($length, $breadth, $height, $svNumber)
    {
        $wallVolume = $length*$height*$breadth*$svNumber;
        return $wallVolume;
    }
    function color($color)
    {
```

```
        $this->color = $color;
        return $color;
    }
}
?>
```

这段代码的功能，是建立一个 wall 类，这个 wall 类继承了 sv 类。

(2) 将代码保存在网站根目录下的 ch9 文件夹中，文件名为 wall.php。

(3) 新建一个记事本文件，编写代码如下：

```
<!DOCTYPE html PUBLIC "-//W3C//DTD XHTML 1.0 Transitional//EN"
  "http://www.w3.org/TR/xhtml1/DTD/xhtml1-transitional.dtd">
<html xmlns="http://www.w3.org/1999/xhtml">
<head>
<meta http-equiv="Content-Type" content="text/html; charset=gb2312" />
<title>欢迎光临我们的网站</title>
</head>
<body>
<p>您好，欢迎光临我们的网站！</p>
<p> </p>
<p>墙可以由一块一块的长方体石头建筑而成，你想建一个什么样的墙呢？</p>
<form id="form1" name="form1" method="post" action="test_class4.php">
  <p>
    <label></label>
    <label></label>
    <label></label>
    <label></label>
    <label></label>
    <label></label></p>
  <table width="80%" border="0" align="center">
    <tr>
      <td width="46%" align="right">请输入墙的颜色：</td>
      <td width="54%" align="left">
      <label>
        <input name="color" type="text" id="color" size="20" />
      </label></td>
    </tr>
    <tr>
      <td align="right">请输入建筑此墙所用的长方体的数量：</td>
      <td align="left">
      <label>
        <input name="svNumber" type="text" id="svNumber" size="20" />
      </label></td>
    </tr>
    <tr>
      <td align="right">请输入长方体的长：</td>
      <td align="left">
      <label>
        <input name="length" type="text" id="length" size="20" />
      </label></td>
```

```
  </tr>
  <tr>
   <td align="right">请输入长方体的宽：</td>
   <td align="left">
   <label>
     <input name="breadth" type="text" id="breadth" size="20" />
   </label></td>
  </tr>
  <tr>
   <td align="right">请输入长方体的高：</td>
   <td align="left">
   <label>
     <input name="height" type="text" id="height" size="20" />
   </label></td>
  </tr>
 </table>
 <center>
   <label>
     <input type="submit" name="Submit" value="提交" />
   </label>
 </center>
 <p> </p>
</form>
<p> </p>
</body>
</html>
```

这段代码的功能是一个创建长方体和墙的表单页面。

(4) 将代码保存在网站根目录的 ch9 文件夹下，文件名为 test_class3.php。

(5) 然后，在浏览器的地址栏中，输入"http://localhost/ch9/test_class3.php"，结果如图 9-6 所示。

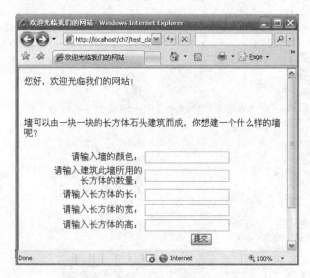

图 9-6 创建长方体和墙的表单页面

(6) 新建一个记事本文件，编写代码如下：

```
<!DOCTYPE html PUBLIC "-//W3C//DTD XHTML 1.0 Transitional//EN"
  "http://www.w3.org/TR/xhtml1/DTD/xhtml1-transitional.dtd">
<html xmlns="http://www.w3.org/1999/xhtml">
<head>
<meta http-equiv="Content-Type" content="text/html; charset=gb2312" />
<title>欢迎光临我们的网站</title>
</head>
<?php
    require("class/wall.php"); //include class wall
    $mywall = new wall($length, $breadth, $height, $svNumber, $color);
    $length = $_POST["length"];
    $breadth = $_POST["breadth"];
    $height = $_POST["height"];
    $svNumber = $_POST["svNumber"];
    $color = $_POST["color"];
?>
<body>
<p>您好，欢迎光临我们的网站！</p>
<form id="form1" name="form1" method="post" action="test_class1.php">
  <p><img src="1.gif" width="239" height="87" /></p>
  <p>墙的体积为:
    <?=$mywall->wallVolume($length,$breadth,$height,$svNumber);?>
    <label></label>
  </p>
  <p>墙的颜色为: <?=$mywall->color($color);?>
    <label></label>
  </p>
  <p> </p>
  <p> </p>
  <p> </p>
</form>
<p> </p>
</body>
</html>
```

这段代码的功能是处理表单页面提交的数据并给出处理结果的 PHP 页面。

(7) 将代码保存在网站根目录下面的文件夹 ch9 下面(先在网站根目录下面建立一个 ch9 文件夹)，文件名为 test_class4.php。

(8) 在浏览器的地址栏中输入 "http://localhost/ch9/test_class3.php"，结果如图 9-6 所示。输入颜色为 red、长方体数量为 100、长方体的长为 4、长方体的宽为 3、长方体的高为 2，然后单击 "提交" 按钮，结果如图 9-7 所示。

知识链接：　在 wall.php 中，用 require("class/sv.php");语句将类 sv.php 包含进来，否则将会显示错误。在 test_class4.php 中也要用 require("class/wall.php");语句将类 wall.php 包含进来。

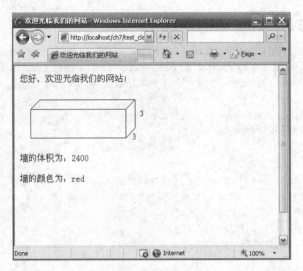

图 9-7　处理表单页面提交的数据并给出处理结果

任务二：类转字符串

在 PHP 中，类的操作用的是引用传递，而非值传递。这样就避免了传递缺陷。

知识储备

1. 私有成员和受保护成员

PHP 引入了私有成员和受保护成员变量的概念。受保护成员可以被子类访问，而私有成员只能被类本身访问。这类似于 C++类里的概念。

【例 9-3】下面是使用私有成员和受保护成员的例子(试调试运行)：

```php
<?php
class MyClass1 {    //定义 MyClass1 类
    private $name1 = "sisi\n";
    protected $name2= "lucy\n";
    protected $name3 = "ema\n";
    function display() {    //定义函数，输出类的属性
        echo "MyClass1::display() " . $this->name1;
        echo "MyClass1::display() " . $this->name2;
        echo "MyClass1::display() " . $this->name3;
    }
}

class MyClass2 extends MyClass1 {  //定义 MyClass2，并继承于 MyClass1
    protected $name2;
    function display() {
        MyClass1::display();
        echo "MyClass2::display() " . $this->name1;
```

```php
        echo "MyClass2::display() " . $this->name2;
        echo "MyClass2::display() " . $this->name3;
    }
}
$obj = new MyClass1();   //定义 MyClass1 的实例
echo $obj->name1;
echo $obj->name2;
echo $obj->name3;
$obj->display();
$obj = new MyClass2();
echo $obj->name1;
echo $obj->name2;
echo $obj->name3;
$obj->display();
?>
```

2. 私有方法和保护方法

PHP 引入了私有方法和受保护方法的概念。受保护方法可以被子类访问，而私有方法只能被类本身访问。

【例 9-4】下面是使用私有方法和受保护方法的例子：

```php
<?php
class class3 {    //定义 class3 类
    private function Method1() {    //声明私有方法 Method1
        echo "class3::Method1() called.\n";
    }
    protected function Method2() {  //声明受保护方法 Method2
        echo "class3::Method2() called.\n";
        $this->Method1();
    }
}
class class4 extends class3 {  //定义 class4，继承于 class3
    public function Method3() {
        echo "class4::Method3() called.\n";
        $this->Method2();
    }
}
$o = new class4();
$o->Method3();
?>
```

3. 抽象类和抽象方法

PHP 引入了抽象类和抽象方法的概念。抽象方法只是声明方法，但不提供它的实现。另外，包含抽象方法的类必须被声明成抽象类，抽象类不能被实例化。

【例 9-5】抽象类和抽象方法的例子：

```php
<?php
abstract class class4 {   //定义抽象类 class4
```

```
        abstract public function method();
}
class class5 extends class4 { //定义class5，继承于class4
    public function method() {
        echo "class5::method() called.\n";
    }
}
$o = new class5();
$o->method();
?>
```

4. 接口

PHP 引入了接口，一个类可以实现多个接口。

【例 9-6】使用接口的例子：

```
<?php
interface class6 {    //定义接口类
    public function method();
}
class class7 implements class6 {    //定义接口类
    public function method() {
        //...
    }
}
?>
```

5. final 关键字

PHP 引入了 final 关键字来声明 final 方法，属性不能定义成为 final。final 成员和 final 方法不能被子类覆盖。

【例 9-7】final 方法的例子：

```
<?php
class class8 {
    final function method() {
        //...
    }
}
?>
```

还可以把类声明成 final。被声明成 final 的类不能被继承。final 类里面的方法默认情况下都是 final 的，代码如下：

```
<?php
final class class9 {
    // class definition
}
?>
```

6. 对象克隆

PHP 提供了对象克隆机制，通过关键字 clone 进行克隆(clone 调用被克隆对象的_clone()方法)。对象的_clone 方法不能够直接被调用。

语法如下：

```php
<?php
$object2 = clone $object;
?>
```

当要创建对象的一份拷贝时，PHP 5 将会检查_clone()方法是否存在。如果不存在，那么，它就会调用默认的_clone()方法，复制对象的所有属性。如果_clone()方法已经定义过，就会用_clone()方法设置新对象的属性。

7. 构造函数

PHP 引入了一个声明构造函数的标准方法_construct()。下面举例说明。

【例 9-8】使用构造函数：

```php
<?php
class class11 {
    function _construct() {
        echo "In class11 constructor\n";
    }
}

class class12 extends class11 { //定义class12，继承于class11
    function _construct() {
        parent::_construct();
        echo "In class12 constructor\n";
    }
}
$obj = new class11(); //声明class11的实例
$obj = new class12(); //声明class12的实例
?>
```

为保持兼容性，如果 PHP 5 不能够找到_construct()，它会寻找老式的构造方法(与类名相同的方法)。

8. 析构函数

PHP 引进的析构方法的概念与其他面向对象的语言(比如 C++)类似。当指向这个对象的最后一个引用被销毁时，就将调用析构方法，调用完成后释放内存。与其他面向对象的语言类似，析构方法不接受任何参数。

【例 9-9】一个使用析构函数的例子：

```php
<?php
class class13 {
    function _construct() {
        echo "In constructor\n";
```

```
        $this->name = "class13";
    }
    function _destruct() {
        echo "Destroying " . $this->name . "\n";
    }
}
$obj = new class13();
?>
```

与构造方法一样，父类的析构方法也不会被隐含调用。子类可以在自己的析构方法中通过调用 parent::_destruct()来显式地调用它。

9. 使用_call()重载方法

方法的重载在面向对象的编程中很普遍，但在 PHP 中，却不是很常用。不过，可以使用__call()简单地实现方法的重载。_call 方法说明了如何调用未定义的方法。

调用未定义方法时，方法名和方法接收的参数将会传给_call 方法，PHP 将_call 的值返回给未定义的方法。

【例 9-10】使用_call()方法的例子：

```
<?php
class test
{
    public function _call($method, $arr)    //重载方法
    {
        if($method == "deal")
            if(is_object($arr[0]))
                $this->dealObject($arr[0]);
            else if(is_array($arr[0]))
                $this->dealArray($arr[0]);
        else
            $this->dealScalar($arr[0]);
    }
    ...
}
$oov = new test();    //定义类实例
$oov->deal(array("PHP", "Java", "C++"));     //传入数组
$oov->deal("123");                           //传入字符串
?>
```

call()方法有两个参数(这是必需的)，第一个是被调用的方法名称，第二个是包含了传递给该方法的参数数组。上面的代码中，如果一个对象传递给 deal()方法，就调用 dealObject()方法；如果一个数组传递给 deal()方法，则调用 dealArray()方法，否则调用 dealScalar()方法。

10. 实现迭代器和迭代

在 PHP 中，可以使用 foreach()方法，通过循环的方式取出一个对象的所有属性。

在下面的示例中，首先创建一个有 3 个属性的类，然后通过 foreach()方法将它们取出

来并显示。

【例 9-11】实现迭代器和迭代。

① 新建一个记事本文件，编写代码如下：

```php
<?php
  class A
  {
      public $test1 = "PHP";
      public $test2 = "Java";
      public $test3 = "C++";
  }
  $a = new A();
  foreach($a as $output)
      echo $output.'<br />';
?>
```

上述代码中，类 A 有三个变量：test1、test2 和 test3，调用 foreach()将一次性输出 3 个变量。

② 编写完以上代码，将其以 test_Iterator.php 为文件名，保存在网站根目录下的 ch9 文件夹中。

③ 然后在浏览器的地址栏中输入"http://localhost/ch9/test_Iterator.php"，将会显示如图 9-8 所示的信息。

图 9-8　foreach 函数的应用

如果需要更加复杂的操作，可以编写一个迭代器，创建两个类，类 B 由一个数组做参数来创建，然后将本身作为参数返回一个类 A 的实例，类 A 则完成迭代器的功能，代码如下：

```php
<?php
class A implements Iterator {    //定义类A，实现 Iterator 接口
   private $object;
   private $count;
   private $currentURL;
   function _construct($object)      //构造方法
   {
      $this->object = $object;
      $this->count = count($this->object->data);
   }
```

```php
    function rewind()
    {
        $this->currentURL = 0;
    }
    function valid()
    {
        return $this->currentURL < $this->count;
    }
    function key()
    {
        return $this->currentURL;
    }
    function current()
    {
        return $this->object->data[$this->currentURL];
    }
    function next()
    {
        $this->currentURL++;
    }
}

//定义类 B，继承于 IteratorAggregate 接口类
class B implements IteratorAggregate {
    public $b = array();
    function __construct($in)
    {
        $this->b = $in;
    }
    function getIterator()
    {
        return new A($this);
    }
}

$temp = new B(array(2,4,6,8,10));
$myIterator = $temp->getIterator();
for($myIterator->rewind(); $myIterator->valid(); $myIterator->next())
{
    $key = $myIterator->key();
    $value = $myIterator->current();
    echo "$key=>$value <br />";
}
?>
```

上面的程序实现的这个迭代器具有迭代器接口所要求的一系列函数，这样使用 Iterator 类，即使实现的方法发生了变化，数据的接口还是不会变化。

11. 将类转换为字符串

在 PHP 中，函数 _toString()可以将类转换为字符串。在下面的任务实践中，首先创建

一个含有两个属性的类，然后创建类的_toString()方法，并实现类到字符串的转换。

任务实践

编写程序，实现类到字符串的转换，具体操作步骤如下。

(1)　新建一个记事本文件，编写代码如下：

```php
<?php
class Printable   //定义 Printable 类
{
    var $testone;
    var $testtwo;
    public function _toString()
    {
        return(var_export($this, TRUE));
    }
}

$test = new Printable;
echo $test;
?>
```

(2)　编写完以上代码，将其以 test_ToString.php 为文件名，保存在网站根目录下的 ch9 文件夹中。

(3)　然后在浏览器的地址栏中输入"http://localhost/ch9/test_ToString.php"，将会显示如图 9-9 所示的信息。

图 9-9　将类转换为字符串

在示例代码中，函数 var_export()的作用是打印出类中的所有属性值。

上机实训：类的综合应用

1. 实训背景

江凡是计算系助教老师，他正在 PHP 编写关于类的综合程序，目的是为了更好为学生讲解类的应用。

2. 实训内容和要求

江凡通过一个关系比较复杂的示例，来说明一些面向对象的使用技巧，并且在阅读代码时，注意分析各个类之间的关系。

3. 实训步骤

输入代码如下：

```php
<?php
//创建一个基本类——对象是人
class human
{
    var $name;
    var $age;
    var $sex;
}
//创建一个学生类
class student extends human
{
    var $stu_num;
    var $stu_department;
    function studentdatainput($valarray)
    {
        $this->name = $valarray["name"];
        $this->age = $valarray["age"];
        $this->sex = $valarray["sex"];
        $this->stu_num = $valarray["num"];
        $this->stu_department = $valarray["department"];
    }
}
//创建一个老师类
class teacher extends human
{
    var $tea_num;
    var $tea_department;
    var $tea_course;
    var $tea_wage;
    function teacherdatainput($valarray)
    {
        $this->name = $valarray["name"];
        $this->age = $valarray["age"];
        $this->sex = $valarray["sex"];
        $this->tea_num = $valarray["num"];
        $this->tea_department = $valarray["department"];
        $this->tea_course = $valarray["course"];
        $this->tea_wage = $valarray["wage"];
    }
    function getteacherdata()
    {
        return array(
```

```php
                $this->name, $this->age,
                $this->sex, $this->tea_num,
                $this->tea_department, $this->tea_course,
                $this->tea_wage);
    }
}
//创建一个研究生类
class  graduate extends student
{
    var $gra_speciality;
    var $gra_teacher;
    var $gra_paper = array();
    var $gra_papercount = 0 ;
    function graduatedatainput($valarray)
    {
        $this->studentdatainput($valarray);
        $this->gra_speciality = $valarray["speciality"];
        $this->gra_teacher = $valarray["teacher"];
    }
    function newpaper($title)
    {
        $this->gra_paper[$this->gra_papercount] = $title;
        $this->gra_papercount += 1;
    }
    function getgraduatedata()
    {
        return array(
            $this->name, $this->age,
            $this->sex, $this->stu_num,
            $this->stu_department, $this->gra_speciality,
            $this->gra_teacher);
    }
}
//创建一个复合类——对象既是研究生又是老师
class compound extends graduate
{
    var $teacherlink;
    function compound()
    {
        $this->teacherlink = new teacher;
    }
    function graduatedatainput($valarray1, $valarray2)
    {
        $this->studentdatainput($valarray1);
        $this->gra_speciality = $valarray1["speciality"];
        $this->gra_teacher = $valarray1["teacher"];
        $this->teacherlink->teacherdatainput($valarray2);
    }
}
```

```
//类声明完毕，进入对象具体操作
$array0 = array(
        "name" => "张三", "age"=>"24",
        "sex" =>"男", "num" => "1234567890",
        "department" => "计算机", "speciality" => "多媒体网络",
        teacher => "钱五");
$array1 = array(
        "name" => " 小芳", "age"=>"23",
        "sex" => "女", "num" => "0123456789",
        "department" => " 计算机", "speciality" => "人工智能",
        teacher => "赵六");
$array2 = array(
        "name" => "小芳", "age"=>"23",
        "sex" => "女", "num" => "9876543210",
        "department" => "经济学院", "course" => "国际金融",
        "wage" => 3500);
//创建对象，并赋予具体数据
$graduate1 = new graduate;
$graduate1->graduatedatainput($array0);
$compound1 = new compound;
$compound1->graduatedatainput($array1, $array2);
//输出研究生数据
$temp1 = $graduate1->getgraduatedata();
$temp2 = $compound1->getgraduatedata();
echo '<table border="2" align="center">';
echo '<caption align="center"> 研究生个人信息 </caption >';
echo '<th>"姓名" <th> "年龄" <th> "性别" <th> "学号"
<th> "所在院系" <th> "研究专业方向" <th> "导师姓名"';
echo "<tr>";
for ($i=0; $i<count($temp1); $i++)
{
    echo "<td>$temp1[$i]";
}
echo "<tr>";
for ($i=0; $i<count($temp2); $i++)
{
    echo "<td>$temp2[$i]";
}
echo "</table>";
echo "<p>";
$graduate1->newpaper("网络多媒体内容检索");
$graduate1->newpaper("虚拟现实与电子商务");
echo "<table border=\"1\" align=\"center\">";
echo "<tr><th>$graduate1->name 至今已发表的 $graduate1->gra_papercount
   篇论文如下：";
for ($i=0; $i<$graduate1->gra_papercount; $i++)
{
    $temp3 = $graduate1->gra_paper[$i];
    echo "<tr><td>$temp3";
}
```

```
echo "</table>";
echo "<p>";
//输出老师的数据
$temp3 = $compound1->teacherlink->getteacherdata();
echo '<table border="2" align="center">';
echo '<caption align="center"> 教师个人信息 </caption>';
$rowname1 = array(
  "姓名", "年龄", "性别", "教师职工号", "所在院系", "所授课程", "工资收入");
for ($i=0; $i<count($temp3); $i++)
{
    echo "<tr><td>$rowname1[$i]<td>$temp3[$i]";
}
echo "</table>";
?>
```

在本例中，建立了一系列关系比较复杂的类。首先是一个基本类"人"(human)，对象是普通人，接着是两个类：学生类(student)和教师类(teacher)，它们都继承基本类。然后是研究生类(graduate)，它继承了学生类。最后是一个复合类(compound)，它继承了研究生类和教师类两类的属性。前面我们已经说明 PHP 不允许多重继承，所以采用一种变通的方法，使得一个子类可以继承两个父类的属性。

从现实关系来看，无论学生和老师，都具备普通人的属性，而研究生是学生的一种，所以带有学生的属性。而复合类面向的是一种特殊对象，这种对象一方面是老师，在学校任教；另一方面又是研究生，攻读某个专业方向。这种情况在实际中是存在的，所以我们使用一个复合类来创建这种对象。可见，复合类的对象既具有研究生的属性，又具有老师的属性。

各类之间的关系如图 9-10 所示。

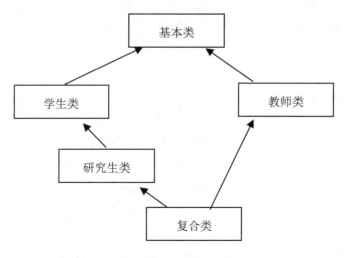

图 9-10　各类之间的关系

在了解清楚类关系后，我们来看看各个类的声明内容。

在研究生中，它的类声明带有论文(paper)和论文数(papercount)两个变量，其中，论文变量在声明时被定义为动态数组，而论文数变量在声明时也被初始化为 0。可见，在类中变量的声明与普通变量声明一样灵活，只不过要在前面加关键字 var 而已。

另外，当孙类函数 newpaper 被调用时，它就会把论文题目加入到变量数组 paper 中，并且变量 papercount 加 1。因此，我们可以通过这两个变量获知研究生发表论文的数量与题目，如图 9-11 所示。

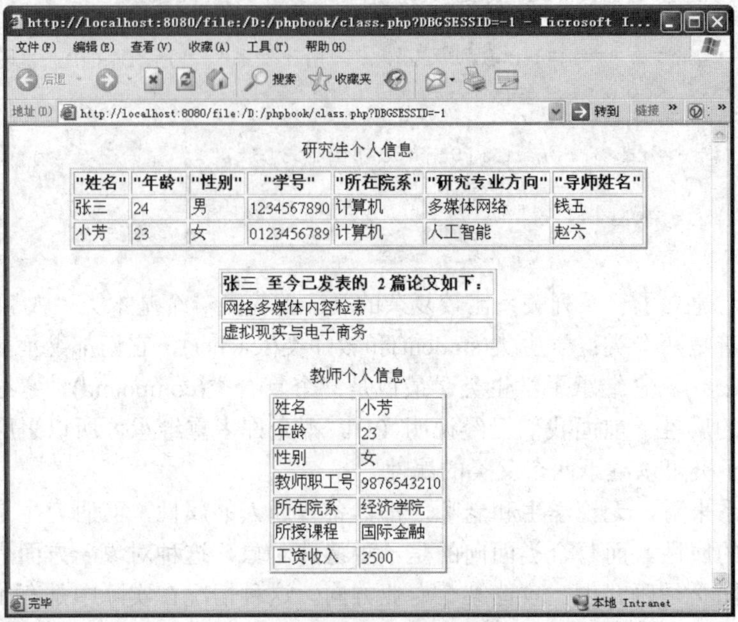

图 9-11　获知研究生发表论文的数量与题目

在复合类中，它一开始就继承了研究生类，然后声明了一个变量 teacherlink，这个变量是用于在复合类的内部创建一个教师类的对象。注意，这个对象操作必须放在函数内部或者在类外部实现，而不能在变量声明时直接创建。

当使用以下语句时：

```
var $teacherlink = new teacher();
```

PHP 会报告语法错误。这里，我们把对象创建操作放在构造函数中实现，对于这种操作，最好不要放在类的外部实现。这样，复合类就继承了研究生类和教师类两大类型的属性。当我们要调用研究生类或者以上祖先类的变量、函数时，直接使用对应的变量名、函数名即可。但当我们要调用教师类的变量、函数时，则要通过变量 teacherlink，例如：

```
$this->teacherlink->teacherdatainput($valarray2);
```

通过使用成员变量创建对象的方法，可以在一个子类中继承多个父类属性。在图 9-11 所示的结果中，我们可以看到对象"小芳"，就是具备研究生和教师两类属性的。

另外，在复合类中我们还看到，它也带有成员函数 graduatedatainput，而它的父类也带有一个同样名称的成员函数。这时，PHP 就会只识别最当前类的成员函数，而把祖先类内同名的成员函数都屏蔽掉了。因此，用户在使用时，一定要注意这种情况，根据需要决定是否屏蔽祖先类的某些成员函数。

当读者阅读如此长的程序时，会觉得程序缺乏组织。实际上，对于这种关系复杂的类声明，我们通常都是通过文件，把一个个类封装好，然后使用文件引用来实现类的继承。当进行继承时，我们只须把需要继承的类文件通过函数 require 引用进来即可。因此，对于上述程序，我们可以进行如下改造：

```
//假设基本类封装于文件 human.php 中，文件内容可参考 human 类的声明。
//假设学生类封装于文件 student.php 中，student.php 的代码如下
<?
require("human.php4");
class student
{
    student 类的声明内容
}
?>
//假设教师类封装于文件 teacher.php 中，teacher.php 的代码如下
<?
require("human.php4");
class teacher
{
    teacher 类的声明内容
}
?>
//假设研究生类封装于文件 graduate.php 中，graduate.php 的代码如下
<?
require("student.php4");
class graduate extends student
{
    graduate 类的声明内容
}
?>
//假设复合类封装于文件 compound.php4 中，compound.php 的代码如下
<?
require("graduate.php4");
require("teacher.php4");
class compound extends graduate
{
    compound 类的声明内容
}
?>
//在各个类声明文件封装好后，我们可以得到当前程序代码
<?
//创建对象，并赋予具体数据
$graduate1 = new graduate();
$graduate1->graduatedatainput($array0);
$compound1 = new compound();
$compound1->graduatedatainput($array1, $array2);
...
?>
```

可见，通过文件的封装，我们无须知道类内部的声明内容是什么。只须调用相应的类

声明文件，创建相应类的对象，就可以实现面向对象程序设计。

4. 实训素材

示例文件即下载资源中的"\案例文件\项目 9\上机实训\leizonghe.php"。

习　　题

1. 填空题

(1) 在类中，变量都是用关键字_____来初始化的。

(2) 类的继承特性允许复用已有的类，在已有类的基础上再进行更改。被继承的类叫_____，继承其他类的类叫_____。类的继承使用关键字_____。

(3) 当子类中需要用父类中相同的属性和操作时，在子类中再次声明相同的属性和操作也是必要的，这样，可以对父类中的某个属性在子类中赋予新的值，或者给某个操作赋予一个与其父类操作不同的功能，这就叫作_____。

(4) 面向对象的主要概念包括_____、_____、_____、_____和_____。

(5) PHP 提供了对象克隆机制，通过关键字_____进行克隆。

2. 选择题

(1) PHP 引入了接口，一个类可以实现(　　　)个接口。

A. 1　　　　　　　　　　　　　　B. 2

C. 不可以　　　　　　　　　　　　D. 无限多

(2) PHP 中，函数(　　　)可以将类转换为字符串。

A. _toString()　　　　　　　　　　B. toString()

C. _string()　　　　　　　　　　　D. string()

3. 问答题

(1) 试利用 PHP 语言定义一个汽车类，通过这个例子进一步巩固面向对象的概念。

(2) 试利用_toString()函数将以上定义的汽车类转换为字符串。

项目 10

使用 PHP 访问 MySQL 数据库

1. 项目要点

(1) 查询 newstable 数据表。

(2) 连接数据库。

2. 引言

MySQL 是一种快速而又稳定的关系数据库管理系统，可以高效地存储、查询、排序数据。MySQL 数据库控制对数据的访问，可确保多个用户并发地使用它，是一种多用户线程的数据库。

在本项目中，将通过一个项目导入、两个任务实施、一个上机实训，向读者介绍 PHP 中如何操作数据库，包括关系数据库查询语言的用法，数据库的连接与断开，查询数据库，检索查询结果，数据库中数据的插入、删除、更新以及查找等内容。

3. 项目导入

邓紫使用 PHP 连接 MySQL 数据库，并对数据进行查询、删除操作。具体步骤如下。

(1) 从数据库中查询指定类型的书籍数据，代码如下：

```php
<?php require_once('../Connections/conn.php'); ?>
<?php
$colname_BookInfo = "-1";
if (isset($_POST['BookType'])) {
    $colname_BookInfo = (get_magic_quotes_gpc())?
      $_POST['BookType'] : addslashes($_POST['BookType']);
}
MySQL_select_db($database_conn, $conn);
$query_BookInfo = sprintf(
  "SELECT * FROM booktable WHERE BookType = %s", $colname_BookInfo);
MySQL_query("SET NAMES 'GB2312'");
$BookInfo = MySQL_query($query_BookInfo, $conn) or die(MySQL_error());
$row_BookInfo = MySQL_fetch_assoc($BookInfo);
$totalRows_BookInfo = MySQL_num_rows($BookInfo);
?>
```

本段代码的功能是：连接数据库，执行 SQL 语句$query_BookInfo，查询数据库并取出数据集中的数据。

(2) 从数据库中删除指定编号的书籍数据，代码如下：

```php
<?php require_once('../Connections/conn.php'); ?>
<?php
$maxRows_Book = 10;
$pageNum_Book = 0;
if (isset($_GET['pageNum_Book'])) {
    $pageNum_Book = $_GET['pageNum_Book'];
}
$startRow_Book = $pageNum_Book * $maxRows_Book;
MySQL_select_db($database_conn, $conn);
$query_Book = "SELECT * FROM booktable";
```

```
$query_limit_Book = sprintf(
  "%s LIMIT %d, %d", $query_Book, $startRow_Book, $maxRows_Book);
$Book = MySQL_query($query_limit_Book, $conn) or die(MySQL_error());
$row_Book = MySQL_fetch_assoc($Book);
if (isset($_GET['totalRows_Book'])) {
    $totalRows_Book = $_GET['totalRows_Book'];
} else {
    $all_Book = MySQL_query($query_Book);
    $totalRows_Book = MySQL_num_rows($all_Book);
}
$totalPages_Book = ceil($totalRows_Book/$maxRows_Book) - 1;
$MM_paramName = "";
// 创建参数列表
$MM_removeList = "&index=";
if ($MM_paramName != "")
    $MM_removeList .= "&".strtolower($MM_paramName)."=";
$MM_keepURL = "";
$MM_keepForm = "";
$MM_keepBoth = "";
$MM_keepNone = "";
//将 URL 参数添加到 MM_keepURL 字符串
reset($HTTP_GET_VARS);
while (list($key, $val) = each($HTTP_GET_VARS)) {
    $nextItem = "&".strtolower($key)."=";
    if (!stristr($MM_removeList, $nextItem)) {
        $MM_keepURL .= "&".$key."=".urlencode($val);
    }
}
if(isset($HTTP_POST_VARS)) {
    reset($HTTP_POST_VARS);
    while (list($key, $val) = each($HTTP_POST_VARS)) {
        $nextItem = "&".strtolower($key)."=";
        if (!stristr($MM_removeList, $nextItem)) {
            $MM_keepForm .= "&".$key."=".urlencode($val);
        }
    }
}
//创建+URL 形式字符串，同时删除每个字符串的首字符'&'
$MM_keepBoth = $MM_keepURL."&".$MM_keepForm;
if (strlen($MM_keepBoth) > 0) $MM_keepBoth = substr($MM_keepBoth, 1);
if (strlen($MM_keepURL) > 0)  $MM_keepURL = substr($MM_keepURL, 1);
if (strlen($MM_keepForm) > 0) $MM_keepForm = substr($MM_keepForm, 1);
?>
```

本段代码的功能与从数据库取数据相同，不同之处在于，首先要查询数据库中这本书籍是否存在，如果存在，使用 delete 语句删除指定编号的书籍数据。

4. 项目分析

运用 PHP 访问 MySQL 数据库，从数据库中查询指定的书籍，并进行编辑操作。

5. 能力目标

(1) 掌握数据库查询语言。

(2) 掌握数据库的连接与断开操作。

6. 知识目标

(1) 学习数据定义语言(DDL)、数据操纵语言(DML)。

(2) 学习构建网上书店信息数据库系统。

任务一：查询 newstable 数据表

访问关系数据库管理系统(RDBMS)的标准语言是 SQL 语言，它的全称是 Structured Query Language。SQL 可以在数据库中增加、删除、修改、查询和保存数据。

MySQL、Oracle、Sybase 和 Microsoft SQL Server 等大多数数据库都支持 SQL 的语言。SQL 包含用于定义数据库的数据定义语言(Data Definition Language，DDL)和用于查询数据库的数据操作语言(Data Manipulation Language，DML)。

知识储备

1. 数据定义语言(DDL)

数据定义语言(DDL)，是用于描述数据库中要存储的现实世界实体的语言。一个数据库模式包含该数据库中所有实体的描述定义。这些定义包括结构定义、操作方法定义等。

数据库的操作，一般是先从创建开始，然后在创建的数据库中建表、添加数据。

(1) 创建数据库。

创建数据库的语句如下：

```
CREATE DATABASE 'DBName';
```

(2) 创建用户。

创建用户的语句如下：

```
GRANT privileges[columns]
ON item
TO user_name[IDENTIFIED BY "password"]
[REQUIRE ssl_options]
[WITH [GRANT OPTION | limit_options]]
```

方括号中的内容是可选的。

password 是用户登录时使用的密码。REQUIRE 子句的作用，是指定用户是否必须通过加密套接字连接。

如果指定 WITH GRANT OPTION 选项，表示允许指定的用户向别人授权自己所拥有的权限。用户权限及说明如表 10-1 所示。

表 10-1　用户权限

权　限	应用范围	意　义
SELECT	表，列	允许用户从表中选择行
INSERT	表，列	允许用户向表中插入新行
UPDATE	表，列	允许用户修改现存表里的行值
DELETE	表	允许用户删除现存表的行
INDEX	表	允许用户创建和拖动特定表索引
ALTER	表	允许用户改变现存表的结构
CREATE	数据库，表	允许用户创建新数据库或表
DROP	数据库，表	允许用户拖动或删除数据库或表

管理员权限及说明如表 10-2 所示。

表 10-2　管理员权限

权　限	意　义
CREATE TEMPORARY TABLE	允许管理员在 CREATE TABLE 语句中使用 TEMPORARY 关键字
FILE	允许将数据从文件读入表，或者从表读入文件
LOCK TABLES	允许使用 LOCK TABLES 语句
PROCESS	允许管理员查看属于所有用户的服务器进程
RELOAD	允许管理员重新载入授权表，清空授权、主机日志和表格
REPLICATION CLIENT	允许在复制主机和从机上使用 SHOW STATUS
REPLICATION SLAVE	允许复制从服务器连接到主服务器
SHOW DATABASES	允许使用 SHOW DATABASES 查看所有数据库列表
SHUTDOWN	允许关闭 MySQL 服务器
SUPER	允许管理属于任何用户的线程

此外还有两个特别的权限，如表 10-3 所示。

表 10-3　特殊权限

权　限	意　义
ALL	授予表 10-1 和 10-2 所列出的所有权限
USAGE	不授予权限

(3) 回收权限。

回收权限的语句如下：

```
REVOKE privileges[(columns)]
ON item
FROM user_name
```

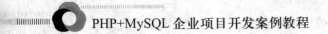

其中，privileges[(columns)]为权限列表，用逗号隔开；item 为数据库表列表；user_name 为用户名。

(4) 创建数据库表。

创建数据库表的语句如下：

```
CREATE TABLE tablename(columns)
```

其中 tablename 为表名；(column)为列列表。

2. 数据操作语言(DML)

在整个数据库操作中，最基本的操作有增加、删除、修改、查找。在这 4 种操作中，加入条件的约束和显示规则就完成了整个数据库的基本操作。

下面分别介绍一些基本操作的语句。

(1) 插入语句。

插入语句的格式如下：

```
INSERT INTO tablename[(column1, column2, column3, column4, ...)
 VALUES (value1, value2, value3, value4, ...);
```

下面举例说明。

在浏览器的地址栏中输入"http://localhost/phpMyAdmin/"，在左边的数据库文本框中选择 newsdb 数据库，然后选择表 newstable，单击 SQL 图标，在"在数据库 newsdb 运行 SQL 查询"下面的文本框中输入以下 SQL 语句：

```
INSERT INTO `newstable` ( `newsID` , `newsTitle` , `newsContent` ,
`newsAuthor` , `newsPlace` )
VALUES ('3',
        '我爱我家',
        '我爱我家我爱我家我爱我家我爱我家我爱我家我爱我家我爱我家我爱我家我爱我家',
        '我',
        '家'
);
```

单击"字段数"文本框下面的"执行"按钮，即可运行输入的 SQL 语句，如图 10-1 所示。

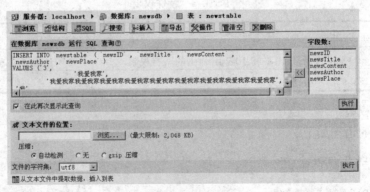

图 10-1　使用插入语句

执行结果如图 10-2 所示。

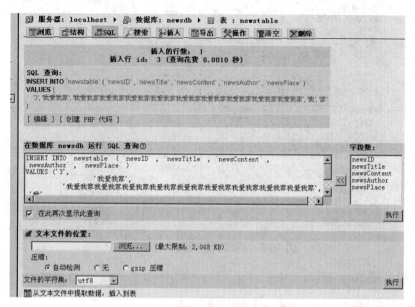

图 10-2　插入语句的执行结果

(2) 查询语句。

查询语句的格式如下：

```
SELECT [options] items
[INTO file_details]
FROM tables
[WHERE conditions]
[GROUP BY group_type]
[HAVING where_definition]
[ORDER BY order_type]
[LIMIT limit_criteria]
[PROCEDURE proc_name(arguments)]
[lock_options]
;
```

例如，对 newstable 表进行查询，返回所有的新闻标题(newsTitle)，输入以下 SQL 语句即可：

```
SELECT newsTitle
FROM 'newstable'
```

查询结果如图 10-3 所示。

下面对 newstable 表进行查询，返回新闻 ID(newID)等于 2 的新闻标题(newTitle)和新闻作者(newsAuthor)，输入以下 SQL 语句：

```
SELECT newsTitle,newsAuthor
FROM `newstable`
WHERE newsID='2'
```

```
显示行 0 - 5 (6 总计, 查询花费 0.0011 秒)
SQL 查询:
SELECT newsTitle
FROM `newstable`
LIMIT 0 , 30
```

[编辑]　[解释 SQL]　[创建 PHP 代码]　[刷新]

显示：　30　行，开始行数：　0

以　水平　模式显示，并且在　100　个单元格后重复标题

主键排序：　无　　执行

←T→	newsTitle
□ ✎ ✗	中非论坛峰会通过北京宣言
□ ✎ ✗	萨达姆称视死如归
□ ✎ ✗	我爱我家
□ ✎ ✗	测试
□ ✎ ✗	拉拉
□ ✎ ✗	旅游

图 10-3　返回新闻标题的查询结果

显示结果如图 10-4 所示。

```
显示行 0 - 0 (1 总计, 查询花费 0.0011 秒)
SQL 查询:
SELECT newsTitle, newsAuthor
FROM `newstable`
WHERE newsID = '2'
LIMIT 0 , 30
```

[编辑]　[解释 SQL]　[创建 PHP 代码]　[刷新]

显示：　30　行，开始行数：　0

以　水平　模式显示，并且在　100　个单元格后重复标题

←T→	newsTitle	newsAuthor
□ ✎ ✗	萨达姆称视死如归	思索

↑　全选 / 全部不选　选中项: ✎ ✗ 🗑

图 10-4　返回新闻 ID

下面对 newstable 表进行查询，以新闻作者(newsAuthor)为序返回所有新闻记录的新闻标题(newTitle)和新闻作者(newsAuthor)，输入以下 SQL 语句：

```
SELECT newsTitle,newsAuthor
FROM 'newstable'
order by newsAuthor
```

查询结果如图 10-5 所示。

下面对 newstable 表进行查询，返回前 4 条新闻记录。

输入以下 SQL 语句：

```
SELECT *
FROM 'newstable'
LIMIT 0,4
```

查询结果如图 10-6 所示。

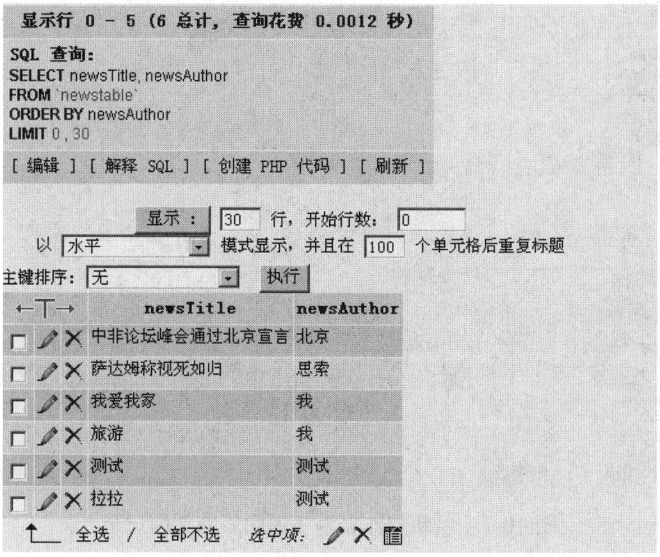

图 10-5　返回所有新闻记录的新闻标题和新闻作者

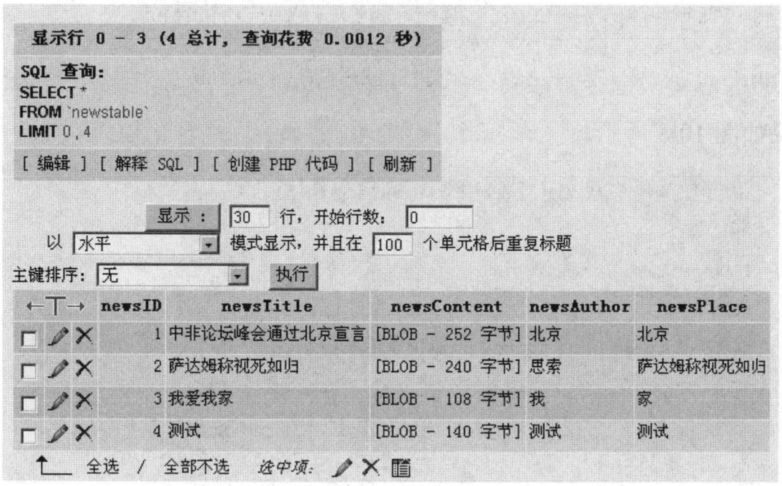

图 10-6　返回前 4 条新闻记录

下面对 newstable 表进行查询，以新闻作者(newsAuthor)为序返回所有新闻记录。

输入以下 SQL 语句：

```
SELECT *
FROM `newstable`
GROUP BY 'newsAuthor'
```

查询结果如图 10-7 所示。

下面看看如何进行双表查询。

首先在数据库 NewsDB 中新建表 newsTable2，然后向表 newsTable2 中插入一些数据。在左边的数据库文本框中选择 newsdb 数据库，然后单击 SQL 图标。

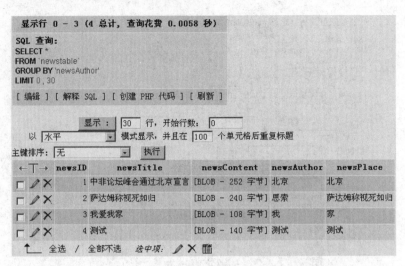

图 10-7　以新闻作者为序返回所有新闻记录

在"在数据库 newsdb 运行 SQL 查询"下面的文本框中，输入以下 SQL 语句：

```
SELECT newsTitle,newsAuthor,criticism,criticismAuthor
FROM newstable,newstable2
WHERE newstable.newsID=newstable2.newsID
```

执行结果如图 10-8 所示。

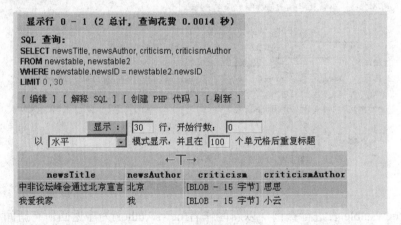

图 10-8　双表查询的结果

🐌 **拓展提高：**　在两个表或者多个表有相同的列时(除了关联列外)，SELECT 后面的列要带上表名称，而且，如果要带表名，则必须都带上。例如上面 SQL 语句又可以写成：

```
SELECT newstable.newsTitle, newstable.newsAuthor,
newstable2.criticism, newstable2.criticismAuthor
FROM newstable,newstable2
WHERE newstable.newsID=newstable2.newsID
```

任务实践

对 newstable 表进行查询，以新闻 ID(newsID)为序返回所有新闻记录，输入以下 SQL
语句：

```
SELECT *
FROM 'newstable'
ORDER BY newsID  desc
```

查询结果如图 10-9 所示。其中 DESC 是降序排列，升序排列用关键字 ASC，默认的
顺序是升序。

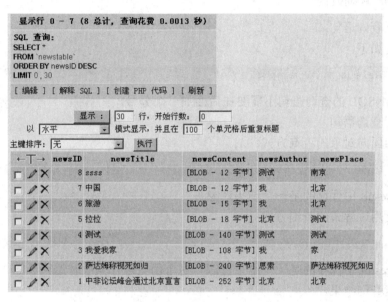

图 10-9　以新闻 ID 为序返回所有的新闻记录

任务二：连接数据库

知识储备

1. 连接数据库

在程序中使用以下语句连接 MySQL 数据库服务器：

```
@$db = new MySQLi('localhost','userName','password','databaseName');
```

以上代码实例化了 MySQLi 类并且创建了到主机 localhost 的连接，该连接使用的用户
名和密码分别为 userName 和 password，设置该连接为 databaseName 数据库。

也可以使用过程方式连接(以上是面向对象的连接方式)：

```
@$db = MySQLi_connect('localhost','userName','password','databaseName');
```

对于数据库的连接语句，要检查其是否连接成功，可以使用下列代码：

```
if(MySQLi_connect_errno())
{
    echo 'Error:could not connect to DB. Please try again later.'
    exit;
}
```

MySQL 的 max_connections 参数和 Apache 的 MaxClients 参数决定了同时连接数据库数量的限制。可以通过修改 MySQL 的配置文件 my.conf 和 Apache 的配置文件 httpd.conf 来修改它们的默认值。

2. 从 PHP 查询数据库

(1) 建立查询语句。

查询语句如下：

```
$sql = "select * from newsTable"
```

发送给 MySQL 的查询语句不需要在后面加一个分号。

(2) 运行查询语句。

可以使用面向对象的查询方式：

```
$result = $db->query($sql);
```

此时，$result 中保存的是一个结果对象。

也可以使用过程式的查询方式：

```
$result = MySQLi->query($db, $sql);
```

此时，$result 中保存的是一个结果资源。这个函数运行失败时返回 false。

(3) 检索查询结果。

如果前面是使用面向对象的方法获取的$result，那么返回的行数保存在结果对象的 num_rows 成员变量中，可以通过以下形式访问：

```
$num_results = $result->num_rows;
```

如果是使用面向过程的方法获取$result，返回的行数可以由函数 MySQLi_num_rows 给出。可以通过以下形式访问：

```
$num_results = MySQLi_num_rows($result);
```

可以通过一个循环来处理这些返回结果：

```
for($i=0; $i<$num_results; $i++)
{
    //处理返回结果
}
```

在每次循环中，都将调用$row=$result->fetch_assoc()函数(如果前面是使用面向过程的方法获取的$result，那么就调用$row=$MySQLi_fetch_assoc($result)，该函数接受结果集合中的每一行，并以一个相关数组返回该行，每个关键词为一个属性名，每个值为数组中相应的值，如果没有返回行，则该循环将停止。

如果不使用相关数组，可以使用函数 MySQLi_fetch_row()将结果取出，到一个列举数组中：

```
$row = $result->fetch_row($result); //面向对象
```

或者：

```
$row = MySQLi_fetch_row($result); //面向过程
```

使用这种方式，属性值在每个数组值$row[0]、$row[1]...里面列出。

也可以使用 MySQLi_fetch_object()函数将一行取到一个对象中，如下所示：

```
$row = $result->fetch_object(); //面向对象
```

或者：

```
$row = MySQLi_fetch_object($result); //面向过程
```

然后通过$row->newsTitle、$row->newsAuthor 等访问每个取到的值。

(4) 关闭数据库。

可以通过下面的语句来释放结果集：

```
$result->free(); //面向对象
```

或者：

```
MySQLi_free_result($result); //面向过程
```

然后使用下面的语句来关闭数据库：

```
$db->close();          //面向对象
MySQLi_close($db); //面向过程
```

任务实践

使用 PHP 连接 MySQL 数据库，代码如下：

```
<?php
# FileName="Connection_php_MySQL.htm"
# Type="MYSQL"
# HTTP="true"
$hostname_conn = "localhost";
$database_conn = "bookdb";
$username_conn = "root";
$password_conn = "";
$conn = MySQL_pconnect($hostname_conn, $username_conn, $password_conn)
or trigger_error(MySQL_error(), E_USER_ERROR);
?>
```

本段代码的功能：用 MySQL_pconnect()函数连接数据，将数据库名、地址、账户、密码作为参数传递。

上机实训：创建网上书店信息数据库系统

1. 实训背景

邓紫是飞扬科技公司的 IT 部职员，接到主管布置的任务，需要制作一个网上书店信息系统，实现对数据库的基本操作。

2. 实训内容和要求

运用 PHP 连接后台 MySQL 数据库，使得管理员能够对网上书店信息数据库系统进行查询、删除等操作。

3. 实训步骤

(1) 建立网上书店的数据库和数据库表。

步骤如下。

① 首先建立网上书店的数据库，在浏览器的地址栏中输入：

```
http://localhost/phpMyAdmin/index.php
```

根据如图 10-10 所示的设置，来建立 bookdb 数据库。单击"创建"按钮，即可创建 bookdb 数据库。

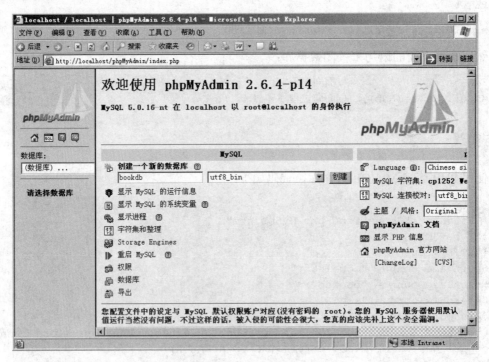

图 10-10　建立 bookdb 数据库

② 建立网上书店数据库用到的数据表 bookTable，表的结构如表 10-4 所示。

表 10-4 bookTable 表的结构

字段名称	数据结构	是否可以为空	说　明
BookID	int(20)	否	书籍编号，作为主键，使用 AUTO_INCREMENT 关键字
BookName	varchar(100)	否	书籍名称
BookAuthor	varchar(100)	否	书籍作者
BookType	tinyint(4)	否	书籍类型
BookPrice	float	否	书籍价格

bookTable 表的脚本文件如下：

```
CREATE TABLE 'booktable' (
  'BookID' int(20) unsigned NOT NULL auto_increment,
  'BookName' varchar(100) character set gb2312 collate gb2312_bin
    NOT NULL,
  'BookAuthor' varchar(100) character set gb2312 collate gb2312_bin
    NOT NULL,
  'BookType' tinyint(4) NOT NULL,
  'BookPrice' float NOT NULL,
  PRIMARY KEY  ('BookID')
) ENGINE=MyISAM DEFAULT CHARSET=utf8 COLLATE=utf8_bin AUTO_INCREMENT=9;
```

③ 使用 phpMyAdmin 来建立数据库表，选择数据库 bookdb，然后输入表名 bookTable，字段数 5，如图 10-11 所示。

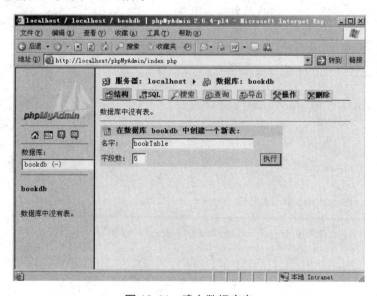

图 10-11 建立数据库表

④ 单击"执行"按钮。然后建立表的各个字段，如图 10-12 所示。建立完后，单击"保存"按钮，即可完成 bookTable 表的建立。

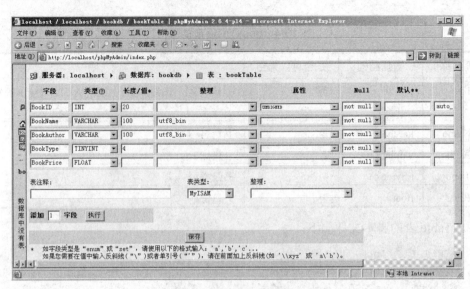

图 10-12　建立数据库表的各字段

(2)　建立网上书店的首页。

建立网上书店的首页 index.php，步骤如下。

①　新建一个记事本文件，编写代码如下：

```
<!DOCTYPE html PUBLIC "-//W3C//DTD XHTML 1.0 Transitional//EN"
  "http://www.w3.org/TR/xhtml1/DTD/xhtml1-transitional.dtd">
<html xmlns="http://www.w3.org/1999/xhtml">
<head>
<meta http-equiv="Content-Type" content="text/html; charset=gb2312" />
<title>网上书店</title>
</head>
<body bgcolor="#f4f4f4">
<table width="100%" border="0" align="center">
  <tr>
    <td width="27%" height="68" rowspan="2">
    <img width="200" height="106"
      src="images/book_logo.jpg" />
    </td>
    <td height="68" colspan="4">
    <font face="隶书" size="+4"
      color="#cccc00">网上书店</font>
    </td>
    <td width="7%" rowspan="2"> </td>
  </tr>
  <tr>
    <td colspan="4" align="center">欢迎光临我们的网站</td>
  </tr>
  <tr>
    <td width="27%" height="20"> </td>
    <td width="20%" height="20" align="left" valign="middle">
      <a href="index.php">首页</a>
```

```
    </td>
    <td width="20%" height="20" align="left" valign="middle">
      <a href="allBooklist.php">所有图书</a>
    </td>
    <td width="20%" height="20" align="left" valign="middle">
      <a href="insertBook.php">插入书籍</a>
    </td>
    <td width="40%" height="20" align="left" valign="middle">
      <a href="deleteBook.php">删除图书</a>
    </td>
    <td width="7%" height="20"> </td>
  </tr>
  <tr>
    <td height="169" colspan="6" align="center">
    <form id="form1" name="form1" method="post"
      action="bookInfolist.php">
      请您选择要查找的书籍类型
      <select name="BookType" id="BookType">
      <option value="1">计算机类图书</option>
      <option value="2">医药类书籍</option>
      <option value="3">外语类书籍</option>
    </select>
        <p>
          <input type="submit" name="Submit" value="提交" />
        </p>
    </form>
    </td>
  </tr>
  <tr>
    <td colspan="6"><table width="100%" border="0">
     <hr>
     <tr>
      <td align="center" valign="middle">Copyright@2006 lanmo </td>
     </tr>
     <tr>
      <td align="center" valign="middle">XXX Email:lanmo@myweb.com</td>
     </tr>
    </table>
    </td>
  </tr>
</table>
</body>
</html>
```

这段代码的功能是创建网上书店的首页。

② 将代码保存在网站根目录下面的文件夹 BookOnLine 中(先在网站根目录下面建立一个 BookOnLine 文件夹)，文件名为 index.php。

③ 在浏览器的地址栏中输入"http://localhost/BookOnLine/index.php"，结果如图 10-13 所示。

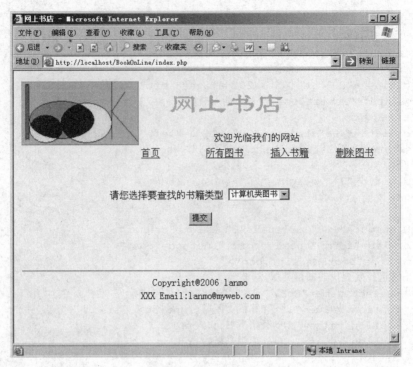

图 10-13　网上书店的首页

(3)　建立数据库连接文件。

建立数据库连接文件(单独提出来以便于复用)conn.php，步骤如下。

①　新建一个记事本文件，编写代码如下：

```php
<?php
# FileName="Connection_php_MySQL.htm"
# Type="MYSQL"
# HTTP="true"
$hostname_conn = "localhost";
$database_conn = "bookdb";
$username_conn = "root";
$password_conn = "";
$conn = MySQL_pconnect($hostname_conn, $username_conn, $password_conn)
or trigger_error(MySQL_error(), E_USER_ERROR);
?>
```

②　将代码保存在网站根目录下面的 Connections 文件夹中(先在网站的根目录下面建立一个 Connections 文件夹)，文件名为 conn.php。

(4)　建立书籍信息页面。

建立接收处理文件 bookInfolist.php，步骤如下。

①　新建一个记事本文件，编写代码如下：

```php
<?php require_once('../Connections/conn.php'); ?>
<?php
$colname_BookInfo = "-1";
```

```
if (isset($_POST['BookType'])) {
  $colname_BookInfo = (get_magic_quotes_gpc())?
    $_POST['BookType'] : addslashes($_POST['BookType']);
}
MySQL_select_db($database_conn, $conn);
$query_BookInfo = sprintf(
  "SELECT * FROM booktable WHERE BookType = %s", $colname_BookInfo);
MySQL_query("SET NAMES 'GB2312'");
$BookInfo = MySQL_query($query_BookInfo, $conn) or die(MySQL_error());
$row_BookInfo = MySQL_fetch_assoc($BookInfo);
$totalRows_BookInfo = MySQL_num_rows($BookInfo);
?>
```

上面这段代码的作用是从数据库表 booktable 中查询指定信息。

② 添加以下代码：

```
<!DOCTYPE html PUBLIC "-//W3C//DTD XHTML 1.0 Transitional//EN"
  "http://www.w3.org/TR/xhtml1/DTD/xhtml1-transitional.dtd">
<html xmlns="http://www.w3.org/1999/xhtml">
<head>
<meta http-equiv="Content-Type" content="text/html; charset=gb2312" />
<title>网上书店-图书列表</title>
</head>
<body bgcolor="#f4f4f4">
<table width="100%" border="0" align="center">
  <tr>
    <td width="27%" height="68" rowspan="2">
      <img width="200" height="106" src="images/book_logo.jpg" />
    </td>
    <td height="68" colspan="4">
      <font face="隶书" size="+4" color="#cccc00">网上书店</font>
    </td>
    <td width="10%" rowspan="2"> </td>
  </tr>
  <tr>
    <td colspan="4" align="center">欢迎光临我们的网站</td>
  </tr>
  <tr>
    <td width="27%" height="20"> </td>
    <td width="20%" height="20" align="center">
      <a href="index.php">首页</a>
    </td>
    <td width="20%" height="20" align="center" valign="middle">
      <a href="allBooklist.php">所有图书</a>
    </td>
    <td width="20%" height="20"><a href="insertBook.php">插入书籍</a></td>
    <td width="25%" height="20"><a href="deleteBook.php">删除图书</a></td>
    <td width="10%" height="20"> </td>
  </tr>
  <tr>
    <td height="169" colspan="6" align="center">
```

```
    <table width="100%" border="0" align="center">
      <tr align="center">
        <td width="60%">您所选择的书有: </td>
      </tr>
      <tr>
        <?php do { ?>
      </tr>
      <tr>
        <td width="60%" align="center">
          <?php echo $row_BookInfo['BookName']; ?>
        </td>
        <td width="40%" align="left">
          <?php echo $row_BookInfo['BookAuthor']; ?>
        </td>
      </tr>
      <?php } while ($row_BookInfo = MySQL_fetch_assoc($BookInfo)); ?>
      <tr align="center">
        <td width="60%"></td>
      </tr>
      <tr align="center">
        <td width="60%"> </td>
      </tr>
    </table>
    </td>
  </tr>
  <tr>
    <td colspan="6"><table width="100%" border="0">
      <hr />
      <tr>
        <td align="center" valign="middle">Copyright@2006 lanmo </td>
      </tr>
      <tr>
        <td align="center" valign="middle">XXX Email:lanmo@myweb.com</td>
      </tr>
    </table></td>
  </tr>
</table>
</body>
</html>
<?php
MySQL_free_result($BookInfo);
?>
```

这段代码的作用是显示所要求的类型的图书。

③ 然后将代码以 bookInfolist.php 为文件名保存在网站根目录下面的 BookOnLine 文件夹中。

④ 在浏览器的地址栏中输入 "http://localhost/BookOnLine/index.php", 显示的结果如图 10-13 所示。选择一种类型的图书, 然后单击 "提交" 按钮, 结果如图 10-14 所示。

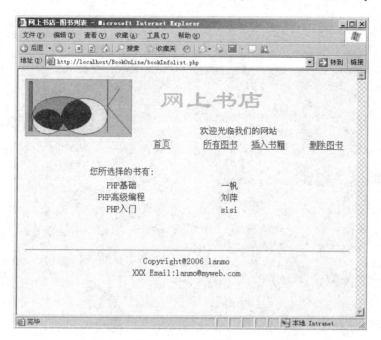

图 10-14　网上书店选择类型下的图书列表

（5）建立所有书籍信息的页面。

allBooklist.php 页面显示所有书籍，建立的步骤如下。

① 新建一个记事本文件，编写代码如下：

```php
<?php require_once('../Connections/conn.php'); ?>
<?php
$maxRows_Book = 10;
$pageNum_Book = 0;
if (isset($_GET['pageNum_Book'])) {
    $pageNum_Book = $_GET['pageNum_Book'];
}
$startRow_Book = $pageNum_Book * $maxRows_Book;
MySQL_select_db($database_conn, $conn);          //连接数据库
$query_Book = "SELECT * FROM booktable";
$query_limit_Book = sprintf("%s LIMIT %d, %d", $query_Book,
  $startRow_Book, $maxRows_Book);
$Book = MySQL_query($query_limit_Book, $conn) or die(MySQL_error());
$row_Book = MySQL_fetch_assoc($Book);
if (isset($_GET['totalRows_Book'])) {
    $totalRows_Book = $_GET['totalRows_Book'];
} else {
    $all_Book = MySQL_query($query_Book);
    $totalRows_Book = MySQL_num_rows($all_Book);
}
$totalPages_Book = ceil($totalRows_Book/$maxRows_Book) - 1;
?>
```

上面这段代码的作用是从数据库表 booktable 中取出所有信息。

② 再添加以下代码：

```
<!DOCTYPE html PUBLIC "-//W3C//DTD XHTML 1.0 Transitional//EN"
  "http://www.w3.org/TR/xhtml1/DTD/xhtml1-transitional.dtd">
<html xmlns="http://www.w3.org/1999/xhtml">
<head>
<meta http-equiv="Content-Type" content="text/html; charset=gb2312" />
<title>网上书店-全部图书列表</title>
</head>
<body>
<table width="100%" border="0" align="center">
  <tr>
    <td width="27%" height="68" rowspan="2">
      <img width="200" height="106" src="images/book_logo.jpg" /></td>
    <td height="68" colspan="4">
      <font face="隶书" size="+4" color="#cccc00">网上书店</font></td>
    <td width="7%" rowspan="2"> </td>
  </tr>
  <tr>
    <td colspan="4" align="center">欢迎光临我们的网站</td>
  </tr>
  <tr>
    <td width="27%" height="20"> </td>
    <td width="20%" height="20" align="left" valign="middle">
     <a href="index.php">首页</a></td>
    <td width="20%" height="20" align="left" valign="middle">
     <a href="allBooklist.php">所有图书</a></td>
    <td width="20%" height="20" align="left" valign="middle">
     <a href="insertBook.php">插入书籍</a></td>
    <td width="40%" height="20" align="left" valign="middle">
     <a href="deleteBook.php">删除图书</a></td>
    <td width="7%" height="20"> </td>
  </tr>
  <tr>
    <td height="169" colspan="6" align="center">
    <table width="100%" border="0">
      <tr>
        <td colspan="3" align="center">书店所有图书</td>
      </tr>
      <tr valign="middle">
        <td align="center">书名</td>
        <td align="center">作者</td>
        <td align="center">图书类型</td>
      </tr>
      <?php do { ?>
        <tr align="center" valign="middle">
          <td><?php echo $row_Book['BookName']; ?></td>
         <td><?php echo $row_Book['BookAuthor']; ?></td>
          <td><?php echo $row_Book['BookType']; ?></td>
        </tr>
```

```
    <?php } while ($row_Book = MySQL_fetch_assoc($Book)); ?>
  </table></td>
</tr>
<tr>
  <td colspan="6"><table width="100%" border="0">
   <hr />
   <tr>
    <td align="center" valign="middle">Copyright@2006 lanmo </td>
   </tr>
   <tr>
    <td align="center" valign="middle">XXX Email:lanmo@myweb.com</td>
   </tr>
  </table></td>
 </tr>
</table>
</body>
</html>
<?php
MySQL_free_result($Book);
?>
```

这段代码的作用，是显示数据库表 booktable 中所有书籍的信息。

③　然后将代码以 allBooklist.php 为文件名保存在网站根目录下面的 BookOnLine 文件夹中。

④　在浏览器的地址栏中输入"http://localhost/BookOnLine/index.php"，结果如图 10-13 所示。单击"所有图书"链接，结果如图 10-15 所示。

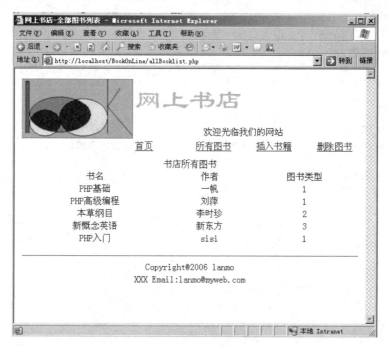

图 10-15　网上书店的全部图书列表

(6) 建立插入书籍信息页面。

插入书籍信息的页面为 insertBook.php，创建步骤如下。

① 新建一个记事本文件，编写代码如下：

```php
<?php require_once('../Connections/conn.php'); ?>
<?php
function GetSQLValueString($theValue, $theType, $theDefinedValue="",
 $theNotDefinedValue = "")
{
   $theValue = (!get_magic_quotes_gpc())?
                   addslashes($theValue) : $theValue;
   switch ($theType) {
       case "text":
           $theValue = ($theValue != "")? "'" . $theValue . "'" : "NULL";
           break;
       case "long":
       case "int":
           $theValue = ($theValue != "")? intval($theValue) : "NULL";
           break;
       case "double":
           $theValue = ($theValue != "")?
                           "'" . doubleval($theValue) . "'" : "NULL";
           break;
       case "date":
           $theValue = ($theValue != "")? "'" . $theValue . "'" : "NULL";
           break;
       case "defined":
           $theValue = ($theValue != "")?
                           $theDefinedValue : $theNotDefinedValue;
           break;
   }
   return $theValue;
}
$editFormAction = $_SERVER['PHP_SELF'];
if (isset($_SERVER['QUERY_STRING'])) {
   $editFormAction .= "?" . htmlentities($_SERVER['QUERY_STRING']);
}
if ((isset($_POST["MM_insert"])) && ($_POST["MM_insert"] == "form1")) {
   $insertSQL = sprintf("INSERT INTO booktable (BookID, BookName,
     BookAuthor, BookType) VALUES (%s, %s, %s, %s)",
                   GetSQLValueString($_POST['BookID'], "int"),
                   GetSQLValueString($_POST['BookName'], "text"),
                   GetSQLValueString($_POST['BookAuthor'], "text"),
                   GetSQLValueString($_POST['BookType'], "int"));
   MySQL_select_db($database_conn, $conn);
   $Result1 = MySQL_query($insertSQL, $conn) or die(MySQL_error());
   $insertGoTo = "insertSuccess.php";
   if (isset($_SERVER['QUERY_STRING'])) {
       $insertGoTo .= (strpos($insertGoTo, '?')) ? "&" : "?";
       $insertGoTo .= $_SERVER['QUERY_STRING'];
```

```
  }
    header(sprintf("Location: %s", $insertGoTo));
}
MySQL_select_db($database_conn, $conn);
$query_Book = "SELECT * FROM booktable";
$Book = MySQL_query($query_Book, $conn) or die(MySQL_error());
$row_Book = MySQL_fetch_assoc($Book);
$totalRows_Book = MySQL_num_rows($Book);
?>
```

上面这段代码，会把从页面获取的用户输入信息插入到数据库的 booktable 表中。

② 再添加以下代码：

```
<!DOCTYPE html PUBLIC "-//W3C//DTD XHTML 1.0 Transitional//EN"
  "http://www.w3.org/TR/xhtml1/DTD/xhtml1-transitional.dtd">
<html xmlns="http://www.w3.org/1999/xhtml">
<head>
<meta http-equiv="Content-Type" content="text/html; charset=gb2312" />
<title>插入书籍</title>
</head>
<body>
<table width="100%" border="0" align="center">
  <tr>
    <td width="27%" height="68" rowspan="2">
      <img width="200" height="106" src="images/book_logo.jpg" /></td>
    <td height="68" colspan="4">
      <font face="隶书" size="+4" color="#cccc00">网上书店</font></td>
    <td width="7%" rowspan="2"> </td>
  </tr>
  <tr>
    <td colspan="4" align="center">欢迎光临我们的网站</td>
  </tr>
  <tr>
    <td width="27%" height="20"> </td>
    <td width="20%" height="20" align="left" valign="middle">
     <a href="index.php">首页</a></td>
    <td width="20%" height="20" align="left" valign="middle">
     <a href="allBooklist.php">所有图书</a></td>
    <td width="20%" height="20" align="left" valign="middle">
     <a href="insertBook.php">插入书籍</a></td>
    <td width="40%" height="20" align="left" valign="middle">
     <a href="deleteBook.php">删除图书</a></td>
    <td width="7%" height="20"> </td>
  </tr>
  <tr>
    <td height="169" colspan="6" align="center">
     <form id="form1" name="form1" method="POST"
       action="<?php echo $editFormAction; ?>">
      <table width="100%" border="0">
       <tr align="center">
         <td colspan="2">插入书籍</td>
```

```
          </tr>
          <tr>
            <td width="40%" align="right" valign="middle">书籍名称: </td>
            <td align="left" valign="middle">
              <input name="BookName" type="text" id="BookName" size="30" />
            </td>
          </tr>
          <tr>
            <td width="40%" align="right" valign="middle">书籍作者: </td>
            <td align="left" valign="middle">
              <input name="BookAuthor" type="text" id="BookAuthor" size="20" />
            </td>
          </tr>
          <tr>
            <td width="40%" align="right" valign="middle">书籍类型: </td>
            <td align="left" valign="middle">
              <select name="BookType" id="BookType">
                <option value="1">计算机书籍</option>
                <option value="2">医学书籍</option>
                <option value="3">英语书籍</option>
              </select>
            </td>
          </tr>
          <tr>
            <td colspan="2" align="center" valign="middle">
              <input name="BookID" type="hidden" id="BookID" />
              <input type="submit" name="Submit" value="提交" /></td>
          </tr>
        </table>
        <input type="hidden" name="MM_insert" value="form1">
      </form>
      </td>
  </tr>
  <tr>
    <td colspan="6"><table width="100%" border="0">
    <hr />
    <tr>
      <td align="center" valign="middle">Copyright@2006 lanmo </td>
    </tr>
    <tr>
      <td align="center" valign="middle">XXX Email:lanmo@myweb.com</td>
    </tr>
    </table></td>
  </tr>
</table>
</body>
</html>
<?php
MySQL_free_result($Book);
?>
```

上面这段代码的作用，是建立两个文本框及一个下拉菜单，下拉菜单显示可供选择的书籍类型信息。最后将显示版权声明。

③　然后将代码以 insertBook.php 为文件名保存在网站根目录下面的 BookOnLine 文件夹中。

④　新建一个记事本文件，编写代码如下：

```
<!DOCTYPE html PUBLIC "-//W3C//DTD XHTML 1.0 Transitional//EN"
  "http://www.w3.org/TR/xhtml1/DTD/xhtml1-transitional.dtd">
<html xmlns="http://www.w3.org/1999/xhtml">
<head>
<meta http-equiv="Content-Type" content="text/html; charset=gb2312" />
<title>插入成功</title>
</head>
<body>
恭喜您，插入成功！
<a href="index.php">[返回首页]</a>
</body>
</html>
```

⑤　然后将代码以 insertSuccess.php 为文件名保存在网站根目录下面的 BookOnLine 文件夹中。

⑥　在浏览器的地址栏中输入"http://localhost/BookOnLine/index.php"，结果如图 10-13 所示。单击"插入书籍"链接，结果如图 10-16 所示。此时，可以插入信息来测试一下。

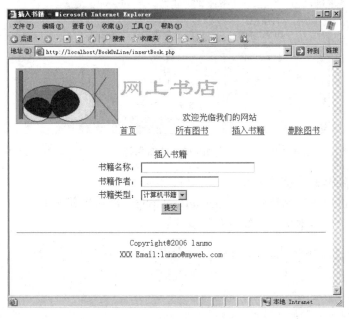

图 10-16　插入书籍

⑦　输入书籍名称"GRE 英语"，书籍作者"lala"，书籍类型选择"英语书籍"。然后单击"提交"按钮，结果如图 10-17 所示。

图 10-17　书籍插入成功

⑧　单击"[返回首页]"，然后单击"所有图书"，可以看到，此时，书籍信息中已经有刚才插入的书籍，如图 10-18 所示。

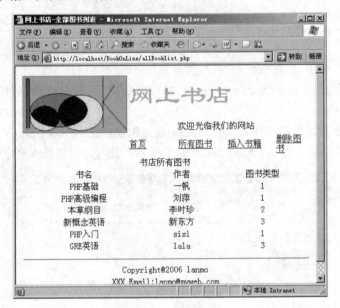

图 10-18　所有书籍

(7)　建立删除书籍信息的页面。

下面的内容讲述删除书籍的页面 deleteBook.php，创建步骤如下。

①　新建一个记事本文件，编写代码如下：

```php
<?php require_once('../Connections/conn.php'); ?>
<?php
$maxRows_Book = 10;
$pageNum_Book = 0;
if (isset($_GET['pageNum_Book'])) {
    $pageNum_Book = $_GET['pageNum_Book'];
}
$startRow_Book = $pageNum_Book * $maxRows_Book;
MySQL_select_db($database_conn, $conn);
$query_Book = "SELECT * FROM booktable";
```

```php
$query_limit_Book = sprintf(
  "%s LIMIT %d, %d", $query_Book, $startRow_Book, $maxRows_Book);
$Book = MySQL_query($query_limit_Book, $conn) or die(MySQL_error());
$row_Book = MySQL_fetch_assoc($Book);
if (isset($_GET['totalRows_Book'])) {
    $totalRows_Book = $_GET['totalRows_Book'];
} else {
    $all_Book = MySQL_query($query_Book);
    $totalRows_Book = MySQL_num_rows($all_Book);
}
$totalPages_Book = ceil($totalRows_Book/$maxRows_Book) - 1;
$MM_paramName = "";
// 创建参数列表
$MM_removeList = "&index=";
if ($MM_paramName != "")
    $MM_removeList .= "&".strtolower($MM_paramName)."=";
$MM_keepURL = "";
$MM_keepForm = "";
$MM_keepBoth = "";
$MM_keepNone = "";
//将 URL 参数添加到 MM_keepURL 字符串
reset ($HTTP_GET_VARS);
while (list ($key, $val) = each ($HTTP_GET_VARS)) {
    $nextItem = "&".strtolower($key)."=";
    if (!stristr($MM_removeList, $nextItem)) {
        $MM_keepURL .= "&".$key."=".urlencode($val);
    }
}
if(isset($HTTP_POST_VARS)) {
    reset($HTTP_POST_VARS);
    while(list ($key, $val) = each ($HTTP_POST_VARS)) {
        $nextItem = "&".strtolower($key)."=";
        if (!stristr($MM_removeList, $nextItem)) {
            $MM_keepForm .= "&".$key."=".urlencode($val);
        }
    }
}
//创建+URL 形式的字符串，同时删除每个字符串的首字符'&'
$MM_keepBoth = $MM_keepURL."&".$MM_keepForm;
if (strlen($MM_keepBoth) > 0) $MM_keepBoth = substr($MM_keepBoth, 1);
if (strlen($MM_keepURL) > 0)  $MM_keepURL = substr($MM_keepURL, 1);
if (strlen($MM_keepForm) > 0) $MM_keepForm = substr($MM_keepForm, 1);
?>
```

上面这段代码的作用是从数据库中查询书籍信息，并保存页面跳转信息。

② 再添加以下代码：

```html
<!DOCTYPE html PUBLIC "-//W3C//DTD XHTML 1.0 Transitional//EN"
  "http://www.w3.org/TR/xhtml1/DTD/xhtml1-transitional.dtd">
<html xmlns="http://www.w3.org/1999/xhtml">
<head>
<meta http-equiv="Content-Type" content="text/html; charset=gb2312" />
```

```
<title>网上书店-全部图书列表</title>
</head>
<body>
<table width="100%" border="0" align="center">
  <tr>
    <td width="27%" height="68" rowspan="2">
      <img width="200" height="106" src="images/book_logo.jpg" /></td>
    <td height="68" colspan="4">
      <font face="隶书" size="+4" color="#cccc00">网上书店</font></td>
    <td width="7%" rowspan="2"> </td>
  </tr>
  <tr>
    <td colspan="4" align="center">欢迎光临我们的网站</td>
  </tr>
  <tr>
    <td width="27%" height="20"> </td>
    <td width="20%" height="20" align="left" valign="middle">
     <a href="index.php">首页</a></td>
    <td width="20%" height="20" align="left" valign="middle">
     <a href="allBooklist.php">所有图书</a></td>
    <td width="20%" height="20" align="left" valign="middle">
     <a href="insertBook.php">插入书籍</a></td>
    <td width="40%" height="20" align="left" valign="middle">
     <a href="deleteBook.php">删除图书</a></td>
    <td width="7%" height="20"> </td>
  </tr>
  <tr>
    <td height="169" colspan="6" align="center">
    <form id="form1" name="form1" method="post" action="">
      <table width="100%" border="0">
        <tr>
          <td colspan="4" align="center">书店所有图书</td>
        </tr>
        <tr valign="middle">
          <td align="center">书名</td>
          <td align="center">作者</td>
          <td align="center">图书类型</td>
          <td align="center">删除</td>
        </tr>
        <?php do { ?>
        <tr align="center" valign="middle">
          <td><?php echo $row_Book['BookName']; ?></td>
          <td><?php echo $row_Book['BookAuthor']; ?></td>
          <td><?php echo $row_Book['BookType']; ?>
          <input name="BookID" type="hidden" id="BookID"
          value="<?php echo $row_Book['BookID']; ?>" /></td>
          <td><a href="delete.php?
              <?php echo $MM_keepURL.(($MM_keepURL!="")?
              "&":"")."BookID=".$row_Book['BookID'] ?>">删除</a></td>
        </tr>
        <?php } while ($row_Book = MySQL_fetch_assoc($Book)); ?>
```

```
      </table>
        </form>
  </td>
 </tr>
 <tr>
  <td colspan="6"><table width="100%" border="0">
   <hr />
   <tr>
    <td align="center" valign="middle">Copyright@2006 lanmo </td>
   </tr>
   <tr>
    <td align="center" valign="middle">XXX Email:lanmo@myweb.com</td>
   </tr>
  </table></td>
 </tr>
</table>
</body>
</html>
<?php
MySQL_free_result($Book);
?>
```

上面这段代码的作用是显示书籍信息，并且提供删除操作，但是，真正的删除操作并不是在此页面，后面建立的 delete.php 将完成删除功能。

③　然后，将代码以 deleteBook.php 为文件名保存在网站根目录下面的 BookOnLine 文件夹中。

④　在浏览器的地址栏中输入"http://localhost/BookOnLine/index.php"，结果如图 10-13 所示。单击"删除图书"链接，结果如图 10-19 所示。

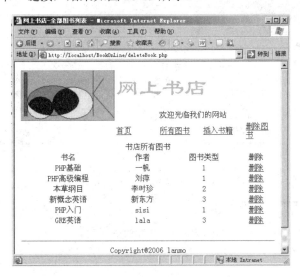

图 10-19　删除书籍信息

(8)　建立删除功能的页面。

下面的内容讲述如何创建删除页面 delete.php，步骤如下。

① 新建一个记事本文件，编写代码如下：

```
<title>删除书籍信息</title>
<?php require_once('../Connections/conn.php'); ?>
<?php
$colname_Book = "-1";
if (isset($_GET['BookID'])) {
    $colname_Book = (get_magic_quotes_gpc())?
      $_GET['BookID'] : addslashes($_GET['BookID']);
}
$deleteSQL1 = sprintf(
  "DELETE FROM booktable WHERE BookID=%s", $colname_Book);
MySQL_select_db($database_conn, $conn);
$Result1=MySQL_query($deleteSQL1, $conn) or die(MySQL_error());
?>
<meta http-equiv="refresh" content="1;URL=deleteBook.php" />
```

这段代码的作用是删除书籍信息。

② 将代码保存在网站根目录下面的 BookOnLine 文件夹中，文件名为 delete.php。

③ 此时可以删除信息来测试一下。单击如图 10-19 所示页面中"GRE 英语"后面的"删除"，结果如图 10-20 所示。

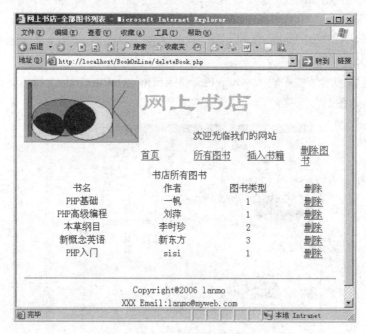

图 10-20 书籍删除成功

4. 实训素材

实例文件存储在下载资源的"光盘文件\案例文件\项目 10\上机实训"中。

习   题

1. 填空题

(1) 数据库模式定义语言(DDL)是_____。

(2) 数据库的操作，一般是先从创建开始，然后在创建的数据库中_____、

_____。

(3) MySQL 的_____参数和 Apache 的_____参数决定了同时连接数据库数量的限制。

(4) 在 MySQL 中，用户可以通过修改 MySQL 的配置文件_____和 Apache 的配置文件_____来修改它们的默认值。

(5) 发送给 MySQL 的查询语句不需要在后面加一个_____。

2. 选择题

(1) RDBMS 是(   )。

    A. 关系数据库管理系统　　　　B. 层次数据库管理系统

    C. 结构数据库管理系统　　　　D. 资源数据库管理系统

(2) 创建数据库的语句是(   )。

    A. CREATE DATABASE 'DBName'

    B. GRANT privileges[columns]

    C. CREATE TABLE tablename(columns)

    D. INSERT INTO 'newstable'

3. 问答题

(1) 简述有哪些 PHP 连接和断开数据库的方法。

(2) 简述如何在"网上书店"中建立读者信息页面。

项目 11

制作新闻信息系统

1. 项目要点

(1)　创建数据库和设计表结构。
(2)　设计新闻发布模块。
(3)　设计与开发新闻管理模块。

2. 引言

新闻信息系统是一种非常通用的信息管理系统，是企事业单位实现信息及时、快速共享的前提和基础。

在本项目中，我们将通过一个项目导入、三个任务实施、一个上机实训，向读者介绍一个新闻信息系统的开发过程，包括新闻系统的总体设计、数据库设计，以及各模块的设计的要点。

3. 项目导入

王飞利用 PHP 获取数据库信息，具体的实现步骤如下。

(1)　连接数据库服务器。对数据库操作之前，需要连接数据库服务器，服务器名为 localhost，用户名为 root，用户密码为 123456。

获取 BookDB 数据库列表的代码如下：

```php
<?php

//连接数据库服务器
$connection = mysql_connect("localhost", "root", "123456")
        or die("不能连接数据库服务器".mysql_error());

//获取数据库列表
$dbs = mysql_list_dbs($connection);
$rows = mysql_num_rows($dbs);
echo "数据库的个数为: " .$rows."<br>";

$i = 0;
while($i < $rows)
{
    $dbs_name = mysql_tablename($dbs, $i);
    echo $dbs_name;
    $i++;
    echo"<br>";
}
```

(2)　获取 BookDB 数据库中的数据库表列表，代码所下：

```php
//选择数据库
mysql_select_db("BookDB", $connection)
  or die("不能选择数据库:" .mysql_error());

//获取数据库中的数据表列表
$tables = mysql_list_tables("BookDB");
```

```
$tablerows = mysql_num_rows($tables);

echo "BookDB 数据库表总数为: ".$rows."<br>";
$ii = 0;
while($ii < $tablerows)
{
    $table_name = mysql_tablename($tables, $ii);
    echo $table_name;
    $ii++;
    echo"<br>";
}
```

(3) 获取数据库表的属性列表，代码如下：

```
$fields = mysql_list_fields("BookDB", "booktable", $connection);
$columns = mysql_num_fields($fields);
for($i=0; $i<$columns; $i++) {
    echo mysql_field_name($fields, $i)."<br>";
}
?>
```

(4) 运行以上代码，结果如图 11-1 所示。

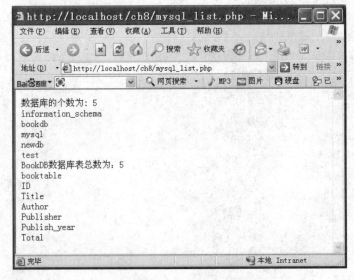

图 11-1　以 PHP 脚本程序获取数据库信息

4. 项目分析

上述程序通过用 PHP 脚本代码获取数据库、数据库表的信息，使人们更容易掌握 PHP 如何获取数据库名、数据库表名和数据库字段信息等。

5. 能力目标

(1) 掌握新闻系统的新闻发布模块设计。

(2) 掌握新闻系统的新闻管理模块的设计和开发。

6. 知识目标

(1)　学习新闻系统数据库的总体设计。

(2)　学习新闻系统创建数据库和表结构的设计。

任务一：创建数据库和设计表结构

新闻系统是一种信息管理系统，是企事业单位实现信息及时、快速共享的前提和基础。下面将对新闻系统进行总体设计，介绍系统的总体功能、模块划分和工作流程，使读者对于新闻系统有系统的认识。

知识储备

1. 系统功能描述和功能模块划分

新闻系统的基本功能是对企事业单位的各种信息进行管理，系统的主要功能有如下 4 个方面。

(1)　新闻信息发布。

①　新闻信息按栏目分类。

②　新闻系统首页发布的新闻标题中最新的 10 条新闻。

③　新闻系统首页可以链接到所有新闻的页面。

(2)　新闻信息增加。

新闻信息只能由管理员在后台增加。

(3)　新闻信息修改。

新闻信息只能由管理员在后台修改。

(4)　新闻信息删除。

新闻信息只能由管理员在后台删除。

根据上面的功能描述，可以设计出系统的总体功能模块，如图 11-2 所示。

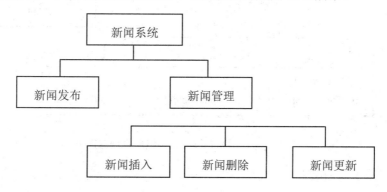

图 11-2　新闻系统的总体功能模块

🏛 **拓展提高**： 新闻系统划分为两个主要的功能模块：新闻发布模块面向所有人员，而新闻管理模块面向新闻系统的管理员，新闻管理模块是新闻系统的核心。

2. 系统流程分析

系统流程是用户在使用系统时的工作过程，对于具有多类型的用户的系统来说，需要分析每一类用户的工作流程。在本系统中，暂时不做身份验证，两个模块的登录属于两个地址。系统流程如图 11-3 所示。

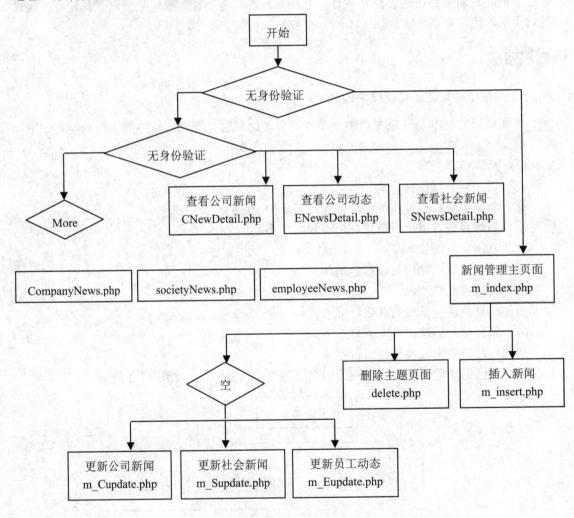

图 11-3 新闻信息系统的流程

3. 系统所用文件

系统所用的文件汇总如表 11-1 所示。

表 11-1   应用程序文件汇总

文件名称	类　型	说　明
index.php	应用程序	系统主页
m_index.php	应用程序	系统管理页面
CNewsDetail.php	应用程序	公司新闻详细信息页面
companyNews.php	应用程序	公司全部新闻页面
SNewsDetail.php	应用程序	社会新闻详细信息页面
societyNews.php	应用程序	社会全部新闻页面
ENewsDetail.php	应用程序	员工动态详细信息页面
employeeNews.php	应用程序	员工动态全部新闻页面
m_insert.php	应用程序	插入新闻页面
delete.php	应用程序	删除新闻页面
CUpdate.php	应用程序	更新公司新闻页面
SUpdate.php	应用程序	更新社会新闻页面
EUpdate.php	应用程序	更新员工动态页面
conn_news.php	应用程序	数据库连接程序

任务实践

整理出新闻系统的功能、模块划分和系统流程后，需要创建系统的数据库表结构和表的脚本信息。具体操作步骤如下。

1. 创建数据库

创建一个数据库 NewsDB，在浏览器的地址栏中输入"http://localhost/phpMyAdmin/"，结果如图 11-4 所示。

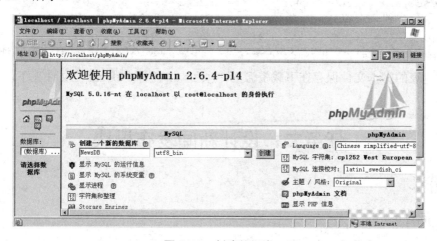

图 11-4   创建数据库

2. 设计表结构

系统中，因暂时不涉及身份验证问题，所以只需要一个存储新闻结构的表 newsTable 就可以了，表的结构如表 11-2 所示。

表 11-2 新闻结构表 newsTable

字段名称	数据结构	是否可以为空	说　明
newsID	int(20)	否	新闻编号，作为主键，使用 AUTO_INCREMENT 关键字
newsTitle	varchar(100)	否	新闻标题
newsContent	text	否	新闻内容
newsAuthor	char(20)	是	编者
newsType	varchar(40)	否	新闻分类
newsPlace	varchar(100)	否	新闻发生地点
newsTime	datetime	否	新闻发布时间

在设计表的时候，使用最多的是文本类型的数据。绝大多数情况下，建议使用 varchar 数据类型。因为采用 varchar 数据类型的字段会按照文本的实际长度动态定义存储空间，从而节省空间。当然，对于固定长度的文本，采用 char 数据类型会适当地提高效率。

例如，性别字段只能按照固定的格式输入，即"男"或"女"，所以，其数据类型使用 char(2)就可以了。

创建表的脚本文件如下：

```
CREATE TABLE 'newstable' (
  'newsID' int(20) unsigned NOT NULL auto_increment,
  'newsTitle' varchar(100) collate utf8_bin NOT NULL,
  'newsContent' text collate utf8_bin NOT NULL,
  'newsAuthor' char(20) collate utf8_bin default NULL,
  'newsPlace' varchar(100) collate utf8_bin default NULL,
  'newsTime' datetime NOT NULL default '0000-00-00 00:00:00',
  PRIMARY KEY  ('newsID')
) ENGINE=MyISAM DEFAULT CHARSET=utf8 COLLATE=utf8_bin AUTO_INCREMENT=9;
```

该创建表的脚本文件保存在下载资源的"项目 11/任务实践/sql/"文件夹下，文件名为 newstable。

任务二：设计新闻发布模块

任务实践

1. 新闻首页

新闻首页要实现以下 3 个功能：

- 新闻信息按栏目分类。
- 新闻系统首页发布新闻标题(最新新闻的前 10 条)。
- 新闻系统首页可以连接到所有新闻的页面。

在动态网站开发中，一个很重要的步骤，就是建立数据库的连接，即访问数据库。下面将数据库的连接代码做成一个数据库连接文件，以便在需要与数据库连接的其他页面中包含该文件。

(1) 新建一个记事本文件，编写代码如下：

```php
<?php
# FileName="Connection_php_mysql.htm"
# Type="MYSQL"
# HTTP="true"
$hostname_conn_news = "localhost";    //主机名
$database_conn_news = "newsdb";        //数据库名
$username_conn_news = "root";          //用户名
$password_conn_news = "";              //密码
$conn_news = mysql_pconnect($hostname_conn_news, $username_conn_news,
 $password_conn_news) or trigger_error(mysql_error(), E_USER_ERROR);
 //连接语句
?>
```

这段代码的功能是建立数据库连接语句。

(2) 然后将代码以 conn_news.php 为文件名，保存在网站根目录下面的 Connections 文件夹中。

(3) 要显示新闻信息，并且划分栏目，那么就要根据新闻的类型识别字段 newsType 的属性来分别查询。

使用如下 SQL 语句：

```
SELECT * FROM newstable WHERE newsType = 0 ORDER BY newsTime DESC
SELECT * FROM newstable WHERE newsType = 1 ORDER BY newsTime DESC
SELECT * FROM newstable WHERE newsType = 2 ORDER BY newsTime DESC
```

以上 SQL 语句的作用，是分别查询出公司、社会、员工的新闻信息，并且按照时间降序排列。

在网站中经常会显示点击排行，这种效果是如何实现的呢？其实很简单，只需要一个查询语句就可以完成，下面举例说明。

新建一个记事本文件，编写代码如下：

```php
<?php require_once('../Connections/conn_news.php'); ?>
<?php
mysql_select_db($database_conn_news, $conn_news);      //连接数据库
$query_newsType0 =
  "SELECT * FROM newstable WHERE newsType = 0 ORDER BY newsTime DESC";
mysql_query("SET NAMES 'GB2312'");
$newsType0 = mysql_query($query_newsType0, $conn_news) or die(mysql_error());
$row_newsType0 = mysql_fetch_assoc($newsType0);//从结果集取得一行作为关联数组
$totalRows_newsType0 = mysql_num_rows($newsType0); //取得符合查询的记录总数
```

```php
$maxRows_newsType1 = 10;
$pageNum_newsType1 = 0;
if (isset($_GET['pageNum_newsType1'])) {
    $pageNum_newsType1 = $_GET['pageNum_newsType1'];
}
$startRow_newsType1 = $pageNum_newsType1 * $maxRows_newsType1;
mysql_select_db($database_conn_news, $conn_news);
$query_newsType1 =
  "SELECT * FROM newstable WHERE newsType = 1 ORDER BY newsTime DESC";
$query_limit_newsType1 = sprintf("%s LIMIT %d, %d",
  $query_newsType1, $startRow_newsType1, $maxRows_newsType1);
$newsType1 =
  mysql_query($query_limit_newsType1, $conn_news) or die(mysql_error());
$row_newsType1 = mysql_fetch_assoc($newsType1);
//判断变量$_GET['totalRows_newsType1']中是否有值
if (isset($_GET['totalRows_newsType1'])) {
    $totalRows_newsType1 = $_GET['totalRows_newsType1'];
} else {
    $all_newsType1 = mysql_query($query_newsType1);
    $totalRows_newsType1 = mysql_num_rows($all_newsType1);
    //取得结果集中行的数目
}

//总页数
$totalPages_newsType1 = ceil($totalRows_newsType1/$maxRows_newsType1)-1;

$maxRows_newsType2 = 10;
$pageNum_newsType2 = 0;
//以上这段代码的作用,
//是从数据库表newtable中按时间降序顺序查询出前10条新闻类型为1(社会新闻)的新闻

if (isset($_GET['pageNum_newsType2'])) {      //判断传递的变量是否有值
    $pageNum_newsType2 = $_GET['pageNum_newsType2'];
}
$startRow_newsType2 = $pageNum_newsType2 * $maxRows_newsType2;
mysql_select_db($database_conn_news, $conn_news);
$query_newsType2 =
  "SELECT * FROM newstable WHERE newsType = 2 ORDER BY newsTime DESC";
$query_limit_newsType2 = sprintf("%s LIMIT %d, %d", $query_newsType2,
  $startRow_newsType2, $maxRows_newsType2); //调用sprintf函数格式化输出SQL语句
$newsType2 =
  mysql_query($query_limit_newsType2, $conn_news) or die(mysql_error());
$row_newsType2 = mysql_fetch_assoc($newsType2);
if (isset($_GET['totalRows_newsType2'])) {
    $totalRows_newsType2 = $_GET['totalRows_newsType2'];
} else {
    $all_newsType2 = mysql_query($query_newsType2);
    $totalRows_newsType2 = mysql_num_rows($all_newsType2);
}
$totalPages_newsType2 = ceil($totalRows_newsType2/$maxRows_newsType2)-1;
```

```
$maxRows_newsType0 = 10;
$pageNum_newsType0 = 0;
//以上这段代码的作用，是从数据库表 newtable 中，
//按时间降序顺序查询出前 10 条新闻类型为 2(员工动态)的新闻

if (isset($_GET['pageNum_newsType0'])) {      //判断传递的变量是否有值
    $pageNum_newsType0 = $_GET['pageNum_newsType0'];
}
$startRow_newsType0 = $pageNum_newsType0 * $maxRows_newsType0;
mysql_select_db($database_conn_news, $conn_news);
$query_newsType0 =
  "SELECT * FROM newstable WHERE newsType = 0 ORDER BY newsTime DESC";
$query_limit_newsType0 = sprintf("%s LIMIT %d, %d", $query_newsType0,
  $startRow_newsType0, $maxRows_newsType0);
$newsType0 =
  mysql_query($query_limit_newsType0, $conn_news) or die(mysql_error());
$row_newsType0 = mysql_fetch_assoc($newsType0);
if (isset($_GET['totalRows_newsType0'])) {
    $totalRows_newsType0 = $_GET['totalRows_newsType0'];
} else {
    $all_newsType0 = mysql_query($query_newsType0);
    $totalRows_newsType0 = mysql_num_rows($all_newsType0);
}
$totalPages_newsType0 = ceil($totalRows_newsType0/$maxRows_newsType0)-1;
//以上这段代码的作用，是从数据库表 newtable 中按时间降序顺序，
//查询出前 10 条新闻类型为 0(公司新闻)的新闻

$MM_paramName = "";
$MM_removeList = "&index=";                //设置传递的参数字符串
if ($MM_paramName != "")
  $MM_removeList .= "&".strtolower($MM_paramName)."=";
$MM_keepURL = "";
$MM_keepForm = "";
$MM_keepBoth = "";
$MM_keepNone = "";
reset ($HTTP_GET_VARS);                //将数组内部指针指向第一个单元
while (list ($key, $val) = each ($HTTP_GET_VARS)) {
    $nextItem = "&".strtolower($key)."=";      //将关键词中的大写字符转换为小写
    //判断$MM_removelist 中是否含有$nextItem 字符串
    if (!stristr($MM_removeList, $nextItem)) {
        $MM_keepURL .= "&".$key."=".urlencode($val);
    }
}
if(isset($HTTP_POST_VARS)) {
    reset ($HTTP_POST_VARS);
    while (list ($key, $val) = each($HTTP_POST_VARS)) {
        $nextItem = "&".strtolower($key)."=";
        if (!stristr($MM_removeList, $nextItem)) {
            $MM_keepForm .= "&".$key."=".urlencode($val);
        }
```

```
    }
  }
$MM_keepBoth = $MM_keepURL."&".$MM_keepForm;
//判断字符串的长度
if (strlen($MM_keepBoth) > 0) $MM_keepBoth = substr($MM_keepBoth, 1);
if (strlen($MM_keepURL) > 0) $MM_keepURL = substr($MM_keepURL, 1);
if (strlen($MM_keepForm) > 0) $MM_keepForm = substr($MM_keepForm, 1);
?>
//以上这段代码的功能是保存页面跳转信息和分页信息
```

(4) 显示页面的代码如下：

```html
<!DOCTYPE html PUBLIC "-//W3C//DTD XHTML 1.0 Transitional//EN"
  "http://www.w3.org/TR/xhtml1/DTD/xhtml1-transitional.dtd">
<html xmlns="http://www.w3.org/1999/xhtml">
<head>
<meta http-equiv="Content-Type" content="text/html; charset=gb2312" />
<title>新闻系统首页</title>
</head>
<body>
<table width="100%" border="0" align="center">
  <tr>
    <td width="27%" height="68" rowspan="2">
      <img width="174" height="93" src="images/logo.gif" /></td>
    <td height="68" colspan="4"><span class="STYLE1">新闻系统</span></td>
    <td width="7%" rowspan="2"> </td>
  </tr>
  <tr>
    <td colspan="4" align="center">
      <span class="STYLE2">欢迎光临我们的网站</span>
    </td>
  </tr>
  <tr bgcolor="#F5F5F5">
    <td width="27%" height="20"> </td>
    <td width="20%" height="20" align="left" valign="middle">
     <a href="index.php">首页</a></td>
    <td width="20%" height="20" align="left" valign="middle">
     <a href="allBooklist.php"></a></td>
    <td width="20%" height="20" align="left" valign="middle">
     <a href="insertBook.php"></a></td>
    <td width="40%" height="20" align="left" valign="middle">
     <a href="deleteBook.php"></a></td>
    <td width="7%" height="20"> </td>
  </tr>
<!--以上这段代码确定页面显示框架-->

  <tr>
    <td height="169" colspan="6" align="center">
    <table width="100%" height="100%" border="0">
      <tr>
        <td width="1%"> </td>
        <td align="center" valign="top">
        <table width="88%" height="100%" border="0">
```

```
<tr>
  <td height="89" align="right">
  <form id="form1" name="form1" method="post" action="">
   <table width="100%" border="0">
    <tr>
     <td colspan="2" align="center">
      <span class="STYLE3">公司新闻</span>
     </td>
    </tr>
    <?php do { ?>
    <tr bgcolor="#f4f4f4">
     <td height="18" colspan="2"> </td>
    </tr>
    <tr>
      <td height="19" align="center">
       <a href="CNewsDetail.php?
       <?php echo $MM_keepURL.(($MM_keepURL!="")?"&":"")
       ."newsID=".$row_newsType0 ['newsID'] ?>">
       <?php echo $row_newsType0['newsTitle']; ?></a>
       <input name="newsID" type="hidden" id="newsID"
        value="<?php echo $row_newsType0['newsID']; ?>" />
        </td>
      <td align="right">
       <?php echo $row_newsType0['newsTime']; ?>
      </td>
    </tr>
    <?php } while ($row_newsType0 = mysql_fetch_assoc($newsType0)); ?>
   </table>
  </form><p>
  <a href="companyNews.php">more&gt;&gt;</a></p>
  </td>
</tr>
<!--以上这段代码的作用是显示公司新闻-->


<tr>
  <td height="18" align="right">
  <form id="form2" name="form2" method="post" action="">
   <table width="100%" border="0">
    <tr>
     <td colspan="2" align="center" class="STYLE3">社会新闻</td>
    </tr>
    <?php do { ?>
    <tr>
     <td colspan="2" bgcolor="#f4f4f4"> </td>
    </tr>
    <tr>
     <td align="center">
      <a href="SNewsDetail.php?
       <?php echo $MM_keepURL.(($MM_keepURL!="")?"&":"")
       ."newsID=".$row_newsType1['newsID'] ?>">
       <?php echo $row_newsType1['newsTitle']; ?>
      </a>
```

```
                            <input name="newsID" type="hidden" id="newsID"
                              value="<?php echo $row_newsType1['newsID']; ?>" />
                            </td>
                          <td align="right"><?php echo $row_newsType1['newsTime']; ?></td>
                        </tr>
                        <?php } while ($row_newsType1 =
                                    mysql_fetch_assoc($newsType1)); ?>
                      </table>
                      </form>
                    <p><a href="societyNews.php">more&gt;&gt;</a></p>
                    </td>
                  </tr>
<!--以上这段代码的作用是显示社会新闻-->


                  <tr>
                    <td height="18" align="right">
                    <form id="form3" name="form3" method="post" action="">
                      <table width="100%" border="0">
                        <tr>
                          <td colspan="2" align="center" class="STYLE3">员工动态</td>
                        </tr>
                        <?php do { ?>
                        <tr>
                          <td colspan="2" bgcolor="#f4f4f4"> </td>
                        </tr>
                        <tr>
                          <td width="51%" align="center">
                            <a href="ENewsDetail.php?
                              <?php echo $MM_keepURL. (($MM_keepURL!="")?"&":"")
                              ."newsID=".$row_newsType2['newsID'] ?>">
                              <?php echo $row_newsType2['newsTitle']; ?>
                            </a>
                          <input name="newsID" type="hidden" id="newsID"
                            value="<?php echo $row_newsType2['newsID']; ?>" />
                          </td>
                          <td width="49%" align="right">
                            <?php echo $row_newsType2['newsTime']; ?>
                          </td>
                        </tr>
                        <?php } while ($row_newsType2 = mysql_fetch_assoc($newsType2)); ?>
                      </table>
                      </form>
                    <p><a href="employeeNews.php">more&gt;&gt;</a></p>
                    </td>
                  </tr>
                </table>
                </td>
              </tr>
          </table>
          </td>
      </tr>
<!--以上这段代码的作用是显示员工动态-->
```

```
   <tr>
    <td colspan="6"><table width="100%" border="0">
     <hr />
     <tr>
      <td align="center" valign="middle">Copyright@2015 lanmo</td>
     </tr>
     <tr>
      <td align="center" valign="middle">XXX Email:lanmo@myweb.com</td>
     </tr>
    </table>
    </td>
   </tr>
</table>
</body>
</html>
<!--以上这段代码的作用是显示版权声明-->
```

整个显示页面代码的作用，是创建新闻系统的发布首页。其中包含了 HTML 的整个页面框架。

下面这段代码作为页面的必要部分，后面所有页面都要用到：

```
<!DOCTYPE html PUBLIC "-//W3C//DTD XHTML 1.0 Transitional//EN"
  "http://www.w3.org/TR/xhtml1/DTD/xhtml1-transitional.dtd">
<html xmlns="http://www.w3.org/1999/xhtml">
<head>
<meta http-equiv="Content-Type" content="text/html; charset=gb2312" />
<title>新闻系统首页</title>
</head>
```

后面页面中只修改<title></title>之间的内容即可。另外，看如下代码：

```
<tr>
    <td align="center" valign="middle">Copyright@2015 lanmo </td>
</tr>
<tr>
    <td align="center" valign="middle">XXX Email:lanmo@myweb.com</td>
</tr>
```

以上这段代码是系统的版权声明。后面几乎所有的页面也都会用到，就不再说明。

(5)　将代码保存在网站根目录下面的 news 文件夹中(先在网站根目录下面建立一个 news 文件夹)，文件名为 index.php。

在文件的最后再添加如下代码：

```
<?php
mysql_free_result($newsType0);
mysql_free_result($newsType1);
mysql_free_result($newsType2);
?>
```

(6)　在浏览器的地址栏中输入"http://localhost/news/index.php"，结果如图 11-5 所示。

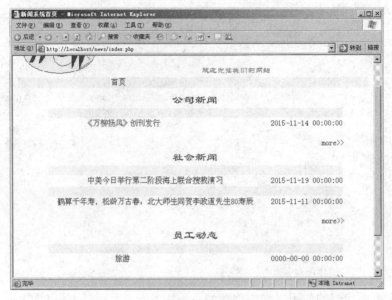

图 11-5　新闻首页

本章的代码都按照逻辑关系给出，并未做大量介绍，目的是让读者充分理解代码之间的关系，为进一步理解做铺垫。

2. 公司新闻详细信息页面

公司新闻详细信息页面要包含新闻的标题、时间、地点、新闻编者和新闻内容。
使用如下 SQL 语句：

```php
sprintf("SELECT * FROM newstable WHERE newsID = %s", $colname_newsType0);
```

以上 SQL 语句的作用，是查询出新闻编号等于传递来的新闻编号的新闻信息。

在网站设计中，通常通过数据库记录的索引字段来查询和显示数据库记录的整体内容，下面举例说明。

(1) 新建一个记事本文件，编写代码如下：

```php
<?php require_once('../Connections/conn_news.php'); ?>
<?php
$colname_newsType0 = "-1";
if (isset($_GET['newsID'])) {
    $colname_newsType0 = (get_magic_quotes_gpc())?
    $_GET['newsID'] : addslashes($_GET['newsID']);
}
mysql_select_db($database_conn_news, $conn_news);
$query_newsType0 = sprintf(
  "SELECT * FROM newstable WHERE newsID = %s", $colname_newsType0);
$newsType0 =
  mysql_query($query_newsType0, $conn_news) or die(mysql_error());
$row_newsType0 = mysql_fetch_assoc($newsType0);
$totalRows_newsType0 = mysql_num_rows($newsType0);
?>
```

以上这段代码的功能，是从数据库中取出公司新闻的详细信息。

(2)　显示页面的代码如下：

```
<body>
<table width="100%" border="0" align="center">
  <tr>
    <td width="27%" height="68" rowspan="2">
      <img width="174" height="93" src="images/logo.gif" /></td>
    <td height="68" colspan="4"><span class="STYLE1">新闻系统</span></td>
    <td width="7%" rowspan="2"> </td>
  </tr>
  <tr>
    <td colspan="4" align="center">
      <span class="STYLE2">欢迎光临我们的网站</span></td>
  </tr>
  <tr bgcolor="#F5F5F5">
    <td width="27%" height="20"> </td>
    <td width="20%" height="20" align="left" valign="middle">
     <a href="index.php">首页</a></td>
    <td width="20%" height="20" align="left" valign="middle">
     <a href="allBooklist.php"></a></td>
    <td width="20%" height="20" align="left" valign="middle">
     <a href="insertBook.php"></a></td>
    <td width="40%" height="20" align="left" valign="middle">
     <a href="deleteBook.php"></a></td>
    <td width="7%" height="20"> </td>
  </tr>
<!--以上这段代码的作用是显示新闻系统的标题和Logo-->

  <tr>
    <td height="169" colspan="6" align="center">
    <table width="100%" height="100%" border="0">
      <tr>
        <td width="1%"> </td>
        <td align="center" valign="top">
        <table width="88%" height="100%" border="0">
          <tr>
            <td height="89" colspan="3" align="right">
            <form id="form1" name="form1" method="post" action="">
              <table width="100%" height="100%" border="0">
                <tr>
                  <td colspan="2" align="center">
                    <span class="STYLE3">公司新闻</span></td></tr>
                <tr bgcolor="#f4f4f4">
                  <td height="18" colspan="2"> </td></tr>
                <tr>
                  <td height="19" align="center">
                    <?php echo $row_newsType0['newsTitle']; ?></td>
                  <td align="right">
                    <?php echo $row_newsType0['newsTime']; ?></td></tr>
```

```
        </table>
      </form></td>
    </tr>
    <tr>
      <td height="8" colspan="3" align="center">
        <p><?php echo $row_newsType0['newsContent']; ?></p></td>
    </tr>
    <tr>
      <td height="8" align="right"> </td>
      <td align="right">
        <?php echo $row_newsType0['newsAuthor']; ?></td>
      <td align="right">
        <?php echo $row_newsType0['newsPlace']; ?></td>
    </tr>
    </table></td>
  </tr>
  </table></td>
 </tr>
 </table>
</body>
</html>
<!--以上这段代码的功能是创建公司新闻的详细新闻页-->
```

(3) 将代码保存在网站根目录下面的 news 文件夹中，文件名为 CNewsDetail.php。最后再加上如下代码：

```
<?php mysql_free_result($newsType0); ?>
//调用mysql_free_result($newsType0)释放结果内存
```

(4) 单击图 10-5 中"公司新闻"下面的一个新闻标题，结果如图 11-6 所示。

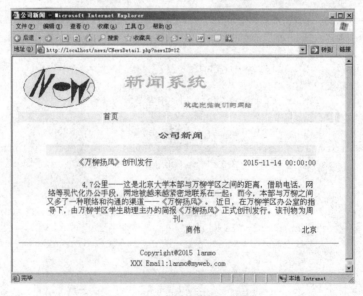

图 11-6 "公司新闻"页面

3. 社会新闻详细信息页面

社会新闻详细信息页面主要包含新闻的标题、时间、地点、编者和内容。使用如下 SQL 语句：

```
sprintf("SELECT * FROM newstable WHERE newsID = %s", $colname_newsType1);
```

该语句的作用，是查询出新闻编号等于传递来的新闻编号的新闻信息。

这个操作与公司新闻详细信息查询是类似的，具体的代码如下。

（1）新建一个记事本文件，编写代码如下：

```
<?php require_once('../Connections/conn_news.php'); ?>
<?php
$colname_newsType1 = "-1";
if (isset($_GET['newsID'])) {
    $colname_newsType1 = (get_magic_quotes_gpc())?
      $_GET['newsID'] : addslashes($_GET['newsID']);
}
mysql_select_db($database_conn_news, $conn_news);
$query_newsType1 = sprintf(
  "SELECT * FROM newstable WHERE newsID = %s", $colname_newsType1);
$newsType1 =
 mysql_query($query_newsType1, $conn_news) or die(mysql_error());
$row_newsType1 = mysql_fetch_assoc($newsType1);
$totalRows_newsType1 = mysql_num_rows($newsType1);?>
```

以上这段代码的功能，是从数据库中取出社会新闻的详细信息。

（2）显示页面的代码如下：

```
<body>
<table width="100%" border="0" align="center">
 <tr>
  <td width="27%" height="68" rowspan="2">
    <img width="174" height="93" src="images/logo.gif" /></td>
  <td height="68" colspan="4"><span class="STYLE1">新闻系统</span></td>
  <td width="7%" rowspan="2"> </td>
 </tr>
 <tr>
  <td colspan="4" align="center">
    <span class="STYLE2">欢迎光临我们的网站</span></td>
 </tr>
 <tr bgcolor="#F5F5F5">
  <td width="27%" height="20"> </td>
  <td width="20%" height="20" align="left" valign="middle">
   <a href="index.php">首页</a></td>
  <td width="20%" height="20" align="left" valign="middle">
   <a href="allBooklist.php"></a></td>
  <td width="20%" height="20" align="left" valign="middle">
   <a href="insertBook.php"></a></td>
  <td width="40%" height="20" align="left" valign="middle">
```

```
      <a href="deleteBook.php"></a></td>
    <td width="7%" height="20"> </td>
  </tr>
<!--以上这段代码作用，是显示新闻系统的标题和 Logo-->

  <tr>
    <td height="169" colspan="6" align="center">
    <table width="100%" height="100%" border="0">
      <tr>
        <td width="1%"> </td>
        <td align="center" valign="top">
        <table width="88%" height="100%" border="0">
          <tr>
            <td height="89" colspan="3" align="right">
            <form id="form1" name="form1" method="post" action="">
             <table width="100%" height="100%" border="0">
               <tr>
                 <td colspan="2" align="center">
                   <span class="STYLE3">社会新闻</span></td>
               </tr>
               <tr bgcolor="#f4f4f4">
                 <td height="18" colspan="2"> </td>
               </tr>
               <tr>
                 <td height="19" align="center">
                   <?php echo $row_newsType1['newsTitle']; ?></td>
                 <td align="right">
                   <?php echo $row_newsType1['newsTime']; ?></td>
               </tr>
             </table>
            </form></td> </tr>
          <tr>
            <td height="8" colspan="3" align="center"><p>
            <?php echo $row_newsType1['newsContent']; ?></p></td>
          </tr>
          <tr>
            <td height="8" align="right"> </td>
            <td align="right">
              <?php echo $row_newsType1['newsAuthor']; ?></td>
            <td align="right">
              <?php echo $row_newsType1['newsPlace']; ?></td>
          </tr>
        </table></td>
      </tr>
    </table></td>
  </tr>
  <tr>
    </table></td>
```

```
  </tr>
</table>
</body>
</html>
<!--以上这段代码的功能，是创建社会新闻详细新闻页-->
```

（3）将代码保存在网站根目录下面的 news 文件夹中，文件名为 SNewsDetail.php。最后再加上如下代码：

```
<?php mysql_free_result($newsType1); ?>
```

（4）单击图 10-5 中的"社会新闻"下面的一个新闻标题，结果如图 11-7 所示。

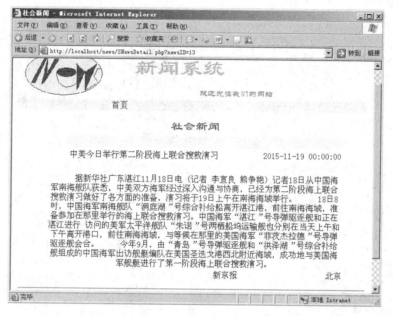

图 11-7　"社会新闻"页面

4. 员工动态详细信息页面

员工动态详细信息页面要包含员工动态信息的标题、时间、地点、编者和内容。使用如下 SQL 语句：

```
sprintf("SELECT * FROM newstable WHERE newsID = %s", $colname_newsType2);
```

以上 SQL 语句的作用是查询出员工编号等于传递来的员工编号的员工信息。

下面介绍员工动态详细信息页面的具体实现代码。

（1）新建一个记事本文件，编写代码如下：

```
<?php require_once('../Connections/conn_news.php'); ?>
<?php
$colname_newsType2 = "-1";
if (isset($_GET['newsID'])) {
    $colname_newsType2 = (get_magic_quotes_gpc())?
    $_GET['newsID'] : addslashes($_GET['newsID']);
}
```

```
mysql_select_db($database_conn_news, $conn_news);
$query_newsType2 = sprintf(
  "SELECT * FROM newstable WHERE newsID = %s", $colname_newsType2);
mysql_query("SET NAMES 'GB2312'");
$newsType2 =
  mysql_query($query_newsType2, $conn_news) or die(mysql_error());
$row_newsType2 = mysql_fetch_assoc($newsType2);
$totalRows_newsType2 = mysql_num_rows($newsType2);
?>
```

以上这段代码的功能，是从数据库中取出员工动态详细信息。

(2) 显示页面的代码如下：

```
<body>
<table width="100%" border="0" align="center">
  <tr>
    <td width="27%" height="68" rowspan="2">
      <img width="174" height="93" src="images/logo.gif" /></td>
    <td height="68" colspan="4"><span class="STYLE1">员工动态</span></td>
    <td width="7%" rowspan="2"> </td></tr>
  <tr>
    <td colspan="4" align="center">
      <span class="STYLE2">欢迎光临我们的网站</span></td></tr>
  <tr bgcolor="#F5F5F5">
    <td width="27%" height="20"> </td>
    <td width="20%" height="20" align="left" valign="middle">
      <a href="index.php">首页</a></td>
    <td width="20%" height="20" align="left" valign="middle">
      <a href="allBooklist.php"></a></td>
    <td width="20%" height="20" align="left" valign="middle">
      <a href="insertBook.php"></a></td>
    <td width="40%" height="20" align="left" valign="middle">
      <a href="deleteBook.php"></a></td>
    <td width="7%" height="20"> </td></tr>
<!--以上这段代码的作用是显示员工动态的标题和 Logo-->

<tr>
    <td height="169" colspan="6" align="center">
    <table width="100%" height="100%" border="0">
      <tr>
        <td width="1%"> </td>
        <td align="center" valign="top">
        <table width="88%" height="100%" border="0">
          <tr>
            <td height="89" colspan="3" align="right">
            <form id="form1" name="form1" method="post" action="">
              <table width="100%" height="100%" border="0">
                <tr>
                  <td colspan="2" align="center" class="STYLE3">员工动态</td>
                </tr>
                <tr bgcolor="#f4f4f4">
```

```
              <td height="18" colspan="2"> </td>
          </tr>
          <tr>
            <td height="19" align="center">
              <?php echo $row_newsType2['newsTitle']; ?></td>
            <td align="right">
              <?php echo $row_newsType2['newsTime']; ?></td>
          </tr>
        </table>
      </form></td>
  </tr>
  <tr>
      <td height="8" colspan="3" align="center"><p>
        <?php echo $row_newsType2['newsContent']; ?></p></td></tr>
  <tr>
      <td height="8" align="right"> </td>
      <td align="right">
        <?php echo $row_newsType2['newsAuthor']; ?></td>
      <td align="right">
        <?php echo $row_newsType2['newsPlace']; ?></td></tr>
      </table></td>
    </tr>
  </table></td>
</tr>
<!--以上这段代码的功能，是创建员工动态详细新闻页-->
```

(3)　将代码保存在网站根目录下面的 news 文件夹中，文件名为 ENewsDetail.php。最后再加上如下代码：

```php
<?php mysql_free_result($newsType2); ?>
```

(4)　单击图 11-5 中"员工动态"下面的一个新闻标题，显示如图 11-8 所示的页面。

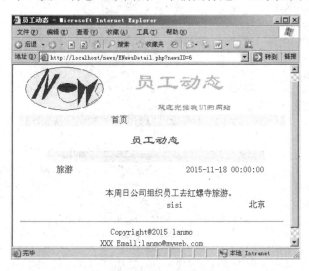

图 11-8　"员工动态"页面

5. 所有公司新闻页面

所有公司新闻页面包含公司的所有新闻，页面只列出新闻标题和新闻时间。从新闻标题可以查看到该新闻的详细信息。使用如下 SQL 语句：

```sql
SELECT * FROM newstable WHERE newsType = 0
```

以上 SQL 语句的作用是查询出所有的公司新闻。

下面介绍公司的所有新闻页面的实现代码。

(1) 新建一个记事本文件，编写代码如下：

```php
<?php require_once('../Connections/conn_news.php'); ?>
<?php
mysql_select_db($database_conn_news, $conn_news);
$query_newsType0 = "SELECT * FROM newstable WHERE newsType = 0";
mysql_query("SET NAMES 'GB2312'");
$newsType0 =
  mysql_query($query_newsType0, $conn_news) or die(mysql_error());
$row_newsType0 = mysql_fetch_assoc($newsType0);
$totalRows_newsType0 = mysql_num_rows($newsType0);
$MM_paramName = "";
$MM_removeList = "&index=";
if ($MM_paramName != "")
    $MM_removeList .= "&".strtolower($MM_paramName)."=";
$MM_keepURL = "";
$MM_keepForm = "";
$MM_keepBoth = "";
$MM_keepNone = "";
// add the URL parameters to the MM_keepURL string
reset ($HTTP_GET_VARS);
while (list($key, $val) = each($HTTP_GET_VARS)) {
    $nextItem = "&".strtolower($key)."=";
    if (!stristr($MM_removeList, $nextItem)) {
        $MM_keepURL .= "&".$key."=".urlencode($val);
    }
}
if(isset($HTTP_POST_VARS)) {
    reset($HTTP_POST_VARS);
    while(list ($key, $val) = each ($HTTP_POST_VARS)) {
        $nextItem = "&".strtolower($key)."=";
        if (!stristr($MM_removeList, $nextItem)) {
            $MM_keepForm .= "&".$key."=".urlencode($val);
        }
    }
}
$MM_keepBoth = $MM_keepURL."&".$MM_keepForm;
if (strlen($MM_keepBoth) > 0) $MM_keepBoth = substr($MM_keepBoth, 1);
if (strlen($MM_keepURL) > 0) $MM_keepURL = substr($MM_keepURL, 1);
if (strlen($MM_keepForm) > 0) $MM_keepForm = substr($MM_keepForm, 1);
?>
```

以上这段代码的功能，是从数据库中取出公司新闻的所有信息。

(2)　显示页面的代码如下：

```
<body>
<table width="100%" border="0">
 <tr>
  <td colspan="2" align="center" valign="middle">
   <span class="STYLE1">公司新闻</span></td>
 </tr>
 <?php do { ?>
  <tr>
   <td colspan="2" bgcolor="#f4f4f4"> </td>
  </tr>
  <tr>
   <td align="center">
    <a href="CNewsDetail.php?
     <?php echo $MM_keepURL. (($MM_keepURL!="")?"&":"")
     ."newsID=".$row_newsType0['newsID'] ?>">
     <?php echo $row_newsType0['newsTitle']; ?>
     </a></td>
   <td align="right"><?php echo $row_newsType0['newsTime']; ?></td>
  </tr>
  <?php } while ($row_newsType0 = mysql_fetch_assoc($newsType0)); ?>
 <tr>
  <td colspan="2"> </td>
 </tr>
</table>
<p><a href="index.php">[返回首页]</a></p>
</body>
</html>
```

这段代码的功能是创建公司所有新闻页面。

(3)　将代码保存在网站根目录下的 news 文件夹中，文件名为 companyNews.php。最后再添加如下代码：

```
<?php mysql_free_result($newsType0); ?>
```

(4)　单击图 11-5 中"公司新闻"栏下面的"more>>"链接，结果如图 11-9 所示。

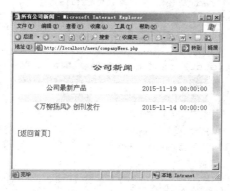

图 11-9　"所有公司新闻"页面

6. 所有社会新闻页面

所有社会新闻页面包含系统历史记录的所有社会新闻，但是，只给出新闻标题和新闻时间。单击新闻标题，可以查看到该新闻的详细信息。使用如下 SQL 语句：

```
SELECT * FROM newstable WHERE newsType = 1
```

以上 SQL 语句的作用，是查询出所有的社会新闻。

下面介绍所有社会新闻页面具体实现的代码。

（1）新建一个记事本文件，编写代码如下：

```php
<?php require_once('../Connections/conn_news.php'); ?>
<?php
mysql_select_db($database_conn_news, $conn_news);          //连接数据库
$query_newsType1 = "SELECT * FROM newstable ORDER BY newsTime DESC";
$newsType1 =
  mysql_query($query_newsType1, $conn_news) or die(mysql_error());
$row_newsType1 = mysql_fetch_assoc($newsType1);  //从结果集中取得一行关联数组
$totalRows_newsType1 = mysql_num_rows($newsType1);
//以上这段代码的功能，是从数据库中取出社会新闻的所有信息

$MM_paramName = "";
// *** Go To Record and Move To Record: create strings for maintaining
URL and Form parameters
// create the list of parameters which should not be maintained
$MM_removeList = "&index=";
if ($MM_paramName != "")
    $MM_removeList .= "&".strtolower($MM_paramName)."=";  //设置传递的参数
$MM_keepURL = "";
$MM_keepForm = "";
$MM_keepBoth = "";
$MM_keepNone = "";
// add the URL parameters to the MM_keepURL string
reset ($HTTP_GET_VARS);
while (list ($key, $val) = each ($HTTP_GET_VARS)) {
    $nextItem = "&".strtolower($key)."=";        //转换字符为小写
    if (!stristr($MM_removeList, $nextItem)) {
        $MM_keepURL .= "&".$key."=".urlencode($val);
    }
}
// add the URL parameters to the MM_keepURL string
if(isset($HTTP_POST_VARS)) {
    reset ($HTTP_POST_VARS);
    //将数组的内部指针指向第一个单元
    while (list ($key, $val) = each ($HTTP_POST_VARS)) {
        $nextItem = "&".strtolower($key)."=";
        if (!stristr($MM_removeList, $nextItem)) {
            $MM_keepForm .= "&".$key."=".urlencode($val);
        }
    }
```

```
}
// create the Form + URL string
// and remove the intial '&' from each of the strings
$MM_keepBoth = $MM_keepURL."&".$MM_keepForm;
if (strlen($MM_keepBoth) > 0) $MM_keepBoth = substr($MM_keepBoth, 1);
if (strlen($MM_keepURL) > 0)  $MM_keepURL = substr($MM_keepURL, 1);
if (strlen($MM_keepForm) > 0) $MM_keepForm = substr($MM_keepForm, 1);
mysql_select_db($database_conn_news, $conn_news);
$query_newsType1 = "SELECT * FROM newstable WHERE newsType = 1";
mysql_query("SET NAMES 'GB2312'");
$newsType1 =
  mysql_query($query_newsType1, $conn_news) or die(mysql_error());
$row_newsType1 = mysql_fetch_assoc($newsType1);
$totalRows_newsType1 = mysql_num_rows($newsType1);

//以上这段代码的功能是保存页面跳转信息
?>
```

(2)　显示页面的代码如下：

```
<body>
<table width="100%" border="0">
  <tr>
    <td colspan="2" align="center" valign="middle">
      <span class="STYLE1">公司新闻</span></td>
  </tr>
  <?php do { ?>
    <tr>
      <td colspan="2" bgcolor="#f4f4f4"> </td>
    </tr>
    <tr>
      <td align="center"></td>
      <td align="right"></td>
    </tr>
    <tr>
      <td align="center">
        <a href="SNewsDetail.php?
          <?php echo $MM_keepURL.(($MM_keepURL!="")?"&":"")
          ."newsID=".$row_newsType1['newsID'] ?>">
          <?php echo $row_newsType1['newsTitle']; ?></a></td>
      <td align="right"><?php echo $row_newsType1['newsTime']; ?></td>
    </tr>
    <?php } while ($row_newsType1 = mysql_fetch_assoc($newsType1)); ?>
</table>
<p><a href="index.php">[返回首页]</a></p>
</body>
</html>
```

这段代码的功能是创建所有社会新闻页面。

(3)　将代码保存在网站根目录下的 news 文件夹中，文件名为 societyNews.php。最后再添加如下代码：

```php
<?php
mysql_free_result($newsType1);
?>
```

(4) 单击图 11-5 中的"社会新闻"栏下面的"more>>"链接，结果如图 11-10 所示。

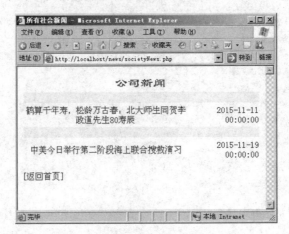

图 11-10 "所有社会新闻"页面

7. 所有员工动态信息页面

所有员工动态信息页面包含系统历史记录的所有员工动态信息，但是只给出信息的标题和时间。单击信息标题，可以查看到该信息的详细内容。

使用如下 SQL 语句：

```
SELECT * FROM newstable WHERE newsType =2
```

以上 SQL 语句的作用，是查询出所有的员工动态新闻。

下面介绍所有员工动态信息页面的实现代码。

(1) 新建一个记事本文件，编写代码如下：

```php
<?php require_once('../Connections/conn_news.php'); ?>
<?php
mysql_select_db($database_conn_news, $conn_news);
$query_newsType2 = "SELECT * FROM newstable WHERE newsType = 2";
mysql_query("SET NAMES 'GB2312'");
$newsType2 =
  mysql_query($query_newsType2, $conn_news) or die(mysql_error());
$row_newsType2 = mysql_fetch_assoc($newsType2);
$totalRows_newsType2 = mysql_num_rows($newsType2);
//以上这段代码的功能，是从数据库中取出所有员工动态信息

$MM_paramName = "";
// *** Go To Record and Move To Record: create strings
// for maintaining URL and Form parameters
// create the list of parameters which should not be maintained
$MM_removeList = "&index=";
if ($MM_paramName != "")
```

```
        $MM_removeList .= "&".strtolower($MM_paramName)."=";
$MM_keepURL = "";
$MM_keepForm = "";
$MM_keepBoth = "";
$MM_keepNone = "";
// add the URL parameters to the MM_keepURL string
reset ($HTTP_GET_VARS);
while (list ($key, $val) = each ($HTTP_GET_VARS)) {
    $nextItem = "&".strtolower($key)."=";
    if (!stristr($MM_removeList, $nextItem)) {
        $MM_keepURL .= "&".$key."=".urlencode($val);
    }
}
// add the URL parameters to the MM_keepURL string
if(isset($HTTP_POST_VARS)) {
    reset ($HTTP_POST_VARS);
    while (list ($key, $val) = each ($HTTP_POST_VARS)) {
        $nextItem = "&".strtolower($key)."=";
        if (!stristr($MM_removeList, $nextItem)) {
            $MM_keepForm .= "&".$key."=".urlencode($val);
        }
    }
}
// create the Form + URL string
// and remove the intial '&' from each of the strings
$MM_keepBoth = $MM_keepURL."&".$MM_keepForm;
if (strlen($MM_keepBoth) > 0) $MM_keepBoth = substr($MM_keepBoth, 1);
if (strlen($MM_keepURL) > 0) $MM_keepURL = substr($MM_keepURL, 1);
if (strlen($MM_keepForm) > 0) $MM_keepForm = substr($MM_keepForm, 1);
?>
```

以上这段代码的功能是保存页面跳转信息。

(2)　显示页面的代码如下：

```
<body>
<table width="100%" border="0">
 <tr>
   <td colspan="2" align="center" valign="middle">
     <span class="STYLE1">员工动态</span></td>
 </tr>
 <?php do { ?>
 <tr>
   <td colspan="2" bgcolor="#f4f4f4"> </td>
 </tr>
 <tr>
   <td align="center"></td>
   <td align="right"></td>
 </tr>
 <tr>
   <td align="center">
     <a href="ENewsDetail.php?
```

```
        <?php echo $MM_keepURL.(($MM_keepURL!="")?"&":"")
        ."newsID=".$row_newsType2['newsID'] ?>">
        <?php echo $row_newsType2['newsTitle']; ?></a></td>
   <td align="right"><?php echo $row_newsType2['newsTime']; ?></td>
 </tr>
 <?php } while ($row_newsType2 = mysql_fetch_assoc($newsType2)); ?>
</table>
<p><a href="index.php">[返回首页]</a></p>
</body>
</html>
```

这段代码的功能是创建所有员工动态新闻页面。

(3) 将代码保存在网站根目录下的 news 文件夹中，文件名为 employeeNews.php。最后再添加如下代码：

```
<?php
mysql_free_result($newsType2);
?>
```

(4) 单击图 11-5 中的"员工动态"栏下面的"more>>"链接，结果如图 11-11 所示。

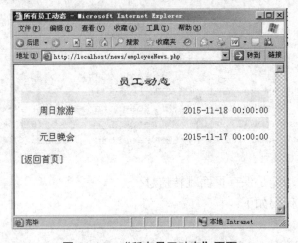

图 11-11 "所有员工动态"页面

任务三：设计与开发新闻管理模块

任务实践

1. 新闻管理首页

新闻管理模块可以实现以下功能：

● 新闻信息增加。

● 新闻信息修改。

● 新闻信息删除。

程序中使用如下 SQL 语句：

```
SELECT * FROM newstable WHERE newsType = 0 ORDER BY newsTime DESC
SELECT * FROM newstable WHERE newsType = 1 ORDER BY newsTime DESC
SELECT * FROM newstable WHERE newsType = 2 ORDER BY newsTime DESC
```

以上 SQL 语句的作用，是分别查询出公司、社会、员工的新闻信息，并且按照时间降序排列。

在新闻管理页面首页中，要显示各类新闻最新的 10 条记录，下面介绍这个页面的具体代码实现。

(1)　新建一个记事本文件，编写代码如下：

```php
<?php require_once('../Connections/conn_news.php'); ?> //引用数据库参数文件
<?php
mysql_select_db($database_conn_news, $conn_news);
$query_newsType0 =
  "SELECT * FROM newstable WHERE newsType = 0 ORDER BY newsTime DESC";
mysql_query("SET NAMES 'GB2312'");     //设置数据库存取字符串语言类型
$newsType0 =
  mysql_query($query_newsType0, $conn_news) or die(mysql_error());
$row_newsType0 = mysql_fetch_assoc($newsType0);
$totalRows_newsType0 = mysql_num_rows($newsType0);
$maxRows_newsType1 = 10;
$pageNum_newsType1 = 0;
if (isset($_GET['pageNum_newsType1'])) {
    $pageNum_newsType1 = $_GET['pageNum_newsType1'];
}
$startRow_newsType1 = $pageNum_newsType1 * $maxRows_newsType1;
mysql_select_db($database_conn_news, $conn_news);
$query_newsType1 =
  "SELECT * FROM newstable WHERE newsType = 1 ORDER BY newsTime DESC";
//调用 sprintf 函数格式化输出 SQL 语句
$query_limit_newsType1 = sprintf("%s LIMIT %d, %d", $query_newsType1,
  $startRow_newsType1, $maxRows_newsType1);
$newsType1 =
  mysql_query($query_limit_newsType1, $conn_news) or die(mysql_error());
$row_newsType1 = mysql_fetch_assoc($newsType1);
if (isset($_GET['totalRows_newsType1'])) {
    $totalRows_newsType1 = $_GET['totalRows_newsType1'];
} else {
    $all_newsType1 = mysql_query($query_newsType1);     //执行数据库查询语句
    $totalRows_newsType1 = mysql_num_rows($all_newsType1);
}
//取得总页数
$totalPages_newsType1 = ceil($totalRows_newsType1/$maxRows_newsType1)-1;
//以上这段代码的作用，是从 newstable 数据库表中，
//按时间降序顺序取出前 10 条 newsType 为 1(社会新闻)的信息

$maxRows_newsType2 = 10;
$pageNum_newsType2 = 0;
```

```php
if (isset($_GET['pageNum_newsType2'])) {
    $pageNum_newsType2 = $_GET['pageNum_newsType2'];
}
$startRow_newsType2 = $pageNum_newsType2 * $maxRows_newsType2;
mysql_select_db($database_conn_news, $conn_news);        //连接数据库
$query_newsType2 =
  "SELECT * FROM newstable WHERE newsType = 2 ORDER BY newsTime DESC";
$query_limit_newsType2 = sprintf("%s LIMIT %d, %d", $query_newsType2,
  $startRow_newsType2, $maxRows_newsType2);
//执行数据库查询语句
$newsType2 =
  mysql_query($query_limit_newsType2, $conn_news) or die(mysql_error());
$row_newsType2 = mysql_fetch_assoc($newsType2);
if (isset($_GET['totalRows_newsType2'])) {
    $totalRows_newsType2 = $_GET['totalRows_newsType2'];
} else {
    $all_newsType2 = mysql_query($query_newsType2);
    $totalRows_newsType2 = mysql_num_rows($all_newsType2);
}
$totalPages_newsType2 = ceil($totalRows_newsType2/$maxRows_newsType2)-1;
//以上这段代码的作用，是从 newstable 数据库表中，
//按时间降序顺序，取出前 10 条 newsType 为 2(员工动态)的信息

$maxRows_newsType0 = 10;
$pageNum_newsType0 = 0;
if (isset($_GET['pageNum_newsType0'])) {
    $pageNum_newsType0 = $_GET['pageNum_newsType0'];
}
$startRow_newsType0 = $pageNum_newsType0 * $maxRows_newsType0;
mysql_select_db($database_conn_news, $conn_news);
$query_newsType0 =
  "SELECT * FROM newstable WHERE newsType = 0 ORDER BY newsTime DESC";
$query_limit_newsType0 = sprintf("%s LIMIT %d, %d", $query_newsType0,
  $startRow_newsType0, $maxRows_newsType0);
$newsType0 =
  mysql_query($query_limit_newsType0, $conn_news) or die(mysql_error());
$row_newsType0 = mysql_fetch_assoc($newsType0);
if (isset($_GET['totalRows_newsType0'])) {
    $totalRows_newsType0 = $_GET['totalRows_newsType0'];
} else {
    $all_newsType0 = mysql_query($query_newsType0);
    $totalRows_newsType0 = mysql_num_rows($all_newsType0);
}
$totalPages_newsType0 = ceil($totalRows_newsType0/$maxRows_newsType0)-1;
//以上这段代码的作用，是从 newstable 数据库表中，
//按时间降序顺序取出前 10 条 newsType 为 0(公司新闻)的信息

$MM_paramName = "";
// *** Go To Record and Move To Record:
// create strings for maintaining URL and Form parameters
```

```
// create the list of parameters which should not be maintained
$MM_removeList = "&index=";
if ($MM_paramName != "")
    $MM_removeList .= "&".strtolower($MM_paramName)."=";
$MM_keepURL = "";
$MM_keepForm = "";
$MM_keepBoth = "";
$MM_keepNone = "";
// add the URL parameters to the MM_keepURL string
reset($HTTP_GET_VARS);
while (list($key, $val) = each($HTTP_GET_VARS)) {
    $nextItem = "&".strtolower($key)."=";
    if (!stristr($MM_removeList, $nextItem)) {
        $MM_keepURL .= "&".$key."=".urlencode($val);
    }
}
// add the URL parameters to the MM_keepURL string
if(isset($HTTP_POST_VARS)) {
    reset($HTTP_POST_VARS);
    while (list ($key, $val) = each ($HTTP_POST_VARS)) {
        $nextItem = "&".strtolower($key)."=";
        if (!stristr($MM_removeList, $nextItem)) {
            $MM_keepForm .= "&".$key."=".urlencode($val);
        }
    }
}
// create the Form + URL string
// and remove the intial '&' from each of the strings
$MM_keepBoth = $MM_keepURL."&".$MM_keepForm;
if (strlen($MM_keepBoth) > 0) $MM_keepBoth = substr($MM_keepBoth, 1);
if (strlen($MM_keepURL) > 0) $MM_keepURL = substr($MM_keepURL, 1);
if (strlen($MM_keepForm) > 0) $MM_keepForm = substr($MM_keepForm, 1);
?>
//这段代码的功能是保存页面跳转信息及分页信息
```

(2) 显示页面的代码如下：

```
<body>
<table width="100%" border="0" align="center">
  <tr>
    <td width="27%" height="68" rowspan="2"><img width="174" height="93"
      src="images/logo.gif" /></td>
    <td height="68" colspan="4"><span class="STYLE1">新闻系统</span></td>
    <td width="7%" rowspan="2"> </td>
  </tr>
  <tr>
    <td colspan="4" align="center">
      <span class="STYLE2">欢迎光临我们的网站</span></td>
  </tr>
  <tr bgcolor="#F5F5F5">
    <td width="27%" height="20"> </td>
```

```
    <td width="20%" height="20" align="left" valign="middle">
     <a href="m_index.php">首页</a></td>
    <td width="20%" height="20" align="left" valign="middle">
     <a href="m_insert.php">插入新闻</a></td>
    <td width="20%" height="20" align="left" valign="middle">
     <a href="insertBook.php"></a></td>
    <td width="40%" height="20" align="left" valign="middle">
     <a href="deleteBook.php"></a></td>
    <td width="7%" height="20"> </td>
  </tr>
<!--以上这段代码的作用，是显示新闻系统的标题和Logo-->

  <tr>
    <td height="169" colspan="6" align="center">
    <table width="100%" height="100%" border="0">
     <tr>
      <td width="1%"> </td>
      <td align="center" valign="top">
      <table width="88%" height="100%" border="0">
       <tr>
        <td height="89" align="right">
        <form id="form1" name="form1" method="get" action="">
         <table width="100%" border="0">
          <tr>
           <td colspan="4" align="center">
            <span class="STYLE3">公司新闻</span></td>
          </tr>
          <?php do { ?>
          <tr bgcolor="#f4f4f4">
           <td height="18" colspan="4"> </td>
          </tr>
          <tr>
           <td height="19" align="center">
            <a href="CNewsDetail.php?
             <?php echo $MM_keepURL.(($MM_keepURL!="")?"&":"")
             ."newsID=".$row_newsType0['newsID'] ?>">
             <?php echo $row_newsType0['newsTitle']; ?></a>
            <input name="newsID" type="hidden" id="newsID"
            value="<?php echo $row_newsType0['newsID']; ?>" />
            </td>
           <td align="right">
            <?php echo $row_newsType0['newsTime']; ?></td>
           <td align="right">
            <a href="m_CUpdate.php?
            <?php echo $MM_keepURL.(($MM_keepURL!="")?"&":"")
            ."newsID=".$row_newsType0['newsID'] ?>">修改</a></td>
           <td align="right">
               <a href="delete.php?<?php echo $MM_keepURL
               .(($MM_keepURL!="")?"&":"")
```

```
                        ."newsID=".$row_newsType0['newsID'] ?>">删除</a>
                      </td>
                    </tr>
                    <?php
                    } while ($row_newsType0 = mysql_fetch_assoc($newsType0));
                    ?>
                  </table>
                </form><p>
                <a href="companyNews.php">more&gt;&gt;</a></p></td>
          </tr>
<!--以上这段代码的作用是显示公司新闻-->

          <tr>
            <td height="18" align="right">
            <form id="form2" name="form2" method="post" action="">
              <table width="100%" border="0">
                <tr>
                  <td colspan="4" align="center" class="STYLE3">社会新闻</td>
                </tr>
                <?php do { ?>
                <tr>
                  <td colspan="4" bgcolor="#f4f4f4"> </td>
                </tr>
                <tr>
                  <td align="center">
                    <a href="SNewsDetail.php?
                      <?php echo $MM_keepURL.(($MM_keepURL!="")?"&":"")
                      ."newsID=".$row_newsType1['newsID'] ?>">
                      <?php echo $row_newsType1['newsTitle']; ?></a>
                    <input name="newsID" type="hidden" id="newsID"
                    value="<?php echo $row_newsType1['newsID']; ?>" />
                    </td>
                  <td align="right">
                    <?php echo $row_newsType1['newsTime']; ?></td>
                  <td align="right">
                    <a href="m_CUpdate.php?
                      <?php echo $MM_keepURL.(($MM_keepURL!="")?"&":"")
                      ."newsID=".$row_newsType1['newsID'] ?>">修改</a></td>
                  <td align="right">
                    <a href="delete.php?
                      <?php echo $MM_keepURL.(($MM_keepURL!="")?"&":"")
                      ."newsID=".$row_newsType1['newsID'] ?>">删除</a></td>
                </tr>
                <?php
                } while ($row_newsType1 = mysql_fetch_assoc($newsType1));
                ?>
              </table>
            </form>
          <p><a href="societyNews.php">more&gt;&gt;</a></p></td>
        </tr>
```

```
<!--以上这段代码的作用是显示员工动态-->

        <tr>
         <td height="18" align="right">
          <form id="form3" name="form3" method="post" action="">
          <table width="100%" border="0">
            <tr>
             <td colspan="4" align="center" class="STYLE3">员工动态</td>
            </tr>
            <?php do { ?>
            <tr>
             <td colspan="4" bgcolor="#f4f4f4"> </td>
            </tr>
            <tr>
             <td width="46%" align="center">
              <a href="ENewsDetail.php?
               <?php echo $MM_keepURL.(($MM_keepURL!="")?"&":"")
               ."newsID=".$row_newsType2['newsID'] ?>">
               <?php echo $row_newsType2['newsTitle']; ?></a>
              <input name="newsID" type="hidden" id="newsID"
              value="<?php echo $row_newsType2['newsID']; ?>" />
              </td>
             <td width="38%" align="right">
             <?php echo $row_newsType2['newsTime']; ?></td>
             <td width="7%" align="right">
              <a href="m_CUpdate.php?
               <?php echo $MM_keepURL.(($MM_keepURL!="")?"&":"")
               ."newsID=".$row_newsType2['newsID'] ?>">修改</a></td>
             <td width="9%" align="right">
              <a href="delete.php?
               <?php echo $MM_keepURL.(($MM_keepURL!="")?"&":"")
               ."newsID=".$row_newsType2['newsID'] ?>">删除</a></td>
            </tr>
            <?php
              } while ($row_newsType2 = mysql_fetch_assoc($newsType2));
            ?>
          </table>
          </form>
         <p><a href="employeeNews.php">more&gt;&gt;</a></p></td>
        </tr>
      </table></td>
      </tr>
  </table></td>
 </tr>
 <tr>
  <td colspan="6"><table width="100%" border="0">
   <hr />
  </table></td>
 </tr>
</table>
```

```
</body>
</html>
```

这段代码的功能是创建新闻管理首页。

(3) 将代码保存在网站根目录下面的 news 文件夹中，文件名为 m_index.php。最后再添加上如下代码：

```
<?php
mysql_free_result($newsType0);
mysql_free_result($newsType1);
mysql_free_result($newsType2);
?>
```

(4) 在浏览器的地址栏中输入"http://localhost/news/m_index.php"，结果如图 11-12 所示。

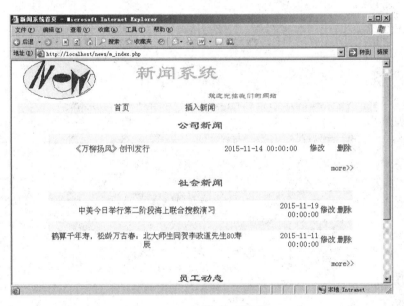

图 11-12　新闻管理首页

2. 新闻插入页面

新闻插入页面要实现两种功能，一方面要获得用户的输入信息，另一方面，是将获得的信息插入到数据库 newsDB 中。

使用如下 SQL 语句：

```
INSERT INTO newstable (newsID, newsTitle, newsContent, newsAuthor,
  newsType, newsPlace, newsTime)
  VALUES (%s, %s, %s, %s, %s, %s, %s)
```

以上 SQL 语句的作用，是向 newstable 表中插入信息。

在实际的插入操作中，除了插入语句，还需要考虑获取值，以及取值的合法性等问题，具体数据的验证工作可以参看前面章节的介绍，本节只介绍插入页面的代码实现。

(1) 新建一个记事本文件，编写代码如下：

```php
<?php require_once('../Connections/conn_news.php'); ?>
<?php
function GetSQLValueString(
  $theValue, $theType, $theDefinedValue="", $theNotDefinedValue="")
{
    //取得当前的转义类型，如果没有设置自动转义，
    //则调用 addslashes 函数在那些字符前添加反斜杠
    $theValue =
      (!get_magic_quotes_gpc())? addslashes($theValue) : $theValue;
    switch ($theType) {
        case "text":
            $theValue = ($theValue != "")? "'" . $theValue . "'" : "NULL";
            break;
        case "long":
        case "int":
            $theValue = ($theValue != "")? intval($theValue) : "NULL";
            break;
        case "double":
            $theValue = ($theValue != "")?
              "'" . doubleval($theValue) . "'" : "NULL";
            break;
        case "date":
            $theValue = ($theValue != "")? "'" . $theValue . "'" : "NULL";
            break;
        case "defined":
            $theValue = ($theValue != "")?
              $theDefinedValue : $theNotDefinedValue;
            break;
    }
    return $theValue;
}
$editFormAction = $_SERVER['PHP_SELF'];
if (isset($_SERVER['QUERY_STRING'])) {
    $editFormAction .= "?" . htmlentities($_SERVER['QUERY_STRING']);
}
if ((isset($_POST["MM_insert"])) && ($_POST["MM_insert"] == "form2")) {
    $insertSQL = sprintf("INSERT INTO newstable (newsID, newsTitle,
      newsContent, newsAuthor, newsType, newsPlace, newsTime)
      VALUES (%s, %s, %s, %s, %s, %s, %s)",
            GetSQLValueString($_POST['newsID'], "int"),
            GetSQLValueString($_POST['newsTitle'], "text"),
            GetSQLValueString($_POST['newsContent'], "text"),
            GetSQLValueString($_POST['newsAuthor'], "text"),
            GetSQLValueString($_POST['newsType'], "int"),
            GetSQLValueString($_POST['newsPlace'], "text"),
            GetSQLValueString($_POST['newsTime'], "date"));
    mysql_select_db($database_conn_news, $conn_news);
    $Result1 = mysql_query($insertSQL, $conn_news) or die(mysql_error());
```

```
//以上这段代码的作用，是将从页面获取的用户输入信息插入到数据库表 newstable 中

    $insertGoTo = "m_index.php";
    if (isset($_SERVER['QUERY_STRING'])) {
        //取得?在$insertGoTo 中的位置
        $insertGoTo .= (strpos($insertGoTo, '?')) ? "&" : "?";
        $insertGoTo .= $_SERVER['QUERY_STRING'];
    }
    header(sprintf("Location: %s", $insertGoTo));
}
mysql_select_db($database_conn_news, $conn_news);
$query_newsType = "SELECT * FROM newstable";
$newsType =
  mysql_query($query_newsType, $conn_news) or die(mysql_error());
$row_newsType = mysql_fetch_assoc($newsType);
$totalRows_newsType = mysql_num_rows($newsType);  //取得记录数
$colname_newsType = "-1";
if (isset($_GET['newsID'])) {
    $colname_newsType = (get_magic_quotes_gpc())?
      $_GET['newsID'] : addslashes($_GET['newsID']);
}
mysql_select_db($database_conn_news, $conn_news);
$query_newsType =
  sprintf("SELECT * FROM newstable WHERE newsID = %s", $colname_newsType);
mysql_query("SET NAMES 'GB2312'");        //设置连接数据库的传输数据格式
$newsType =
  mysql_query($query_newsType, $conn_news) or die(mysql_error());
$row_newsType = mysql_fetch_assoc($newsType);
$totalRows_newsType = mysql_num_rows($newsType);
?>
```

这段代码的功能，是将从页面获得的用户输入信息插入到数据库中。

(2) 显示页面的代码如下：

```
<body>
<table width="100%" border="0" align="center">
  <tr>
    <td width="27%" height="68" rowspan="2">
      <img width="174" height="93" src="images/logo.gif" /></td>
    <td height="68" colspan="4"><span class="STYLE1">新闻系统</span></td>
    <td width="7%" rowspan="2"> </td>
  </tr>
  <tr>
    <td colspan="4" align="center">
      <span class="STYLE2">欢迎光临我们的网站</span></td>
  </tr>
  <tr bgcolor="#F5F5F5">
    <td width="27%" height="20"> </td>
    <td width="20%" height="20" align="left" valign="middle">
      <a href="m_index.php">首页</a></td>
    <td width="20%" height="20" align="left" valign="middle">
```

```
     <a href="allBooklist.php"></a></td>
   <td width="20%" height="20" align="left" valign="middle">
    <a href="insertBook.php"></a></td>
   <td width="40%" height="20" align="left" valign="middle">
    <a href="deleteBook.php"></a></td>
   <td width="7%" height="20"> </td>
 </tr>
<!--以上这段代码的作用是显示新闻系统的标题和 Logo-->

<tr>
  <td height="169" colspan="6" align="center">
  <table width="100%" height="100%" border="0">
    <tr>
     <td width="1%"> </td>
     <td align="center" valign="top">
     <form id="form2" name="form2" method="POST"
      action="<?php echo $editFormAction; ?>">
        <table width="88%" height="100%" border="0">
         <tr>
           <td height="89" colspan="6" align="right">
           <table width="100%" height="100%" border="0">
             <tr>
               <td colspan="4" align="center" class="STYLE3">新闻插入</td>
             </tr>
             <tr bgcolor="#f4f4f4">
               <td height="18" colspan="4"> </td>
             </tr>
             <tr>
               <td width="12%" height="19" align="left">新闻标题：</td>
               <td width="49%" align="left"><label>
                 <input name="newsTitle" type="text" id="newsTitle" />
               </label></td>
               <td width="12%" align="right">发布时间：</td>
               <td width="27%" align="right">
               <label>
                 <input name="newsTime" type="text"
                   id="newsTime" value="0000-00-00" />
               </label></td>
             </tr>
           </table></td>
         </tr>
         <tr>
           <td width="12%" height="8" align="center">新闻内容：</td>
           <td height="8" colspan="5" align="left">
           <label>
             <textarea name="newsContent" cols="30" rows="6"
               id="newsContent"></textarea>
           </label></td>
         </tr>
         <tr>
```

```
            <td height="8" align="right">编者：</td>
            <td width="24%" align="left"><label>
              <input name="newsAuthor" type="text" id="newsAuthor" />
            </label></td>
            <td width="12%" align="left">新闻类型：</td>
            <td width="13%" align="left"><label>
              <select name="newsType" id="newsType">
                <option value="0">公司新闻</option>
                <option value="1">社会新闻</option>
                <option value="2">员工动态</option>
              </select>
            </label></td>
            <td width="12%" align="right">地点：</td>
            <td width="27%" align="right"><label>
              <input name="newsPlace" type="text" id="newsPlace" />
            </label></td>
          </tr>
        </table>
    <input name="newsID" type="hidden" id="newsID"
      value="<?php echo $row_newsType['newsID']; ?>" />
        <label>
          <input type="submit" name="Submit" value="插入新闻" />
        </label>
        <input type="hidden" name="MM_insert" value="form2">
      </form>
      </td>
    </tr>
  </table></td>
  </tr>
  <tr>
    <td colspan="6">
    <table width="100%" border="0">
      <hr />
    </table></td>
  </tr>
</table>
</body>
</html>
```

这段代码的功能，是创建新闻插入页面，包括新闻标题、发布时间、新闻内容、编者、新闻类型和地点。

(3) 将代码保存在网站根目录下的 news 文件夹中，文件名为 m_insert.php。最后再加上如下代码：

```
<?php
mysql_free_result($newsType);
?>
```

(4) 在浏览器的地址栏中输入"http://localhost/news/m_index.php"，结果如图 11-13 所示。此时可以插入数据测试，插入后，单击页面中的"插入新闻"按钮。

图 11-13　"新闻插入"页面

3. 新闻修改页面

新闻修改页面要实现已发布新闻的修改。使用如下 SQL 语句：

```
sprintf("UPDATE newstable SET newsTitle=%s, newsContent=%s,
 newsAuthor=%s, newsType=%s, newsPlace=%s, newsTime=%s WHERE newsID=%s",
            GetSQLValueString($_POST['newsTitle'], "text"),
            GetSQLValueString($_POST['newsContent'], "text"),
            GetSQLValueString($_POST['newsAuthor'], "text"),
            GetSQLValueString($_POST['newsType'], "int"),
            GetSQLValueString($_POST['newsPlace'], "text"),
            GetSQLValueString($_POST['newsTime'], "date"),
            GetSQLValueString($_POST['newsID'], "int"));
```

以上 SQL 语句的作用为更新 newstable 表中的信息。

通过更新语句，可以实现对已经发布新闻的更改，下面介绍具体的代码实现。

(1)　新建一个记事本文件，编写代码如下：

```
<?php require_once('../Connections/conn_news.php'); ?>
<?php
function GetSQLValueString(
 $theValue, $theType, $theDefinedValue="", $theNotDefinedValue="")
{
  $theValue =
    (!get_magic_quotes_gpc())? addslashes($theValue) : $theValue;
  switch ($theType) {
    case "text":
        $theValue = ($theValue != "")? "'" . $theValue . "'" : "NULL";
        break;
    case "long":
    case "int":
        $theValue = ($theValue != "")?
```

```
                intval($theValue) : "NULL";    //将传递的值转换为 int 类型
            break;
        case "double":
            $theValue = ($theValue != "")?
              "'" . doubleval($theValue) . "'" : "NULL";
                  //将传递的值转换为浮点型
            break;
        case "date":
            $theValue = ($theValue != "")? "'" . $theValue . "'" : "NULL";
            break;
        case "defined":
            $theValue = ($theValue != "")?
              $theDefinedValue : $theNotDefinedValue;
            break;
    }
    return $theValue;
}
$editFormAction = $_SERVER['PHP_SELF'];
if (isset($_SERVER['QUERY_STRING'])) {
    $editFormAction .= "?" . htmlentities($_SERVER['QUERY_STRING']);
      //将字符串转义为 HTML 实体
}
if ((isset($_POST["MM_update"])) && ($_POST["MM_update"] == "form2")) {
    $updateSQL = sprintf("UPDATE newstable SET newsTitle=%s,
      newsContent=%s, newsAuthor=%s, newsType=%s, newsPlace=%s,
      newsTime=%s WHERE newsID=%s",
            GetSQLValueString($_POST['newsTitle'], "text"),
            GetSQLValueString($_POST['newsContent'], "text"),
            GetSQLValueString($_POST['newsAuthor'], "text"),
            GetSQLValueString($_POST['newsType'], "int"),
            GetSQLValueString($_POST['newsPlace'], "text"),
            GetSQLValueString($_POST['newsTime'], "date"),
            GetSQLValueString($_POST['newsID'], "int"));
    mysql_select_db($database_conn_news, $conn_news);
    $Result1 = mysql_query($updateSQL, $conn_news) or die(mysql_error());
//以上这段代码的作用是更新数据库表 newstable

    $updateGoTo = "m_index.php";
    if (isset($_SERVER['QUERY_STRING'])) {
        $updateGoTo .= (strpos($updateGoTo, '?'))? "&" : "?";
        $updateGoTo .= $_SERVER['QUERY_STRING'];
    }
    header(sprintf("Location: %s", $updateGoTo));          //跳转页面
}
$colname_newsType2 = "-1";
if (isset($_GET['newsID'])) {
    $colname_newsType2 = (get_magic_quotes_gpc())?
      $_GET['newsID'] : addslashes($_GET['newsID']);
}
mysql_select_db($database_conn_news, $conn_news);
```

```php
$query_newsType2 = sprintf(
  "SELECT * FROM newstable WHERE newsID = %s", $colname_newsType2);
mysql_query("SET NAMES 'GB2312'");
$newsType2 =
  mysql_query($query_newsType2, $conn_news) or die(mysql_error());
$row_newsType2 = mysql_fetch_assoc($newsType2);
$totalRows_newsType2 = mysql_num_rows($newsType2);
$colname_newsType2 = "-1";
if (isset($_GET['newsID'])) {
    $colname_newsType2 = (get_magic_quotes_gpc())?
      $_GET['newsID'] : addslashes($_GET['newsID']);
}
//以上这段代码的功能是查询新闻详细信息
```

(2) 显示页面的代码如下：

```html
<body>
<table width="100%" border="0" align="center">
 <tr>
   <td width="27%" height="68" rowspan="2">
     <img width="174" height="93" src="images/logo.gif" /></td>
   <td height="68" colspan="4"><span class="STYLE1">新闻系统</span></td>
   <td width="7%" rowspan="2"> </td>
 </tr>
 <tr>
   <td colspan="4" align="center">
     <span class="STYLE2">欢迎光临我们的网站</span></td>
 </tr>
 <tr bgcolor="#F5F5F5">
   <td width="27%" height="20"> </td>
   <td width="20%" height="20" align="left" valign="middle">
    <a href="m_index.php">首页</a></td>
   <td width="20%" height="20" align="left" valign="middle">
    <a href="allBooklist.php"></a></td>
   <td width="20%" height="20" align="left" valign="middle">
    <a href="insertBook.php"></a></td>
   <td width="40%" height="20" align="left" valign="middle">
    <a href="deleteBook.php"></a></td>
   <td width="7%" height="20"> </td>
 </tr>
<!--以上这段代码的功能，是显示新闻系统的标题和 Logo-->

 <tr>
   <td height="169" colspan="6" align="center">
   <table width="100%" height="100%" border="0">
     <tr>
       <td width="1%"> </td>
       <td align="center" valign="top">
       <form id="form2" name="form2" method="POST"
         action="<?php echo $editFormAction; ?>">
         <table width="88%" height="100%" border="0">
```

```
<tr>
  <td height="89" colspan="6" align="right">
    <table width="100%" height="100%" border="0">
      <tr>
        <td colspan="4" align="center" class="STYLE3">新闻插入</td>
      </tr>
      <tr bgcolor="#f4f4f4">
        <td height="18" colspan="4"> </td>
      </tr>
      <tr>
        <td width="12%" height="19" align="left">新闻标题：</td>
        <td width="49%" align="left">
        <label>
          <input name="newsTitle" type="text" id="newsTitle" />
        </label></td>
        <td width="12%" align="right">发布时间：</td>
        <td width="27%" align="right">
        <label>
          <input name="newsTime" type="text"
            id="newsTime" value="0000-00-00" />
        </label></td>
      </tr>
    </table></td>
</tr>
<tr>
  <td width="12%" height="8" align="center">新闻内容：</td>
  <td height="8" colspan="5" align="left">
  <label>
    <textarea name="newsContent" cols="30" rows="6"
      id="newsContent"></textarea>
  </label></td>
</tr>
<tr>
  <td height="8" align="right">编者：</td>
  <td width="24%" align="left"><label>
    <input name="newsAuthor" type="text" id="newsAuthor" />
  </label></td>
  <td width="12%" align="left">新闻类型：</td>
  <td width="13%" align="left"><label>
    <select name="newsType" id="newsType">
      <option value="0">公司新闻</option>
      <option value="1">社会新闻</option>
      <option value="2">员工动态</option>
    </select>
  </label></td>
  <td width="12%" align="right">地点：</td>
  <td width="27%" align="right"><label>
    <input name="newsPlace" type="text" id="newsPlace" />
  </label></td>
</tr>
</table>
```

```
        <input name="newsID" type="hidden" id="newsID"
          value="<?php echo $row_newsType['newsID']; ?>" />
            <label>
                <input type="submit" name="Submit" value="插入新闻" />
            </label>
            <input type="hidden" name="MM_insert" value="form2">
        </form>
        </td>
      </tr>
    </table></td>
  </tr>
  <tr>
  <td colspan="6"><table width="100%" border="0">
    <hr />
  </table></td>
  </tr>
</table>
</body>
</html>
```

这段代码的功能是创建新闻修改页面，包括新闻标题、发布时间、新闻内容、编者、新闻类型和地点。

(3) 将代码保存在网站根目录下的 news 文件夹中，文件名为 m_CUpdate.php。最后再加上如下代码：

```php
<?php
    mysql_free_result($newsType);
?>
```

(4) 在浏览器的地址栏中输入"http://localhost/news/m_index.php"，然后单击页面中新闻标题"旅游"后面的"修改新闻"按钮，结果如图 11-14 所示。

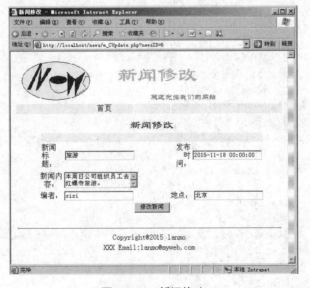

图 11-14　新闻修改

在新闻修改页面中，将标题"旅游"改为"周日旅游"，单击"修改新闻"按钮，结果如图 11-15 所示。

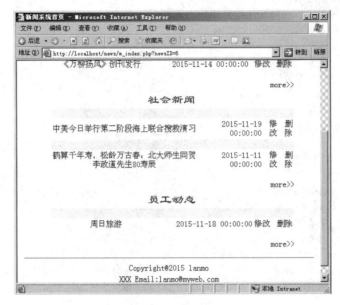

图 11-15　新闻修改的结果

4. 新闻删除确认页面

新闻删除确认页面要实现两种功能，一方面显示指定新闻的详细信息，另一方面是将新闻记录的主键 newsID 传递给删除页面。

使用如下 SQL 语句：

```
SELECT * FROM newstable WHERE newsID = %s", $colname_newsType2
```

以上 SQL 语句的作用是查询指定的新闻信息，目的是让管理员确认是否要删除。

删除操作是具有一定危险性的，因此，在删除之前，给用户确认的机会是很必要的。下面介绍这个功能的具体代码实现。

(1) 新建一个记事本文件，编写代码如下：

```php
<?php require_once('../Connections/conn_news.php'); ?>
<?php
$colname_newsType2 = "-1";
if (isset($_GET['newsID'])) {
    $colname_newsType2 = (get_magic_quotes_gpc())?
      $_GET['newsID'] : addslashes($_GET['newsID']);
}
mysql_select_db($database_conn_news, $conn_news);
$query_newsType2 = sprintf(
  "SELECT * FROM newstable WHERE newsID = %s", $colname_newsType2);
mysql_query("SET NAMES 'GB2312'");
$newsType2 =
  mysql_query($query_newsType2, $conn_news) or die(mysql_error());
$row_newsType2 = mysql_fetch_assoc($newsType2);
```

```
$totalRows_newsType2 = mysql_num_rows($newsType2);
?>
//这段代码的功能是查询新闻详细信息,
//并且将新闻编号 newsID 传递给真正的删除页面 delete.php,
//让管理员确认是否真的要删除该新闻

$MM_paramName = "";
//创建不被保留的参数列表
$MM_removeList = "&index=";
if ($MM_paramName != "")
    $MM_removeList .= "&".strtolower($MM_paramName)."=";
$MM_keepURL = "";
$MM_keepForm = "";
$MM_keepBoth = "";
$MM_keepNone = "";
//添加 URL 参数到 MM_keepURL 字符串
reset($HTTP_GET_VARS);
while (list ($key, $val) = each ($HTTP_GET_VARS)) {
    $nextItem = "&".strtolower($key)."=";
    if (!stristr($MM_removeList, $nextItem)) {
        $MM_keepURL .= "&".$key."=".urlencode($val);
    }
}
//添加 URL 参数到 MM_keepURL 字符串
if(isset($HTTP_POST_VARS)) {
    reset($HTTP_POST_VARS);
    while (list ($key, $val) = each ($HTTP_POST_VARS)) {
        $nextItem = "&".strtolower($key)."=";
        if (!stristr($MM_removeList, $nextItem)) {
            $MM_keepForm .= "&".$key."=".urlencode($val);
        }
    }
}
$MM_keepBoth = $MM_keepURL."&".$MM_keepForm;
if (strlen($MM_keepBoth) > 0) $MM_keepBoth = substr($MM_keepBoth, 1);
if (strlen($MM_keepURL) > 0) $MM_keepURL = substr($MM_keepURL, 1);
if (strlen($MM_keepForm) > 0) $MM_keepForm = substr($MM_keepForm, 1);
$colname_newsType2 = "-1";
if (isset($_GET['newsID'])) {
    $colname_newsType2 = (get_magic_quotes_gpc())?
      $_GET['newsID'] : addslashes($_GET['newsID']);
}
//这段代码的功能是保存页面跳转信息
```

(2) 显示页面的代码如下:

```
<body>
<table width="100%" border="0" align="center">
  <tr>
    <td width="27%" height="68" rowspan="2">
      <img width="174" height="93" src="images/logo.gif" /></td>
```

```html
  <td height="68" colspan="4"><span class="STYLE1">新闻删除</span></td>
  <td width="7%" rowspan="2"> </td>
</tr>
<tr>
  <td colspan="4" align="center">
   <span class="STYLE2">欢迎光临我们的网站</span></td>
</tr>
<tr bgcolor="#F5F5F5">
  <td width="27%" height="20"> </td>
  <td width="20%" height="20" align="left" valign="middle">
   <a href="m_index.php">首页</a></td>
  <td width="20%" height="20" align="left" valign="middle">
   <a href="allBooklist.php"></a></td>
  <td width="20%" height="20" align="left" valign="middle">
   <a href="insertBook.php"></a></td>
  <td width="40%" height="20" align="left" valign="middle">
   <a href="deleteBook.php"></a></td>
  <td width="7%" height="20"> </td>
</tr>
<!--这段代码的功能是显示新闻系统的标题和Logo-->

<tr>
  <td height="169" colspan="6" align="center">
  <table width="100%" height="100%" border="0">
    <tr>
     <td width="1%"> </td>
     <td align="center" valign="top">
     <form id="form2" name="form2" method="post" action="">
        <table width="88%" height="100%" border="0">
         <tr>
           <td height="89" colspan="4" align="right">
           <table width="100%" height="100%" border="0">
              <tr>
                <td colspan="4" align="center" class="STYLE3">新闻删除</td>
              </tr>
              <tr bgcolor="#f4f4f4">
                <td height="18" colspan="4"> </td>
              </tr>
              <tr>
                <td width="12%" height="19" align="left">新闻标题: </td>
                <td width="49%" align="left">
                <label>
                  <input name="newsTitle" type="text" id="newsTitle"
                 value="<?php echo $row_newsType2['newsTitle']; ?>" />
                </label></td>
                <td width="12%" align="right">发布时间: </td>
                <td width="27%" align="right">
                <label>
                  <input name="newsTime" type="text" id="newsTime"
                  value="<?php echo $row_newsType2['newsTime']; ?>" />
                </label></td>
```

```
          </tr>
        </table></td>
      </tr>
      <tr>
        <td width="12%" height="8" align="center">新闻内容: </td>
        <td height="8" colspan="3" align="left">
        <label>
          <textarea name="newsContent" id="newsContent">
            <?php echo $row_newsType2['newsContent']; ?>
          </textarea>
        </label></td>
      </tr>
      <tr>
        <td height="8" align="right">编者: </td>
        <td width="49%" align="left"><label>
          <input name="newsAuthor" type="text" id="newsAuthor"
            value="<?php echo $row_newsType2['newsAuthor']; ?>" />
        </label></td>
        <td width="12%" align="right">地点: </td>
        <td width="27%" align="right">
        <label>
          <input name="newsPlace" type="text" id="newsPlace"
            value="<?php echo $row_newsType2['newsPlace']; ?>" />
        </label></td>
      </tr>
    </table>
    <input name="newsID" type="hidden" id="newsID"
      value="<?php echo $row_newsType2['newsID']; ?>" />
        <label><a href="delete.php?
          <?php echo $MM_keepURL.(($MM_keepURL!="")?"&":"")
          ."newsID=".$row_newsType2['newsID'] ?>">[删除新闻]</a>
        </label>
    </form></td>
    </tr>
  </table></td>
 </tr>
</table>
</body>
</html>
```

这段代码的功能是创建新闻删除确认页面，包括新闻标题、发布时间、新闻内容、编者、新闻类型和地点。

(3) 将代码保存在网站根目录下的 news 文件夹中，文件名为 m_CDelete.php。最后再添加以下代码：

```php
<?php
   mysql_free_result($newsType2);
?>
```

(4) 在浏览器的地址栏中输入 "http://localhost/news/m_index.php"，然后单击 "删除

新闻"，结果如图 11-16 所示。

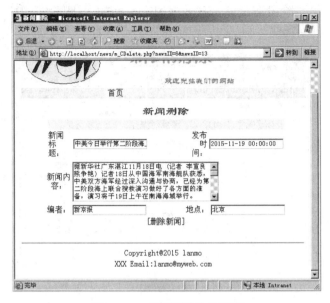

图 11-16　新闻删除确认页面

5. 新闻删除页面

新闻删除页面要删除指定的新闻。使用如下语句：

```
sprintf("DELETE FROM newstable WHERE newsID=%s", $colname_newsType2);
```

以上语句的作用是删除指定新闻。删除操作是比较简单的一种操作，指定好删除条件即可，下面介绍具体的功能实现代码。

(1)　新建一个记事本文件，编写代码如下：

```
<title>删除新闻</title>
<?php require_once('../Connections/conn_news.php'); ?>
<?php
$colname_newsType2 = "-1";
if (isset($_GET['newsID'])) {
    $colname_newsType2 = (get_magic_quotes_gpc())?
      $_GET['newsID'] : addslashes($_GET['newsID']);
}
$deleteSQL1 =
  sprintf("DELETE FROM newstable WHERE newsID=%s", $colname_newsType2);
mysql_select_db($database_conn_news, $conn_news);
$Result1 = mysql_query($deleteSQL1, $conn_news) or die(mysql_error());
?>
<meta http-equiv="refresh" content="1;URL=m_index.php" />
```

以上这段代码的作用是对指定的新闻进行删除，即从数据库 newstable 中删除 newsID 等于传递过来的 newsID 的新闻。

(2)　将代码保存在网站根目录下面的 news 文件夹中，文件名为 delete.php。

(3) 在浏览器的地址栏中输入"http://localhost/news/m_index.php",然后单击新闻标题"中美今日举行第二阶段海上联合搜救演习"后面的"[删除新闻]",结果如图 11-17 所示。

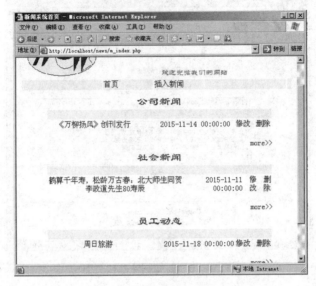

图 11-17　新闻删除页面

上机实训：制作简单的 HTML 表单

1. 实训背景

王飞是一名 IT 程序员，他接到组长布置的任务，要求为"员工信息管理系统"设计表单页面。

2. 实训内容和要求

使用 PHP 操作 MySQL 数据库，制作 HTML 表单的具体的实现步骤如下。

3. 实训步骤

(1) 建立数据库表。

为了便于实现下面的任务，我们需要建立一个 employee 表，用于存放员工信息，这个表有 ID、姓名、地址和职位 4 个字段，其中，ID 为自动增长，无需用户输入。

建立 employee 表的 SQL 的语句如下：

```
CREATE TABLE employees (id int(4) NOT NULL AUTO_INCREMENT,
  name varchar(20), address varchar(255), position varchar(50),
  PRIMARY KEY(id));
```

可以利用 phpMyAdmin 图形管理工具来实现，首先创建一个名为 test 的数据库，然后在输入框编辑我们上面给出的 SQL 语句，最后单击"执行"按钮，如图 11-18 所示。

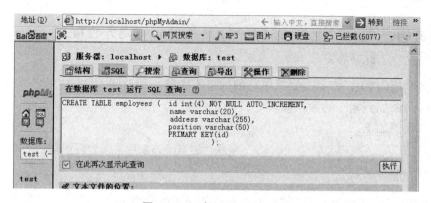

图 11-18   建立 employee 表

（2）实现主程序。

要实现主程序，首先新建一个记事本，编写代码的具体步骤如下。

①   页面设计。页面颜色为淡黄色，有 3 个输入框，分别用来输入员工的姓名、住址、职位。用一个按钮实现插入功能。

所用的代码如下：

```html
<html>
<head>
 <title> 添加员工信息  </title>
</head>
<body bgcolor="#fffccc">
<form method="post" action="<?php echo  $PHP_SELF?>">
   <input type=hidden name="id" value="<?php echo $id ?>">
   姓名: <input type="Text" name="name" value="<?php echo $name?>">
   <br>
   住址: <input type="Text" name="address" value="<?php echo $address ?>">
   <br>
   职位: <input type="Text" name="position" value="<?php echo $position ?>">
   </p>
   <input type="Submit" name="submit" value="输入信息">
</form>

<!--reserved-->

</body>
</html>
```

②   接下来，在 HTML 中嵌入 PHP 脚本，进行数据库服务器的连接和数据库的选择，代码如下：

```php
<?php
$db = mysql_connect("localhost", "root", "123456")
      or die ("sorry,unable to connect to database");
mysql_select_db("test", $db) or die ("unable to select database");
?>
```

🌀 **知识链接：** 服务器名为 localhost，用户名为 root，密码为 123456。

数据库名为 test。

③ 继续插入 PHP 脚本。如果填写的信息不完整，则返回"添加失败"，否则，把我们填写的信息添加到相应的数据库表中。

所用的代码如下：

```php
<?php
if($_POST['submit'] == "输入信息")
{
    if($_POST['name']==" " || $_POST['address']==""
      || $_POST['position']=="")
    {
        echo "<font color =red> 添加失败，请把信息填写完整</font><br>";
    }
    else {
        $sql = "INSERT INTO employees (name,address,position)
                VALUES ('$name','$address','$position')";

        // 向数据库发出 SQL 命令
        $result = mysql_query($sql);

        echo "<font color =red>记录插入成功!</font><br>";
    }
}
?>
```

④ 编写完以上代码，保存为 employee.php。

(3) 结果查看。

① 运行结果如图 11-19 所示。

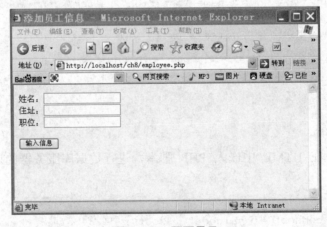

图 11-19　页面显示

② 添加一条信息，如图 11-20 所示，并单击"输入信息"按钮，执行结果如图 11-21 所示。

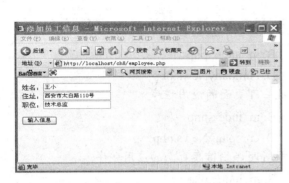

图 11-20   添加信息

图 11-21   添加成功

③   如果添加的信息不完整，单击"输入信息"按钮后，添加将会失败，执行结果将如图 11-22 所示。

图 11-22   添加失败

4. 实训素材

本例的文件即下载资源中的"\案例文件\项目 11\上机实训\employee.php"。

习   题

1. 填空题

(1)   新闻系统是一种＿＿＿＿＿＿＿＿＿系统，是企事业单位实现＿＿＿＿＿＿＿、
＿＿＿＿＿＿＿＿的前提和基础。

(2)   新闻系统的基本功能是对企事业单位的各种信息进行管理。系统的主要功能有 4
种，分别为＿＿＿＿＿＿＿、＿＿＿＿＿＿＿＿、＿＿＿＿＿＿＿、＿＿＿＿＿＿＿。

(3)   新闻首页要实现 3 个功能，分别为：＿＿＿＿＿＿＿＿＿＿＿＿＿＿＿＿、
＿＿＿＿＿＿＿＿＿＿＿＿、＿＿＿＿＿＿＿＿＿＿＿＿＿＿＿＿。

(4)   新闻管理模块可以实现的基本功能分别有＿＿＿＿＿＿＿＿、＿＿＿＿＿＿＿、
＿＿＿＿＿＿＿＿。

(5) 在新闻管理系统的首页中，要显示各类新闻最新的_____条记录。

2. 选择题

(1) 在新闻信息系统中，(   )代表系统主页面的应用程序。

A. index.php

B. m_index.php

C. CNewsDetail.php

D. companyNews.php

(2) 在新闻信息系统中，(   )代表系统管理页面的应用程序。

A. index.php

B. m_index.php

C. CNewsDetail.php

D. companyNews.php

(3) 在新闻信息系统中，(   )代表公司新闻详细信息页面的应用程序。

A. index.php

B. m_index.php

C. CNewsDetail.php

D. companyNews.php

(4) 在新闻信息系统中，(   )代表公司全部新闻页面的应用程序。

A. index.php

B. m_index.php

C. CNewsDetail.php

D. companyNews.php

(5) 在新闻信息系统中，(   )代表社会新闻详细信息页面的应用程序。

A. index.php

B. m_index.php

C. CNewsDetail.php

D. SNewsDetail.php

3. 问答题

(1) 简述新闻信息管理系统的功能和功能模块划分情况。

(2) 在新闻管理模块中，要实现添加、删除、修改记录，主要使用哪些 SQL 语句？

参 考 文 献

[1] 张亚飞，高红霞. PHP+MySQL 全能权威指南[M]. 北京：清华大学出版社，2012.

[2] 软件开发技术联盟. PHP+MySQL 开发实战[M]. 北京：清华大学出版社，2013.

[3] 厄尔曼(Larry Ullman)，杜凯. 图灵程序设计丛书：PHP 与 MySQL 动态网站开发(第 4 版)[M]. 北京：人民邮电出版社，2014.

[4] 麦克劳克林(Brett McLaughlin)，胡乔林. PHP&MySQL 实战手册(第 2 版)[M]. 北京：中国电力出版社，2014.

[5] 于荷云. PHP+MySQL 网站开发全程实例(第 2 版)[M]. 北京：清华大学出版社，2015.

[6] 施威铭研究室. 从零开始学 PHP+MySQL+Ajax 网页程序设计[M]. 北京：清华大学出版社，2015.

[7] 陈惠贞，陈俊荣. PHP & MySQL 跨设备网站开发实例精粹[M]. 北京：清华大学出版社，2015.